LTE 无线网络覆盖优化与增强实践指南

李 军 编著

机械工业出版社

覆盖是移动通信业务开展的基础，不断增强覆盖是网络建设的生命工程。本书系统全面地介绍了 LTE 无线网络覆盖基础、多天线、规划优化、深度覆盖、广度覆盖、重叠覆盖、VoLTE 高清语音覆盖、质量评估和覆盖增强新技术演进等经验和成果，力求通过具体的方案指导 LTE 网络覆盖规划和优化工作。本书内容紧扣实际，深入浅出，适合从事无线网络规划优化工作的工程师、通信及电子工程专业的大学生及有关工程技术人员阅读。

图书在版编目（CIP）数据

LTE 无线网络覆盖优化与增强实践指南/李军编著 . —北京：机械工业出版社，2017.9

ISBN 978-7-111-57817-8

Ⅰ . ①L… Ⅱ . ①李… Ⅲ . ①无线电通信 – 移动网 – 指南
Ⅳ . ①TN929.5 –62

中国版本图书馆 CIP 数据核字（2017）第 206622 号

机械工业出版社（北京市百万庄大街 22 号　邮政编码 100037）
策划编辑：张俊红　责任编辑：朱　林
责任校对：杜雨霏　封面设计：路恩中
责任印制：孙　炜
北京中兴印刷有限公司印刷
2017 年 11 月第 1 版第 1 次印刷
184mm×260mm · 13.5 印张 · 4 插页 · 328 千字
标准书号：ISBN 978 - 7 - 111 -57817-8
定价：49.90 元

凡购本书，如有缺页、倒页、脱页，由本社发行部调换
电话服务　　　　　　　　　　　网络服务
服务咨询热线：010 – 88361066　机 工 官 网：www.cmpbook.com
读者购书热线：010 – 68326294　机 工 官 博：weibo.com/cmp1952
　　　　　　　010 – 88379203　金 书 网：www.golden – book.com
封面无防伪标均为盗版　　　　教育服务网：www.cmpedu.com

前 言 »

　　移动通信是信息通信领域发展最快的分支之一，已经完全渗透到人们生产生活的方方面面。移动通信技术从诞生到现在，共历经四代发展。每代移动通信系统的出现和发展均由用户业务需求驱动，而且与技术上的突破密切相关。从大区制发展到蜂窝小区制，从模拟到数字，从 FDMA、TDMA 到 CDMA、OFDMA 方式，从多级分层网络到全 IP 扁平化结构，从提供语音、短信到提供移动超宽带、高清音频视频业务。通过技术的不断演进和创新，提升覆盖和容量支撑能力，实现多业务、多技术深度融合，满足未来信息社会不断发展的需求。

　　覆盖是移动网络业务开展的基础。由于 LTE 采用革命性的关键技术——OFDM 和 MIMO，覆盖和容量空前提升，为用户提供了前所未有的业务感知和体验，促进了信息通信产业的迅猛发展。网络覆盖增强是 LTE 网络建设面临的主要挑战之一。开展广度覆盖是开展普遍服务的前提，深度覆盖的优劣则直接影响良好用户感知，厚度覆盖是网络业务支撑能力的重要体现。在网络建设过程中，如何围绕"广、深、厚"覆盖短板与痛点，对症下药，探索针对性的优化解决方案，则是运营企业自始至终坚持的生命工程。

　　全书共分 10 章，从整体上系统介绍 LTE 覆盖质量提升技术方案，涵盖 LTE 覆盖基础、多天线、覆盖规划、传统室分覆盖、新型室内覆盖、广覆盖增强、重叠覆盖改善、覆盖质量评估、VoLTE 高清语音覆盖规划和未来 4G +/5G 网络覆盖新技术演进等内容。另外，为了便于读者加深理解，书中专门用彩色插页的形式，提供了图5-8、图5-13、图6-3、图7-15、图7-18、图9-9、图9-10、图9-15、图9-25、图9-33、图9-37、图9-38、图9-39、图9-40和图10-7 的彩色效果。

　　书中的内容和素材除了引用的参考文献外，还紧密结合当前 LTE 网络覆盖建设面临的挑战和主流创新解决方案，根据作者和项目团队多年来从事移动通信网络规划、优化和新技术研究成果积累而成。感谢河南移动公司网优中心的专家们对本书的编著给予了大力的支持，另外作者还特别感谢北京邮电大学的李颉博士、郭达博士和东方通信公司技术专家张磊、诺基亚西门子通信公司技术专家邢孟辉对本书内容提出了许多富有建设性的意见。

　　本书立足于实用性的原则，兼顾理论技术研究，融入作者多年来从事移动通信网络规划优化工作的理解和体会，对一线工作的规划优化工程师将有所裨益。受限于时间和水平，书中难免存在错误和瑕疵，希望读者不吝批评指正。

李　军

于河南郑州

目　录 ➢➢

第1章
LTE覆盖基础

1.1 移动通信系统的发展

移动通信是 20 世纪末促进人类社会飞速发展的最重要的技术，它给人们的生活方式、工作方式带来巨大的影响。由于技术变革和人们对移动通信业务需求的共同驱动，到目前为止，移动通信经历了四代发展历程，每一代的发展都伴随着技术的突破和设计理念的创新。移动通信的发展趋势如图 1-1 所示，在短短几十年内，移动通信从最初的模拟技术，发展到第二代数字技术、第三代多媒体系统和第四代全 IP 宽带系统，目前正在朝着"万物互联"的第五代移动通信系统演进。

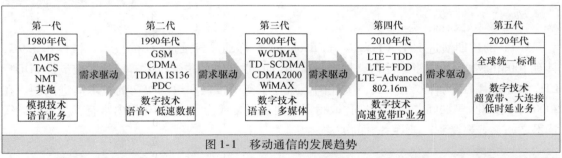

图 1-1　移动通信的发展趋势

移动通信宽带化满足了人们不断提高的通信业务需求。为了提高移动通信系统的数据传输速率，国际标准化组织 3GPP、3GPP2 和 IEEE 从未停止对新一代移动通信系统演进的研究。第四代移动通信系统（4G）以 LTE、LTE – Advanced 和 IEEE802.16m 为主流技术标准，采用全 IP 扁平化网络架构，遴选采用 OFDM、MIMO、64QAM 等先进物理层技术，大幅度提高空口带宽和频谱效率，为用户提供多彩纷呈的宽带流媒体业务。目前，移动通信正朝着更高带宽、更强连接、更高性能方向发展。

移动通信系统的业务提供能力的总体发展趋势如图 1-2 所示。可以看出，在移动通信发展的不同阶段，具备不同的网络能力，支撑不同的业务种类。随着人们对通信业务需求与日俱增，目前移动通信系统提供的传统服务和容量已经不能满足未来用户对业务多样化的需求。同时，伴随着无线移动通信系统带宽和能力的逐步提升，以及面向个人和行业的移动互联网和移动物联网应用的快速发展，共同驱动着信息通信产业生态系统发生重要的变化。无线移动通信技术与计算机及信息技术会更加紧密和更深层次地交叉融合，集成电路、器件工艺、软件技术等也将持续快速发展，支撑未来移动宽带产业发展。移动通信系统宽带化以及向下一代移动通信系统增强演进成为必然的发展方向，演进方式和关键技术的选择成为业界普遍关注和研究的焦点。

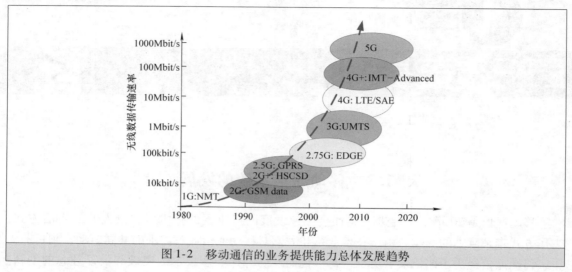

图1-2　移动通信的业务提供能力总体发展趋势

1.2　LTE 网络技术

1.2.1　LTE 概述 ★★★

3GPP 的长期演进 LTE（Long Term Evolution）标准是最接近 4G 的技术，被称作 3.9G，具有 100Mbit/s 的数据下载能力，被视作从 3G 向 4G 演进的主流技术。LTE 标准包括 FDD－LTE 和 TD－LTE 两种双工方式，关注的焦点在于空中接口和组网架构的技术演进问题。在 2008 年到 2009 年期间，LTE 标准化取得了重要进展，成为了未来 10 年内富有竞争力的无线技术之一，普遍受到产业界各方的关注。

1.2.2　需求设计 ★★★

LTE 系统设计定位于面向分组网络的高数据传输速率、低延迟的无线接入技术。总体设计目标包括更低的每比特成本，更强的业务提供能力、灵活的频谱规划方案、扁平化网络架构和开放规范化接口。具体设计需求目标包括：

1）峰值速率：在 20MHz 系统带宽内提供下行 100Mbit/s、上行 50Mbit/s 的峰值速率。

2）频谱效率：下行频谱效率达到 HSDPA 的 3～4 倍，上行频谱效率达到 HSUPA 的 2～3 倍。

3）移动性：在低速移动场景下实现网络性能优化，在中高速移动场景下保持较高的系统性能，在超高速移动场景下能保持终端与蜂窝网络的连接。

4）覆盖范围：在覆盖半径小于 5km 的场景下保持优良的网络性能，在覆盖半径小于 30km 的场景下部分网络性能指标可有所下降，系统最大支持 100km 的覆盖半径。

5）频谱：支持成对或非成对频谱，并可灵活配置 1.4～20MHz 多种带宽。

6）系统延迟：降低系统延迟，用户平面内部单向传输时延低于 5ms，控制平面从睡眠状态到激活状态迁移时间低于 50ms，从驻留状态到激活状态的迁移时间小于 100ms。

7）互操作：支持与其他 3GPP 和非 3GPP 系统的互操作。

8）成本控制：尽可能降低系统复杂度和建设运营成本。

9）小区边缘：改善小区边缘用户的性能，提高小区容量。

1.2.3　系统架构★★★

LTE 网络结构如图 1-3 所示，LTE 采用扁平化网络结构，主要为了减少网络处理节点从而减少相关处理时延。LTE 网络架构由 eNB、移动性管理实体（Mobility Management Entity，MME）和用户平面实体（User Plane Entity，UPE）组成。UPE 由服务网关/分组数据网关（SGW/PGW）组成。原来无线网络控制器（Radio Network Controller，RNC）的功能被分散到相应的实体网元中，大部分连接管理和资源管理等功能被 eNB 所承担。原来 2G/3G 核心网 GGSN 和 SGSN 的功能则由 MME 和 SGW/PGW 完成。LTE 网络架构中各网元的主要功能如表 1-1 所示。

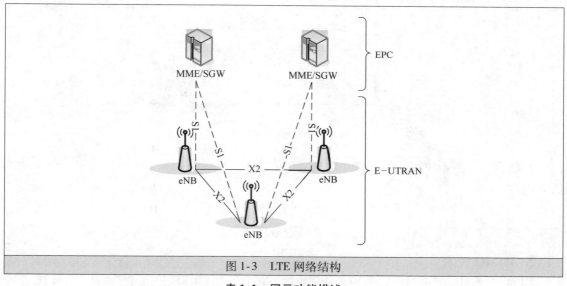

图 1-3　LTE 网络结构

表 1-1　网元功能描述

序号	网元	主要功能
1	eNB	作为接入网中的核心网元，实现功能包括无线资源管理，用户数据 IP 包头压缩和加密；选择 MMW，采用 S1 – MME 接口和 MME 通信来实现移动性管理、寻呼用户、传递非接入层（Non – Access Stratum，NAS）信令和选择 SGW/PGW 等；用 S1 – UPE 接口和 SGW 通信来传递用户数据
2	MME	接入子层（AS）安全控制，NAS 信令及其安全；对空闲模式终端的寻呼；选择 SGW/PGW，跨 MME 切换时选择目标 MME；和 3GPP 网络互通和切换时实现核心网网元间信令和 3GPP 网络侧 SGSN 的选择
3	SGW	分组路由和前转。用户面交换以支持终端的移动性；eNB 间切换时充当本地移动性锚点；与 3GPP 网络互通时充当移动性锚点；上下行分组计费。PGW 的主要功能包括分配 IP 地址、基于用户的分组过滤和合法监听等

1.2.4 LTE 关键技术 ★★★

为了满足 LTE 系统的设计需求，LTE 系统采用 OFDM 和 MIMO 等多种关键技术。从 3GPP LTE 的标准化进程来看，初衷为 3G 移动通信系统的演进，由于与其他技术的竞争、业务需求和运营商的压力，标准化的进程实质演变为一场技术革命。

1. OFDM 技术

OFDM 是一种基于正交多载波的频分复用技术。OFDM 技术原理如图 1-4 所示，基本概念是将高速串行数据流经过串/并变换后，分割成若干低速并行数据流，每路并行数据流采用独立载波调制并叠加发送。与传统 FDMA 方式相比，OFDMA 各子载波间通过正交复用方式避免干扰，有效减少了载波间保护间隔，提高了频谱效率。LTE 下行采用 OFDM、上行采用单载波–频分多址（SC–FDMA），同一小区中用户信号之间保持正交性。上行 SC–FDMA 可以看成是对用户信号的频域分量进行正交频分多址，相比于普通的 OFDMA，优势在于峰均值较低，可以简化终端上的功放资源。在任一时刻，同一用户所占子载波在上行永远是连续的，以简化终端设计实现；而在下行则可以是交错的，以增加频域分集增益。

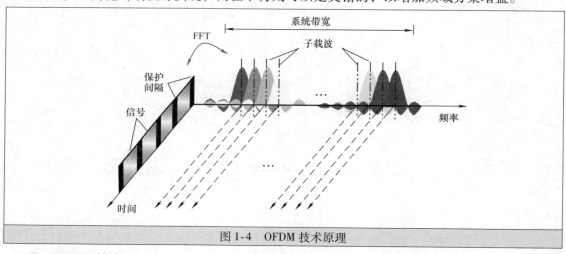

图 1-4 OFDM 技术原理

2. MIMO 技术

MIMO 技术最早是由马克尼在 1908 年提出的，利用多天线来抑制信道衰落的技术。LTE 系统是迄今为止最全面地采用了 MIMO 技术的无线通信系统。MIMO 技术原理如图 1-5 所示，LTE 系统采用的 MIMO 技术包括空分复用、发送分集和多用户 MIMO。不同的 MIMO 技术适用于不同的应用场景，系统依据容量最大化原则实现多种 MIMO 技术和模式之间的切换。

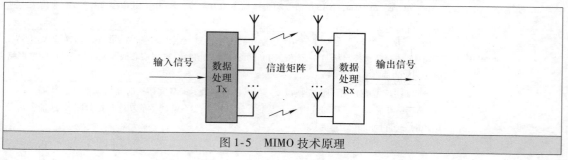

图 1-5 MIMO 技术原理

（1）空分复用技术

空分复用是利用空间信道的弱相关性，在相同的时频资源上传输多个独立数据流，进而提高数据传输速率和系统吞吐量。在 LTE 系统中，空分复用包括闭环空分复用和开环空分复用。闭环空分复用采用基于码本的预编码技术，主要应用于低速移动场景；开环空分复用采用循环延迟分集和基于码本的预编码相结合的技术，可以有效弥补高速移动场景下信道估计不准确性带来的系统性能下降，主要应用于中高速移动场景。

（2）发送分集

通过在多根天线上重复发送一个数据流的不同版本，获得分集增益，用来改善小区覆盖，适用于间距较大、关联性较弱的天线阵。

（3）波束赋形

通过在多个天线阵元的波干涉，在指定的方向能量集中，获得赋形增益，用来改善小区覆盖，适用于小间距的天线阵。波束赋形主要针对 TDD – LTE 系统，是 3G 智能天线技术的扩展。

（4）多用户 MIMO

多用户 MIMO 是将两个用户或者多个用户进行配对，在相同的时频资源块里传输数据，进而提高系统吞吐量。在 LTE 系统中，多用户 MIMO 主要应用于上行系统。从网络侧来看，不同用户发送的多个数据流可以被看作来自统一用户的不同天线的多个数据流。上行多用户 MIMO 可以作为在终端不作改动的情况下获得多用户分集增益、提高 LTE 上行系统的吞吐量和峰值速率的有效手段之一。

3. TDD 和 FDD 技术融合

在 3GPP LTE 技术标准中存在两个分支：频分双工（Frequency Division Duplexing，FDD）和时分双工（Time Division Duplexing，TDD）。TD – LTE 技术即技术的 TDD 版本，是指 TD – SCDMA 的长期演进，既充分体现了我国自主知识产权，又兼顾了与国际主流的 LTE FDD 的协同发展。

TD – LTE 与 LTE – FDD 的融合均衡发展一直是业内关注的热点。LTE TDD/FDD 在底层协议中 90% 的内容保持一致，实现了物理层向上的最大融合和技术共用。一方面使得网络设备厂家和终端设备厂家同时开发这两种产品成为可能，另一方面方便了运营商使用成对和非配对频率资源部署运营双模网络。目前，各厂商均称支持两者共平台产品设计，在软件版本实现基本同步，降低研发成本，有利于产业链健康发展。

LTE TDD/FDD 技术对比如表 1-2 所示，LTE – FDD 和 LTE – TDD 之间的差异被最小化，主要体现在双工方式和部分子帧设计上。LTE – FDD 和 LTE – TDD 的帧结构相同，一个无线帧（10ms）由 10 个子帧（1ms）组成，当使用相同长度的循环前缀（CP）时，每个子帧中的 OFDM 符号数也相同。LTE – FDD 上下行采用相同的帧结构，占用频率不同。LTE – TDD 上下行在同一频率上，但占用不同的子帧。此外，两者都采用 OFDM 和 MIMO 等先进的无线通信技术，相互之间的融合将带来更为广阔的发展空间。

表 1-2　LTE TDD/FDD 技术对比

比较项目		TDD	FDD
频谱	频谱对称	不需要对称频谱，提高频谱利用效率	需要成对频谱
	频率资源	全球频率分布较少	全球 FDD 频谱丰富

（续）

比较项目		TDD	FDD
性能	频谱效率	平均频谱效率 TDD 与 FDD 相当	
	峰值速率	TDD 使用部分时隙资源分别作上下行传输，峰值速率约为 FDD 的 50%	FDD 使用全部时隙资源分别做上下行传输，峰值速率为 TDD 两倍
组网	上下行配比	可灵活配置上下行的时隙比例，适应不同上下行业务比例，并灵活支持多播组播类业务	上下行也可支持不等带宽
	时域保护间隔	在上下行时隙之间需要保护时间间隔，且随覆盖半径的不同而不同	上下行之间不需要保护时隙，覆盖半径灵活
	频率保护间隔	无要求	上下行之间需要保护带
	多运营商部署	多运营商部署需要协同，邻频部署需要上下行时隙切换点对齐	多运营商的部署不需要协同，无需时隙对齐
	网络同步	要求全网同步	全网可同步或非同步
设备实现	双工器	不需要笨重的双工器，减少设备复杂度	需要 FDD 双工器，较单工方式成本提升
	时延	上下行不连续发送，系统时延较 FDD 高	上下行可以连续发送，系统提供的业务时延较 TDD 低
关键技术	多天线技术	可以利用上下行信道的对称性，采用先进的无线技术如智能天线、更精确的预编码方案等，提高系统覆盖质量，提升整体吞吐量	上下行使用不同的频率，很难利用信道的对称性

4. 高阶调制

在 LTE 中，上下行均可以自适应采用 QPSK、16QAM、64QAM 和 256QAM 等多种调制技术，其中 256QAM 可以支持更高的峰值速率。当空口环境中信道条件足够好、功率资源足够时，采用高阶调制提升空口吞吐量，可以更有效地利用系统资源。

5. LTE – Advanced 的关键技术

为了满足 LTE – Advanced 的需求指标，3GPP 提出了载波聚合、协同多点和接力传输等若干项资源管理和网络层面的关键技术，同时对 LTE 物理层技术进行改进和增强。LTE – Advanced 系统采用的关键技术主要包括：

（1）增强的物理层技术

LTE – Advanced 系统在热点地区可以考虑采用 OFDMA 作为上行多址技术，进而提高上行频谱效率。在多天线技术方面，采用下行多用户 MIMO、上行多天线发射分集，波束赋形增强技术等进一步提高频谱效率。

（2）载波聚合

为了在 LTE – Advanced 商用初期能有效利用大带宽载波，即保证 LTE 终端能够接入 LTE – Advanced 系统。LTE – Advanced 支持连续载波聚合以及频带内和频带间的非连续载波聚合，最大能聚合带宽可达 100MHz，如图 1-6 所示。

目前 3GPP 根据运营商的需求识别出了 12 种载波聚合的应用场景，其中 4 种作为近期重点分别涉及 FDD 和 TDD 的连续和非连续载波聚合场景。在 LTE – Advanced 系统中，载波聚合的相关研究重点包括连续载波聚合的频谱利用率提升，上下行非对称的载波聚合场景的控制信道的设计等。

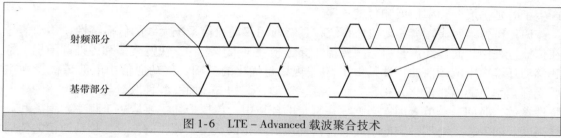

图 1-6　LTE - Advanced 载波聚合技术

（3）多点协作

为了解决 LTE 小区间同频干扰的难题，LTE - Advanced 引入多点协作技术，目的是降低小区间干扰，提升边缘用户服务质量，提升用户满意度。所谓多点协作传输（Coordinated Multiple Points Transmission/Reception，CoMP）是指地理位置上分离的多个传输点，协同为一个 UE 传输数据或者联合接收一个 UE 发送的数据。参与协作的多个传输点通常指多个小区，这些小区可以来自同一个基站，也可以是不同基站下的小区。多点协作技术分为下行 CoMP 和上行 CoMP，主要为了改进上下行系统的性能。

（4）多天线增强

鉴于稀缺的频率资源，多天线技术通过扩展空间的传输维度而成倍地提高信道容量而被多种标准广泛采纳。受限于发射天线高度对信道的影响，LTE - Advanced 系统上行和下行多天线增强的重点有所区别。在 LTE 系统的多种下行多天线模式基础上，LTE - Advanced 要求支持的下行最高多天线配置规格为 8×8，同时多用户空分复用的增强被认为是标准化研究的重点。LTE - Advanced 相对于 LTE 系统的上行增强主要集中在如何利用终端的多个功率放大器，利用上行发射分集来增强覆盖，用上行空间复用来提高上行峰值速率等。

LTE - Advanced 将在下行引入 8×8 甚至更高阶的 MIMO，在上行引入 4×4MIMO，并可能通过改进单用户 MIMO 和多用户 MIMO 算法，实现更高的峰值速率。

（5）异构网络

LTE - Advanced 将通过综合使用宏蜂窝、微蜂窝、微微蜂窝、家庭基站、中继等网络资源，提供泛在服务，节省网络部署及运营成本。异构网络间的协调、移动性管理和干扰控制将是研究的热点。

总之，LTE - Advanced 系统通过引入上述增强技术，一方面显著提高了无线通信系统的峰值数据速率、峰值频谱效率、小区平均频谱效率以及小区边界用户性能，另一方面有效改善了小区边缘覆盖以及平衡下行和上行业务性能，提供更大的带宽和容量，最终使得 LTE - Advanced 成为 4G 移动通信的主流标准之一。

1.3　LTE 无线电波传播

1.3.1　LTE 无线覆盖特征 ★★★

1. 无线信道传播特性

移动通信环境下的电波传播具有自由空间传播损耗、阴影衰落以及多径衰落等特点，其中多径衰落对无线信道上传输的信号有很严重的影响，电波的反射、散射和衍射使接收信号产生了时延扩展、频率扩展和角度扩展。

LTE 作为第四代蜂窝移动通信系统，具有通用移动通信系统无线的传播特性，移动信号在传播过程中，同样经历自由空间传播、穿透损耗、人体衰耗，快慢衰落和内外部干扰。了解移动环境中电波传播的特性是 LTE 覆盖规划与优化的基础。移动通信中电波传播特性主要受到频率、距离、极化方式、天线高度、地形、地物、地面及各种散射与反射物体的导电特性参数、时间、季节等因素影响。在特定的环境中，传播损耗主要取决于频率、距离和天线高度。随着移动终端种类的不同、传播环境的变化以及使用频段的差异，移动通信的传播方式各不相同，其传播特性也自然不一样。

2. 自由空间传播

无线电波在自由空间的传播是电波传播研究中最基本、最简单的一种。自由空间被认为是满足下述条件的一种理想空间：

1）均匀无损耗的无限大空间。

2）各向同性。

3）电导率为零。

应用电磁场理论可以推出，在自由空间传播条件下，传输损耗 L_s 的表达式：

$$L_s = 32.45 + 20\lg f + 20\lg d$$

式中，f 是工作频率（MHz）；d 是移动台到基站的距离（km）。

自由空间基本传输损耗 L_s 仅与频率 f 和距离 d 有关。当 f 和 d 扩大 1 倍时，L_s 则增加 6dB。

3. 传播模型计算

陆地移动信道的主要特征是多径传播。实际多径传播环境是十分复杂的，在研究传播问题时往往从最简单的情况入手将其简化，仅考虑从基站至移动台的直射波和地面反射波两条路径最简单的传播模型。如图 1-7 所示，应用电磁场理论可以推出两径模型的传输损耗 L_p 表达式：

$$L_p = 20\lg(d^2/(h_1 \cdot h_2))$$

式中，d 为基站和移动台水平距离（km）；h_1 是基站天线高度（m）；h_2 是移动台天线高度（m）。

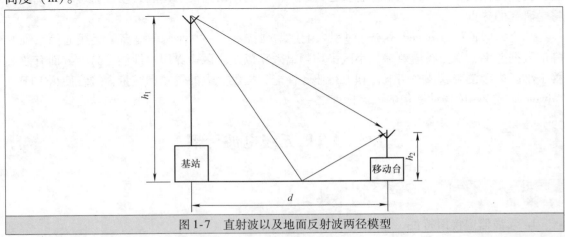

图 1-7　直射波以及地面反射波两径模型

由于移动环境的复杂性和多变性，要对接收信号中值进行准确计算是相当困难的。无线通信工程上通用的做法是在大量场强测试的基础上，经过对数据分析与统计处理，找出各种地形地物下的传播损耗（或接收信号的场强）与距离、频率以及天线高度的关系，给出传播特性的各种图表和计算公式，建立传播预测模型，从而能用较简单的方法预测接收信号的中值。

传播模型描述了路径损耗与距离的定量关系。在移动通信领域，已经建立了许多场强预测模型，它们是根据在各种地形地物环境中实测数据总结而来，各有特点。在移动通信中常见的有两种：Okumura – Hata 模型和 COST – 231 – Walfish – Ikegami 模型。

（1）Okumura – Hata 模型

适用条件：

- 频率：150 ~ 1500MHz；
- 基站天线有效高度：30 ~ 200m；
- 移动台天线高度：1 ~ 10m；
- 通信距离：1 ~ 5km；

在市区、郊区、乡村公路、开阔区和林区等准平坦地形上，电波传播的基本传输损耗按下列公式分别预测。

$$L(\text{市区}) = 69.55 + 26.16 \lg f - 13.82 \lg h_1 + (44.9 - 6.55 \lg h_1) \lg d - a(h_2) - s(a)$$

$$L(\text{郊区}) = 64.15 + 26.16 \lg f - 2[\lg(f/28)]^2 - 13.82 \lg h_1 + (44.9 - 6.55 \lg h_1) \lg d - a(h_2)$$

$$L(\text{乡村公路}) = 46.38 + 35.33 \lg f - [\lg(f/28)] - 2.39(\lg f)^2 - 13.82 \lg h_1$$
$$+ (44.9 - 6.55 \lg h_1) \lg d - a(h_2)$$

$$L(\text{开阔区}) = 28.61 + 44.49 \lg f - 4.87(\lg f)^2 - 13.82 \lg h_1 + (44.9 - 6.55 \lg h_1) \lg d - a(h_2)$$

$$L(\text{林区}) = 69.55 + 26.16 \lg f - 13.82 \lg h_1 + (44.9 - 6.55 \lg h_1) \lg d - a(h_2)$$

式中，f 为工作频率（MHz）；h_1 为基站天线高度（m）；h_2 为移动台天线高度（m）；d 为移动台到基站的距离（km）；$a(h_2)$ 为移动台天线高度增益因子（dB），

$$a(h_2) = (1.1 \lg f - 0.7)h_2 - 1.56 \lg f + 0.8 \quad (\text{中，小城市})$$
$$= 3.2[\lg(11.75 h_2)]^2 - 4.97 \quad (\text{大城市})$$

$s(a)$ 为市区建筑物密度修正因子（dB）；

$$s(a) = 30 - 25 \lg a \qquad (5\% < a \leqslant 50\%)$$
$$= 20 + 0.19 \lg a - 15.6(\lg a)^2 \quad (1\% < a \leqslant 5\%)$$
$$= 20 \qquad (a \leqslant 1\%)$$

a 为建筑物密度。

（2）COST – 231 – Walfish – Ikegami 模型

COST – 231 – Walfish – Ikegami 模型满足 20m ~ 5km 范围内无线信号传播路径损耗预测要求，既适用于宏蜂窝模型，也适用于微蜂窝模型。在进行微蜂窝覆盖预测时，必须获取详细街道及建筑物的数据，不能采用统计近似值。

适用条件：

频率：1500 ~ 2000MHz；

基站天线有效高度 h_b：3 ~ 200m；

移动台天线高度 h_m：1 ~ 10m；

通信距离：20m ~ 5km。

如图 1-8 所示，COST – 231 – Walfish – Ikegami 传播模型可分视距（LOS）和非视距（NLOS）两种情况：

1）视距情况。

基本传输损耗：$L = 42.6 + 26\lg d + 20\lg f$。

2）非视距情况。

基本传输损耗：$L = L_o + L_{msd} + L_{rts}$

① L_o 代表自由空间损耗，$L_o = 32.45 + 20\lg d + 20\lg f$。

② L_{msd} 代表多重屏蔽的绕射损耗。

③ L_{rts} 代表屋顶至街道的绕射及散射损耗。

$$L_{rts} = \begin{cases} -16.9 - 10\lg\omega + 10\lg f + 20\lg\Delta h_{Mobile} + L_{ori} & h_{roof} > h_{Mobile} \\ 0 & \text{if}\ (L_{rts} < 0) \end{cases}$$

$$L_{ori} = \begin{cases} -10 + 0.354\varphi & 0 \leqslant \varphi < 35° \\ 2.5 + 0.075\,(\varphi - 35°) & 35° \leqslant \varphi < 55° \\ 4.0 - 0.114\,(\varphi - 55°) & 55° \leqslant \varphi < 90° \end{cases}$$

$$L_{msd} = \begin{cases} L_{bsh} + K_a + K_d\lg d + K_f\lg f - 9\lg b \\ 0 & \text{if}\ (L_{msd} < 0) \end{cases}$$

$$L_{bsh} = \begin{cases} -18\lg\,(1 + \Delta h_{Base}) & h_{Base} > h_{roof} \\ 0 & h_{Base} \leqslant h_{roof} \end{cases}$$

公式说明：

$$\Delta h_{Mobile} = h_{roof} - h_{Mobile} \qquad \Delta h_{Base} = h_{Base} - h_{roof}$$

式中，ω 是街道宽度（m）；f 是计算频率（MHz）；Δh_{Mobile} 单位为 m；φ 的单位为°。

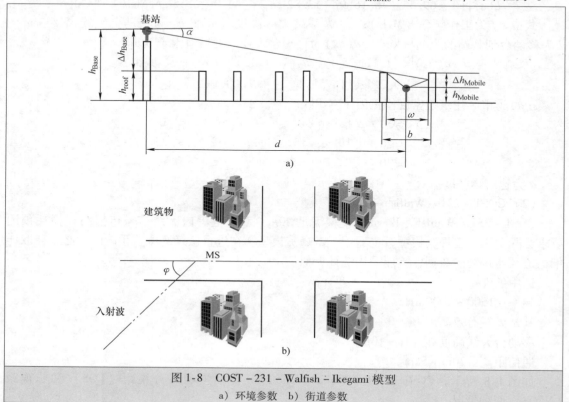

图1-8　COST-231-Walfish-Ikegami 模型

a）环境参数　b）街道参数

$$K_a = \begin{cases} 54 & h_{\text{Base}} > h_{\text{roof}} \\ 54 - 0.8\Delta h_{\text{Base}} & d \geqslant 0.5\text{km 和 } h_{\text{Base}} \leqslant h_{\text{roof}} \\ 54 - 0.8\Delta h_{\text{Base}} \dfrac{d}{0.5} & d < 0.5\text{km 和 } h_{\text{Base}} \leqslant h_{\text{roof}} \end{cases}$$

$$K_d = \begin{cases} 18 & h_{\text{Base}} \leqslant h_{\text{roof}} \\ 18 - 15 \dfrac{\Delta h_{\text{Base}}}{h_{\text{roof}}} & h_{\text{Base}} > h_{\text{roof}} \end{cases}$$

$$K_f = -4 + \begin{cases} 0.7\left(\dfrac{f}{925} - 1\right) & \text{用于中等城市及具有} \\ & \text{中等密度树木的郊区中心} \\ 1.5\left(\dfrac{f}{925} - 1\right) & \text{用于大城市中心} \end{cases}$$

式中，K_a 表示基站天线低于相邻房屋屋顶时增加的路径损耗；K_d 和 K_f 分别控制 L_{msd} 与距离 d 和频率 f 的关系。

1.3.2　影响 LTE 覆盖的主要因素 ★★★

LTE 是提供数据业务的通信系统，不同业务有不同覆盖范围。由于采用 AMC（自适应编码调制）技术，发射功率不变，但承载的业务速率改变。不同速率的业务有不同的解调门限。当覆盖不足以支撑高业务速率的时候，可以通过降低速率继续开展业务。LTE 最大覆盖距离相当于基站的覆盖半径，而 LTE 覆盖能力是以满足一定业务速率要求的最大覆盖范围，也就是说覆盖距离与边缘速率的要求强相关。边缘速率要求越低，覆盖范围越大。

如表 1-3 所示，在一定业务速率要求下，LTE 的覆盖能力与基站发射功率、载波频段、系统带宽、多天线方式、RB 占用情况、RRM 算法、帧结构、CP 配置等因素有关。

表 1-3　LTE 覆盖影响因素

序号	影响因素	详细描述
1	发射功率	功率设置增大，覆盖能力增强，小区间干扰随之增加。在一定功率值附近，SINR（信干噪比）达到最大值
2	频段	LTE 采用从 700～2600MHz 多个频段的频率资源，高频段的传播损耗和穿透损耗比低频段要高 10dB 左右，设置高频段时，覆盖范围缩小
3	多天线	天线数目配置、天线工作模式对覆盖影响显著
4	RRM 算法	ICIC 影响上下行接收机灵敏度，DRA 决定子载波数量和调制编码方式
5	帧结构和 CP 配置	CP（循环前缀）配置影响克服多径延迟的干扰效果，限制理论上的最大范围
6	系统带宽和 RB 资源占用	LTE 采用的 1.4～20MHz 多种系统带宽动态配置，RB 占用数目越多，在边缘业务速率一定的情况下，覆盖范围越大

1.3.3　LTE 无线频率划分 ★★★

无线频谱是移动通信系统中稀缺的战略资源，获得更多频谱意味着网络可以提供更高的用户吞吐量和容量。国内移动、联通、电信均在大力发展 LTE 业务，根据 3GPP LTE 标准规范要求，目前国内运营商在用频段主要集中在 Band38、Band39、Band40、Band41，各自分配的具体频段如图 1-9 所示。

	中国移动 China Mobile	China unicom中国联通	中国电信 CHINA TELECOM
双工方式	TDD	TDD\FDD	TDD\FDD
带宽/MHz	130	40+90	40+80
分配频段	TDD: 1880～1900MHz 2320～2370MHz 2575～2635MHz	TDD: 2300～2320MHz 2555～2575MHz FDD: 1840～1860MHz 1745～1765MHz 1955～1980MHz 2145～2170MHz	TDD: 2635～2655MHz 2370～2390MHz FDD: 1765～1785MHz 1860～1880MHz 1920～1940MHz 2110～2130MHz
在用频段	TDD: 1880～1900MHz 2575～2595MHz 2595～2615MHz	FDD: 下行 1840～1860MHz 上行 1745～1765MHz	FDD: 下行 1860～1875MHz 上行 1765～1780MHz
组网带宽	20M	20M*2	15M*2
峰值速率	下行:80Mbit/s 上行:20Mbit/s	下行:150Mbit/s 上行:75Mbit/s	下行:100Mbit/s 上行:40Mbit/s

图 1-9　我国 LTE 频段划分示意图

由于 TDD/FDD 网络制式和组网带宽的差异性，所以呈现出不同网络承载能力。移动 4G 网络 TDD 下行峰值速率为 80Mbit/s，上行峰值速率为 20Mbit/s；联通 4G 网络 FDD 下行峰值速率为 150Mbit/s，上行峰值速率为 75Mbit/s；电信 4G 网络 FDD 下行峰值速率为 100Mbit/s，上行峰值速率为 40Mbit/s。

1.4　LTE 覆盖面临的技术挑战

LTE 网络覆盖增强与优化贯穿于网络发展的全过程。只有不断提高网络的覆盖质量，才能吸引和发展更多的用户。无线覆盖最终目标是在满足网络容量及服务质量的前提下，用最少的造价对指定的服务区提供所要求的无线覆盖。目前，在实际网络建设过程中，LTE 覆盖规划与优化方面还存在一些突出问题和矛盾。本书将以发展的视角看待覆盖技术演进面临的挑战，并提出具体的解决措施和方案。

（1）多天线覆盖

MIMO 是 LTE 系统的核心技术之一。在规划优化过程中需要合理部署 MIMO 多天线覆盖技术，充分利用空间资源，成倍提高系统信道容量和传输效率。

（2）覆盖规划

LTE 无线覆盖规划是网络建设中的关键环节，对于网络资源投入与网络质量产生重要影响。LTE 覆盖规划流程和分场景规划目标需要重新梳理，采用双层网覆盖组网和智能选址方法保证资源投入的最优化，实现网络规划中覆盖、容量、质量以及成本等各方面的最佳平衡。

（3）传统室内分布系统

在 4G 时代将有 90% 的业务发生在室内。目前 4G 采用 2.6GHz、2.3GHz 等高频工作频段，传播损耗较大，穿透覆盖效果不如 2G、3G，建筑物的底层容易出现弱覆盖，高层信号杂乱容易产生干扰。因此，在特定场景内 4G 室内深度覆盖必须采用室内分布系统解决深度覆盖问题。

（4）新型室内覆盖系统

随着网络建设规模的不断扩大和业务负荷的不断增长，传统室内分布系统建设在物业协调、配套建设、深度和精确覆盖、扩容改造等方面的局限性日益凸显。以微基站、皮基站、飞基站为代表的新型室内覆盖技术日臻成熟，为解决 LTE 室内深度覆盖提供了新的解决方案。当传统室内分布系统方案不能满足 LTE 覆盖及容量需求的场景时，需要推广应用新型室内覆盖方案，满足深度覆盖的需求。

（5）广覆盖

考虑到农村场景地域广阔、人口密度低，针对农村组网场景的特殊需求，需要探索 LTE 广覆盖解决方案和技术手段，增强广覆盖场景网络性能，提升运营商网络竞争能力。

（6）重叠覆盖

LTE 采取同频组网方式，导致小区间的同频干扰比较严重。4G 网络质量不仅与覆盖强度相关，而且取决于网络的重叠覆盖程度。在网络规划阶段，4G 重叠覆盖区域合理控制和设置至关重要，直接影响后期网络开通网络的结构质量和客户感知。

（7）VoLTE 覆盖规划

VoLTE 高清语音是 LTE 时代运营商语音及语音漫游的主流解决方案。良好的网络覆盖是运营商开展 VoLTE 业务的基础，VoLTE 高清语音深度覆盖规划是目前运营商网络建设的焦点之一。

（8）覆盖评估手段和方法

覆盖评估对于支撑 LTE 无线网络规划和精细优化具有重要的指导意义。需要立足于客户感知，探索研发基于 MR 的 LTE 深度覆盖评估、立体深度评估、多运营商间覆盖对比评估和 VoLTE 语音质量实时在线评估技术手段和方法，深度透视和定位当前 LTE 覆盖短板和痛点问题，以达到 LTE 精准规划和优化的目标。

（9）覆盖新技术演进

随着 LTE 大规模建设和商用加速，用户业务需求与日俱增，业界针对 LTE 后续关键技术演进、网络支撑能力增强的研究从未止步。为了满足未来无线通信市场的更高需求和更多应用，需要深入研究一系列能够有效提升现有 LTE 网络性能的新技术新功能，如多载波聚合、LTE‒Hi、3D MIMO、GSM 频段重耕、5G 网络，不断推动 LTE 网络能力提升和演进。

1.5　本章小结

本章首先介绍了移动通信的发展历程，接着描述了 LTE 系统架构、网元功能和关键技术，然后详细介绍了 LTE 网络覆盖特征、传播特性和传播模型的计算方法，深入分析了影响 LTE 覆盖的关键因素和频率分配方案，最后重点指出网络建设过程中 LTE 覆盖面临的技术挑战。

参 考 文 献

［1］蒋同泽 . 现代移动通信系统［M］. 北京：电子工业出版社，1994.

［2］王映民，孙韶辉 . TD‒LTE 技术原理与系统设计［M］. 北京：人民邮电出版社，2010.

［3］元泉 . LTE 轻松进阶［M］. 北京：电子工业出版社，2012.

［4］河南移动公司网络管理中心 . 河南移动优化手册 . 2001.

［5］李军 . TD‒SCDMA 无线网络创新技术与应用［M］. 北京：电子工业出版社，2013.

［6］李军 . 移动通信室内分布系统规划、优化与实践［M］. 北京：机械工业出版社，2014.

第 **2** 章 »
LTE多天线覆盖技术

随着移动通信网络的发展，频谱成为稀缺的战略资源。仅靠增加空口带宽来提升数据传输速率的方法越发捉襟见肘，明显制约着产业的发展。因此在频谱资源有限的情况下，如何有效提升频谱效率是移动运营商面临的技术难题。

2.1　MIMO 技术原理与传输模式

MIMO（Multiple Input Multiple Output）是 LTE 系统的核心技术之一，通过在发射端和接收端分别设置多根发射天线和接收天线，构成信号传输的信道矩阵，实现空域、时域、频域多维信号的联合处理和调度，大幅度提升系统的传输效率。MIMO 可以充分利用空间资源，通过多根天线实现多发多收，在不增加频谱资源和天线发射功率的情况下成倍地提高系统信道容量。

2.1.1　MIMO 技术原理 ★ ★ ★

MIMO 技术利用了空间维度资源，MIMO 系统如图 2-1 所示，在发射端设置发射天线 n_t 根，在接收端设置接收天线 n_r 根天线，x、y 分别是发射和接收信号，$H = (h_{i,j})$ 为传输信道，$N = (n_i)$ 为噪声。任何一根天线接收的数据流，都是源自所有发射天线数据流历经空间无线信道传播后，在接收端叠加空间信道变换影响因素，同时考虑白噪声信道影响的结果。

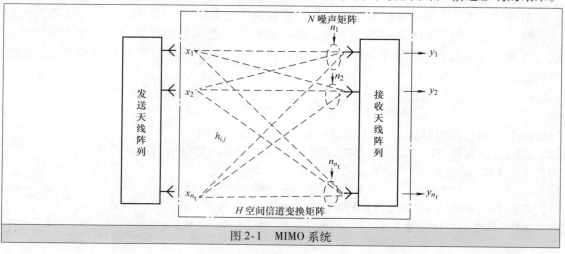

图 2-1　MIMO 系统

MIMO 系统中发射数据和接收数据流的关系如下面公式描述：

$$y_1 = h_{11}x_1 + h_{12}x_2 + \cdots + h_{1,n_t}x_{n_t} + n_1$$

$$y_2 = h_{21}x_1 + h_{22}x_2 + \cdots + h_{2,n_t}x_{n_t} + n_2$$

$$\vdots$$

$$y_{n_r} = h_{n_{r,1}}x_1 + h_{n_r,2}x_2 + \cdots + h_{n_r,n_t}x_{n_t}n_{n_t}$$

进一步描述：

$$\boldsymbol{Y} = \boldsymbol{HX} + \boldsymbol{N} = \begin{pmatrix} h_{11} & h_{12} & \cdots & h_{1,n_t} & n_1 \\ h_{21} & h_{22} & \cdots & h_{2,n_t} & n_2 \\ \vdots & \vdots & \cdots & \vdots & \vdots \\ h_{n_{r,1}} & h_{n_r,2} & \cdots & h_{n_r,n_t} & n_{n_t} \end{pmatrix} \cdot \begin{pmatrix} x_1 \\ x_2 \\ \vdots \\ x_{n_t} \end{pmatrix} + \begin{pmatrix} n_1 \\ n_2 \\ \vdots \\ n_{n_t} \end{pmatrix}$$

式中，$\boldsymbol{X}$ 是发射数据流；$\boldsymbol{Y}$ 是接收数据流；$\boldsymbol{N}$ 是噪声；$\boldsymbol{H}$ 是空间信道变换矩阵。

2.1.2　MIMO 极限容量 ★★★

针对无线信道容量的分析，1948 年香农提出单一发射天线、单一接收天线（单入单出）的理论极限容量公式：

$$C = B\log_2\left(1 + \frac{S}{N}\right)$$

式中，B 为信道带宽；S/N 为信噪比。

在 LTE 移动通信系统中，传输的数据速率可达 100Mbit/s。单天线发送单天线接收系统的信道容量远不能满足要求。在系统设计中，必然要引入 MIMO 多天线系统解决空中接口高速数据传输问题。在多天线条件下，贝尔实验室提出信道容量的变化规律。在天线之间相互独立、不相关即信道转换矩阵 $\boldsymbol{H}$ 满足正交矩阵情况下，MIMO 系统的信道容量理论公式：

$$C = \min(n_r, n_t)B\log_2\left(1 + \frac{P_t}{\delta}\lambda\right)$$

式中，λ 为空间信道转换矩阵 $\boldsymbol{HH}^{\mathrm{H}}$ 的特征根。

因此，对于 n_t 根发送天线、n_r 根接收天线的无线传输系统，在接收端已准确知道信道传输特性的情况下，$n_t = n_r$ 时信道容量与 n_t 成比例增加。在相同发射功率和传输带宽下，MIMO 系统比单天线发射、单天线接收系统的信道容量提高数倍。

综上所述，MIMO 多天线系统在信道容量上比单天线系统确实得到了显著提高。系统容量将随着发射天线和接收天线数的增加而线性增加，一方面信道容量增益可以用来提高信息传输速率，另一方面也可以在保持信息传输速率不变的情况下，通过增加信息冗余度提高通信系统的可靠性能，或者在两者之间进行合理的折中。

在 LTE 多天线系统中，发射端通过空时映射将要发送的数据信号映射到多根天线上发送出去，接收端将各根天线接收到的信号进行空时译码从而恢复出发射端发送的数据信号。根据空时映射方法的不同，MIMO 技术大致可以分为两类：空间分集和空间复用。

空间分集：同一信息的多个信号副本通过发射端多根发射天线发送出去，在接收端接收同一个数据符号的多个独立衰落的复制信号，从而获得分集提高的接收可靠性。分集技术主要用来对抗信道衰落。

空间复用：MIMO 信道中的衰落特性可以提供额外的信息来增加通信中的自由度。从本质上来讲，MIMO 系统中每对发送接收天线之间的衰落是独立的，服从均匀分布的瑞利衰落，那么可以产生多个并行的子信道。在相同发射功率、相同系统带宽情况下，多个相互独立的天线并行发送多路数据流，可以提高极限容量和改善峰值速率。

2.1.3 传输模式 ★★★

3GPP R9 规范中 MIMO 共定义了 8 种传输模式，技术特征和应用场景如表 2-1 和图 2-2 所示。模式 2 支持发射分集，模式 3 和模式 4 支持空间复用，且支持模式内（发送分集和空间复用）自适应，模式 7 支持单流波束赋形，模式 8 支持双流波束赋形。原则上，3GPP 对基站天线数目与所采用的传输模式没有特别的搭配要求。但在实际应用中两天线系统常用模式 2 和模式 3，8 天线系统常用模式 7 和模式 8。在实际应用中，不同的天线技术互为补充，应当根据实际信道的变化灵活运用。目前主流终端芯片设计仍然以单天线发射为主，对基站多天线接收方式 3GPP 标准没有明确要求。3GPP R8 的天线自适应技术要求用户根据信道条件选择合适的多天线技术，包括分集、空间复用及波束赋形。

表 2-1　MIMO 传输模式

模式	传输模式	技术描述	应用场景/移动速度	小区内位置
1	单天线传输	信息通过单天线进行发送	无法布放双通道室分系统室内站。低速移动	
2	发射分集	同一信息的多个信号副本分别通过多个衰落特性相互独立的信道进行发送	信道质量不好时，如小区边缘。高速/中速移动	小区边缘
3	开环空间复用	终端不反馈信道信息，发射端根据预定义的信道信息来确定发射信号	信道质量高且空间独立性强时。高速/中速移动	小区中心/边缘
4	闭环空间复用	需要终端反馈信道信息，发射端采用该信息进行信号预处理以产生空间独立性	信道质量高且空间独立性强时。终端静止时性能好。高速/中速移动	小区中心
5	多用户 MIMO	基站使用相同时频资源将多个数据流发送给不同用户，接收端利用多根天线对干扰数据流进行取消和零陷	低速移动	小区中心
6	单层闭环空间用	终端反馈 RANK = 1 时，发射端采用单层预编码，适应当前的信道	高速/中速移动	小区边缘
7	单流波束赋形	发射端利用上行信号来估计下行信道的特征，在下行信号发送时，每根天线上乘以相应的特征权值，使其天线阵发射信号具有波束赋形的效果	信道质量不好时，如小区边缘。低速移动	小区边缘
8	双流波束赋形	结合复用和智能天线技术，进行多路波束赋形发送，既提高用户信号强度，又提高用户的峰值和均值速率	低速移动	小区边缘

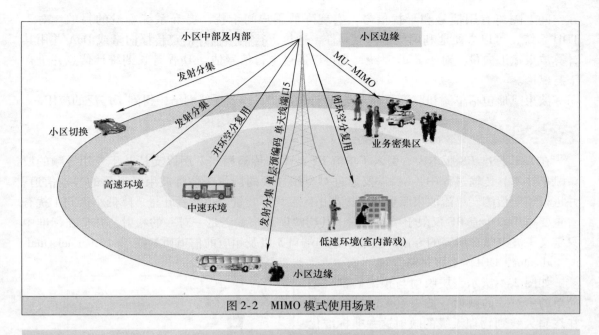

图 2-2　MIMO 模式使用场景

2.2　波 束 赋 形

2.2.1　技术原理 ★★★

首先考虑自由空间中电磁波的远场辐射情况。

1）当只存在单个天线振子时，以同极化方向从各个角度对电场振幅进行观测时，信号呈现同性衰减，不存在方向选择性。

2）如果增加一个同极化方向的振子，且两个振子处于同一位置时，即使两根天线发射信号可能存在一定的相差，但从任何角度观测，两列波的相差并不随观测角度的变化而发生变化，因此信号仍然不存在方向选择性。

3）如果增加一个同极化方向的振子，且两个振子保持一定间隔，则两列波之间会发生干涉现象，即某些方向振幅增强，某些方向振幅减弱（振幅增强部分的能量来自于振幅减弱部分），上述现象如图 2-3 所示。假设观测点距离天线振子很远，可以认为两列波到达观测点的角度是相同的。此时两列波的相位差将随观测角度的变化而变化，在某些角度两列波同相叠加导致振幅增强，而在某些方向反相叠加导致振幅减小。

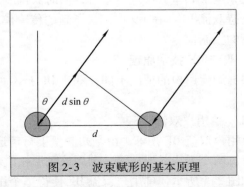

图 2-3　波束赋形的基本原理

波束赋形（Beam Forming，BF）是自适应阵列智能天线的一种实现方式，是一种在多个阵元组成的天线阵列上实现的数字信号处理技术。它利用有用信号和干扰信号在到达角（Direction of Arrival，DoA）等空间信道特性上的差异，通过对天线阵列设置适当的加权值，在空间上隔离有用信号和干扰信号，实现降低用户间干扰，提升系统容量的目的。对于 TDD 系统，可以方便地利用信道的互易性，通过上行信号估计信道传播向量或 DoA 并用其计算波束赋形向量。对于 FDD 系统，也可以通过上行信号估计 DoA 等长期统计信息并进行下行赋形。

波束赋形包括单流和双流两种方式，已经在 TD – LTE 无线网络中得到了广泛的应用。

2.2.2 单流波束赋形 ★★★

在 LTE 标准 R8 版本中，引入了单流 BF 技术，传输模式 7 用以支持基于专用导频的波束赋形技术。传输过程中，UE 需要通过对专用导频的测量来估计波束赋形后的等效信道，并进行相干检测。单流波束赋形对于提高小区平均吞吐量及边缘吞吐量、降低小区间干扰有着重要作用。单流 BF 仅限于单流传输，其层映射和预编码是一对一的映射，并且在标准中只定义了波束赋形所需的专用导频端口，即端口 5 以及相应的信道质量指示（Channel Quality Indicator，CQI）上报机制。

如图 2-4 所示，层映射与预编码都只是简单的一对一的映射，波束赋形的功能体现在逻辑天线到物理天线的映射这一非标准化模块中。而规范中只定义了波束赋形所需的专用导频端口，即端口 5。对于 TDD 系统，可以利用上下行信道的互易性，采用 EBB 或其他波束赋形算法。当瞬时信道特性的互易性难以得到保障时（如 FDD 系统），仍然可以利用 DoA 等长期统计信息实现波束赋形传输。

端口 5

图 2-4　单流波束赋形原理

2.2.3 双流波束赋形 ★★★

在 LTE 标准 R9 版本中，将 BF 技术扩展到双流传输，将智能天线与空间复用技术结合，实现波束赋形和空分多址的结合，同时获得赋形增益和复用增益，进一步增大系统吞吐量。为了支持双流 BF，在 R9 中定义了新的传输模式和两个新端口（端口 7 和端口 8），并且增加了新的控制信令。

1. 双流 BF 技术原理

根据调度用户的情况不同，双流 BF 技术可以分为单用户双流 BF 技术和多用户双流 BF 技术。

（1）单用户双流 BF

单用户双流 BF 技术，由基站测量上行信道，得到上行信道信息后，基站根据上行信道信息计算两个天线赋形权值，利用该赋形权值对要发射的两个数据流进行下行赋形。

如图 2-5 所示，单用户双流 BF 使得单个用户在某一时刻可以进行两个数据流传输，同时获得赋形增益和空间复用增益，可以获得比单流 BF 技术更大的传输速率，进而提高系统容量。此时，根据多天线理论可知，接收天线数不能小于空间复用的数据流数，接收端至少需要有两根天线。

（2）多用户双流 BF

多用户双流 BF 技术，基站根据上行信道信息或者 UE 反馈的结果进行多用户匹配。多用户配对完成后，按照一定的准则生成天线赋形权值，利用得到的天线赋形权值为每一个 UE 进行赋形。多用户双流 BF 技术，利用了智能天线的波束定向原理和空间信道的不相关性，实现多用户的空分多址。如图 2-6 所示，各用户占用相同的时频资源，但两个用户接收不同的数据流。在多用户的双流 BF 模式下，多用户 UE 的配对可以是两个 RANK =1 的 UE 配对；也可以是两个 RANK =2 的 UE 配对；也可以是一个 RANK =1 和一个 RANK =2 的 UE 的配对。

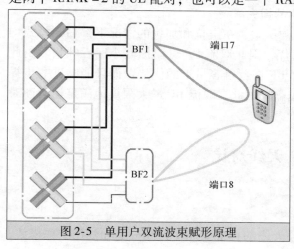

图 2-5　单用户双流波束赋形原理

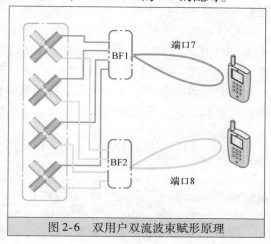

图 2-6　双用户双流波束赋形原理

2. 应用场景和测试验证

双流 BF 技术的出现，不仅能够最大限度地发挥 BF 在覆盖容量上的优势，而且能够进一步提升系统的频谱效率，适合于各类室外场景（如城区、郊区）的覆盖，最大限度地满足运营商对覆盖性能和频谱效率提升的双重需求，同时有效降低了网络内的干扰。

以某省 TD – LTE 现网基站开通双流 BF 功能为例，开展双流 BF（TM8）性能验证。在一个主测小区中选择 10 个测试点（包括近点、中点、远点），每个测试点放置两部终端。分别记录邻接小区空扰和加扰情况下，每个测试点采用不同传输模式（TM3、TM7、TM8、自适应）小区吞吐量。测试系统关键参数的设置情况如表 2-2 所示。

表 2-2　系统关键参数取值

系统带宽	频点	子帧配比	基站天线	模式	CFI	HARQ	AMC	基站发射功率	切换方式	Sounding 配置
20MHz	2585 MHz	上下行子帧配比 3：1 特殊子帧配比 10：2：2	双极化 8 天线	TM3/TM7/ TM8 自适应	3	启用	启用	8×5W	竞争	带宽：32RB 周期：10ms

基站在不同传输模式下，小区平均吞吐量结果如表 2-3 所示。

表 2-3　小区平均吞吐量

下行传输模式	空扰				加扰			
	TM3	TM7	TM3/7	TM8	TM3	TM7	TM3/7	TM8
小区平均吞吐量/（Mbit/s）	42.6	28.59	42.04	46.6	31.55	25.29	32.59	37.1

从测试结果可以看出，在空扰情况下采用 TM3 和 TM3/7 自适应模式时，小区平均吞吐量基本相同。在加扰情况下采用 TM3/7 自适应模式比采用 TM3 模式时小区吞吐量略高，而TM8 模式的流量要高于 TM3/7 自适应模式。主要原因在于 TM8 模式和 TM3/7 自适应模式相比，TM8 模式为双流 BF，在信道质量好的测试点和信道质量一般的测试点能带来一定的双流 BF 增益。另外，TM8 模式中双流 BF 和单流 BF 的切换是模式内切换，切换能够及时进行。而 TM3/7 自适应模式的双流和 BF 单流切换为模式间切换，切换周期长，而且在切换的过程中需要空口信令交互，对流量会造成一定的损失。

总体而言，双流 BF 在定点的小区吞吐量测试中，在空扰和加扰的情况下，TM8 模式均优于 TM3 模式、TM3/7 模式，比 TM7 模式更优，因此双流 BF 可以提高小区吞吐量。由此可知，双流 BF 技术不仅能够最大限度地发挥 BF 在覆盖容量上的优势，而且能够进一步提升系统的频谱效率，适合于各类室外场景的覆盖。因此，双流 BF 最大限度地满足运营商对覆盖性能和频谱效率提升的双重需求。

2.3 2/8 天线对比

2.3.1 2/8 天线技术支持能力对比 ★★★

LTE 系统普遍采用 2 天线和 8 天线，两种天线都具备 MIMO 天线分集和复用工作模式，但两者存在性能差异。首先，2 天线不具备波束赋形功能，8 天线使用波束赋形的工作模式。其次 2 天线的尺寸和重量均远远小于 8 天线，从建网难易、建网成本等规划建设角度考虑，2 天线也具有其优势。2 天线和 8 天线的上下行对天线模式的支持能力如表 2-4 所示，分析结论可为网络建设中对天线的选择做参考和指导。

表 2-4 TD – LTE 多天线技术支持能力

天线类型/模式	上行				下行			
	TM2	TM3	TM7	TM8	TM2	TM3	TM7	TM8
2 天线	√	×	×	×	√	√	×	×
8 天线 R8	√	×	×	×	√	√	×	×
8 天线 R9	√	×	×	×	√	√	√	√

2.3.2 2/8 天线性能分析 ★★★

（1）天线增益差异性

相同尺寸 2 通道天线和 8 通道天线增益不同，如表 2-5 所示。

表 2-5 天线增益

天线类型	F 频段增益	D 频段增益
2 天线	17.5dBi	18dBi
8 天线	14dBi	16.5dBi

（2）天线性能分析

目前 LTE 主要考虑两种天线配置：8 天线波束赋形（单流/双流）和 2 天线 MIMO（空分复用/发送分集）。

1）下行业务信道性能比较。

2/8 天线性能仿真结果如图 2-7 所示，在下行链路中，2/8 天线的业务信道在特定传输模式下性能比较如下：

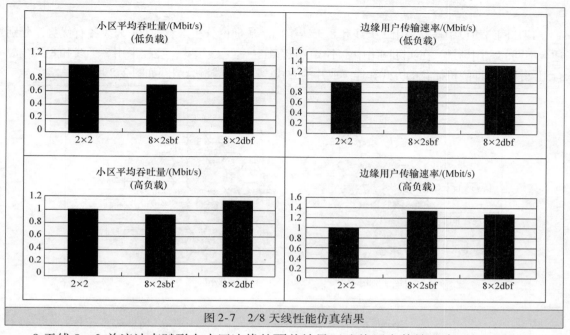

图 2-7　2/8 天线性能仿真结果

8 天线 8×2 单流波束赋形在小区边缘的覆盖效果（边缘用户传输速率）好于 2×2 空分复用，但小区平均吞吐速率要低于 2 天线 2×2MIMO 场景。

8 天线 8×2 双流波束赋形的边界传输速率要略好于 2 天线 2×2 天线空分复用。对于小区平均吞吐速率，在正常负荷条件下，两者性能相当。在高负荷条件下，8 天线 8×2 双流波束赋形增益较为明显。

在 2/8 天线性能实际外场测试中，测试场景往往选择在典型公路环境中。虽然站间距与城区环境相同，但无线传播条件更接近于郊区空旷环境的特点，信道相关性较强，更利于 8 天线波束赋形技术。8 天线在小区覆盖中心采用模式 3，在覆盖边缘则采用模式 7，因此在小区边缘 8 天线优于 2 天线，小区中心两者相当，小区平均传输速率 8 天线较好于 2 天线。外场测试结果与图 2-7 仿真结果基本一致。

2）下行控制信道及覆盖能力。

对于 8 天线广播信道而言，由于要实现全小区覆盖，波束赋形技术在控制信道的增益不复存在。通常采用引入广播权值静态赋形（65°）的方式发送。根据不同天线厂家提供的广播信道的赋形权值，发射功率只有可用功率的 60% 左右。因此，静态赋形的方式将导致 8 天线广播信道覆盖比 2 天线方案差，特别是在小区边缘广播信道功率存在很大损失。

3）上行天线接收分集增益。

在上行接收方面，理论上当 8 天线的单元天线增益与 2 天线的增益相同时，8 天线可以获得 6dB 接收分集增益。而实际系统中，在天线长度相当时，2 天线的增益往往高于相同高度的 8 天线的单元天线增益 1.5~2.5dBi。现网测试表明，选择 2 天线和 8 天线同为 140cm 长度，8 天线单元天线的增益为 16~17dBi，凯士林（Kathrein）和安德鲁（Andrew）2 天线增益均可以达到18.5dB以上。因此在LTE工程设计中，将2天线的增益设定为18dBi，而将8天线单元有效增益设定为14.5dBi，两者接收的差异应设定为3dBi。

2.3.3 组网方式 ★★★

LTE网络建设中普遍采用2天线和8天线组网。从理论分析来看，2/8天线各有优势，分别适合不同的应用场景。在实际网络中，不仅仅只存在一种天线模式，往往采用2天线和8天线混合组网模式，即随机插花的方式和连续成片的方式。2/8天线混合组网如图2-8所示。

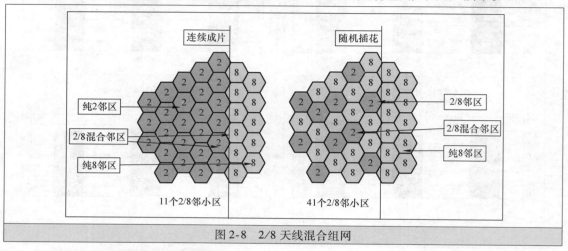

图2-8　2/8天线混合组网

2.3.4 多天线应用场景 ★★★

1）8天线由于采用了3/7自适应模式，相对2天线业务信道主要在小区边缘更有优势。由于8天线传输控制信道的短板，使得8天线的控制信道覆盖略逊于2天线，由此可能导致8天线覆盖增益的不确定性。

2）在城区及密集城区等典型LTE覆盖场景中，2/8天线的性能差异并不明显；2天线对天面要求低，馈线少，易于安装，因此建议采用2天线的方案。在郊区等以覆盖为主要目标的场景，8天线在业务信道的优势得以发挥。因此，针对不同场景，可对2/8天线进行灵活部署，互相补充。

3）在边缘速率等方面8天线性能优于2天线，但在实际应用中，具体效果还受天线的校准精度、天线性能（随时间）恶化等因素影响有所缩小。工程安装实施方面，8天线的天面要求较高，建站方案更为复杂，需兼顾承重、风荷、共天线等因素。8天线站点成本、耗电增加，都将直接提升运维成本。

2.4 扇区软劈裂技术

2.4.1 技术原理 ★★★

传统TDD系统智能天线是通过设置一组天线幅度和相位权值，产生8个波束场强，叠加后合成小区的广播波束（65°）。所谓扇区软劈裂技术就是利用TDD特有的智能天线波束赋形能力，通过设置两组最佳的天线幅度和相位权值，合成两个广播窄波束（30°），并将两个波束的方位角各偏置一定角度进行覆盖，即将原65°扇区分裂成两个30°扇区，在同一个 RRU、同一根天线上建立两个异频的 TDD 小区，不需额外新增硬件资源。扇区劈裂如图2-9所示。

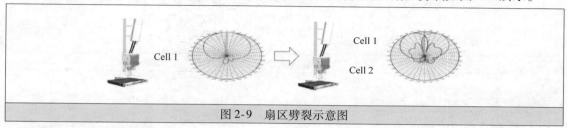

图2-9　扇区劈裂示意图

2.4.2　技术优势★★★

1）采用三扇区小区覆盖时，业务波束比广播波束覆盖半径大，用户存在控制信道受限、无法接入小区的问题。采用六扇区后，六扇区时波束能量更集中，广播波束与业务波束的覆盖距离差距缩小，提升用户接入能力，分裂前后业务波束与广播波束的覆盖对比如图2-10所示。

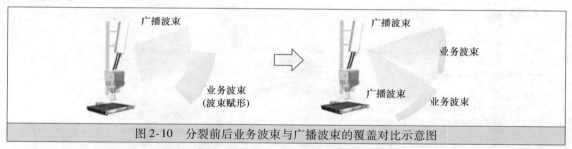

图2-10　分裂前后业务波束与广播波束的覆盖对比示意图

2）从扩容角度来看，传统扩容采用两载波叠加、覆盖同一个方向的方式扇区劈裂成六扇区模式下，两载波波束变窄，相比传统三扇区能量更集中的窄波束覆盖能力增加1倍。

如图2-11所示，将传统三扇区模式转变为单站六扇区模式，可提升网络资源利用效率。通过软劈裂技术充分利用 TDD 30MHz 带宽，在同一个 RRU、同一根天线上建立两个异频的 TDD 小区，形成六扇区规模组网方式，可以改善小区边缘的弱场和高干扰问题，快速、低成本提升单站覆盖能力和网络性能和容量。三扇区变革六扇区如图2-12所示，软劈裂技术可以采用六扇区 20MHz + 10MHz 或 15MHz + 15MHz 频率组网方案，与原20MHz 带宽组网方式完全融合，又符合 LTE 网络长期演进的需求。

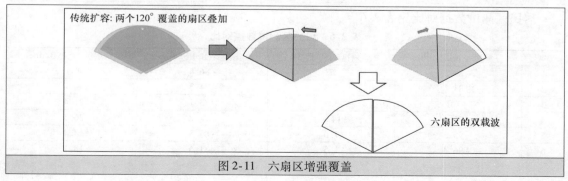

图2-11　六扇区增强覆盖

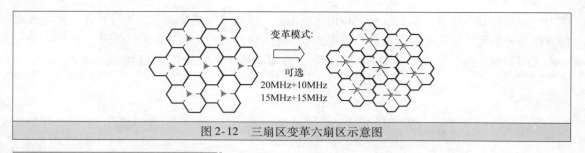

图 2-12 三扇区变革六扇区示意图

2.4.3 应用案例★★★

（1）解决居民区弱覆盖

将六扇区组网应用在居民区等弱覆盖区域，可解决补点难、深度覆盖不足等问题。选取现网某城区典型的密集居民小区，室内存在弱覆盖。当前 LTE 站点密度已不足 500m，新增规划站点非常困难，而且由于小区物业原因无法新建室内分布系统。如图 2-13 所示，在该区域选取了 3 个居民区的弱覆盖站点，矩形方框代表测试地点，对比开启软劈裂功能前后问题区域的覆盖和 SINR 改善情况。

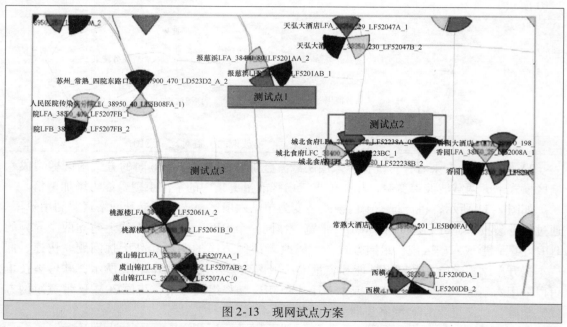

图 2-13 现网试点方案

居民区测试数据对比见表 2-6。

表 2-6 居民区测试数据对比

序号	三扇区 – RSRP/dBm	三扇区 – SINP/dB	六扇区 – RSRP/dBm	六扇区 – SINR/dB
1	−88.5	7	−86.4	4.4
2	−83.4	5.3	−74.3	8.6
3	−101	3.6	−73.1	21.4
4	−71.6	14.7	−70.8	26.3
5	−95.2	7.6	−87.5	15.4
6	−96.4	1.5	−81.6	18.1

从表 2-6 中外场测试结果可以看出，软劈裂功能开启，六扇区覆盖平均 RSRP 和平均 SINR 均提升，边缘覆盖明显改善。

（2）提升高校深度覆盖

在高校区业务热点区域，通过软劈裂扩容成六扇区覆盖，可以规避 RRU 功率受限，增加小区容量。某学院西南面靠山，教学楼密集，LTE 用户多且校内无室分，教学区内的深度覆盖严重不足。开启软劈裂功能后，在总功率相同情况下，六扇区覆盖率改善 5%，SINR 值提升 3%，业务量提升 16%，而且在用户数和业务量提升的情况下，时延降低近 9ms。对比结果请见表 2-7。

表 2-7　高校测试数据对比

场景	RSRP > −100dBm 比例	SINR > −3dB 比例	AVG RSRP/dBm	AVG SINR/dB	覆盖度占比 RSRP ≥ −100dBm 且 SINR ≥ −3dB
3 扇区空闲态	97.1%	96.9%	−82.6	11.53	93.47%
6 扇区空闲态	99.6%	99.6%	−82.7	16.28	99.28%
3 扇区业务态	97.6%	96.0%	−82.7	10.36	94.62%
6 扇区业务态	100%	99.6%	−82.4	15.46	99.64%

场景	日期	基站名称	小区用户面下行平均时延/ms	小区内的最大用户数	数据总吞吐量/GB
三扇区	2015/6/16	教育园北区 L（F）	77.22	2399	30.59
六扇区	2015/6/18	教育园北区 L（F）	68.55	2809	35.63

（3）网管指标提升

针对六扇区开启前后观察网管指标情况，用户数、业务量、弱覆盖占比等均有不同程度的改善。如图 2-14 ～ 图 2-16 所示。

1）六扇区比三扇区的小区平均用户数增加了 32 个，增幅 10.03%。

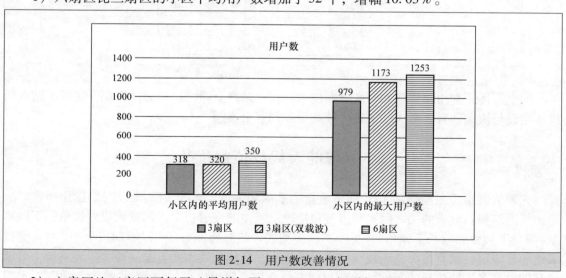

图 2-14　用户数改善情况

2）六扇区比三扇区下行吞吐量增加了 18.6%，上行增加了 13.6%。

3）六扇区比三扇区因弱覆盖触发的重定向到 GSM 总次数减少了 6900 次，比例同样减少。

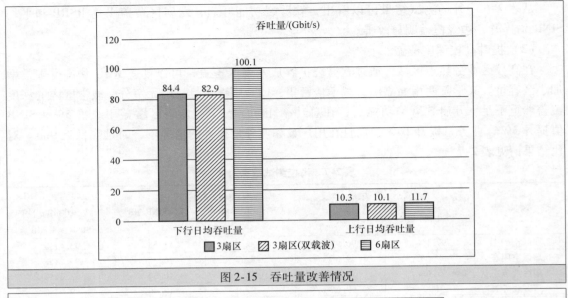

图 2-15　吞吐量改善情况

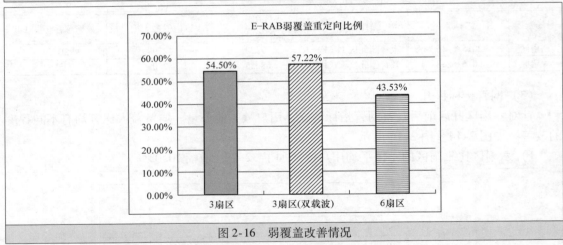

图 2-16　弱覆盖改善情况

综上所述，利用软劈裂六扇区组网技术，在原站点上即可提升深度覆盖，实现了站点低成本建设与快速部署，解决了密集区域的覆盖和容量难题。

2.5　智能天线权值最优化

完善的网络覆盖是保障 LTE 网络质量的基础和关键。对于 LTE 无线网络优化而言，决定无线网络覆盖效果的关键因素和措施包括改变基站的发射功率、调整天线方位角、下倾角（含机械下倾角和电子下倾角）、更换不同类型的天线。智能天线作为 TDD 网络中的关键技术之一，应用效果直接决定无线网络质量的优劣。智能天线本质上是一种多阵元系统，可以通过调整其各天线阵元的激励（也称权值，包含幅值和相位），改变天线波束方向图，实现目标区域波束赋形。波束赋形分为业务信道波束赋形和广播信道波束赋形。如图 2-17 所示，在 TDD 网络优化工作中，通过自适应改变广播信道波束赋形权值，使得广播信道波束的方向图与小区目标覆盖区域匹配，达到优化 TDD 无线网络覆盖的目标。

2.5.1　传统智能天线权值优化方法★★★

1. 优化流程

传统智能天线广播波束权重的优化调整是通过日常反复道路测试，遵循发现问题→分析定位问题→再测试验证问题是否解决等循环往复过程。传统智能天线广播信道波束赋形权值优化方法如图 2-18 所示，通过人工测试调整优化天馈参数设置步骤如下。

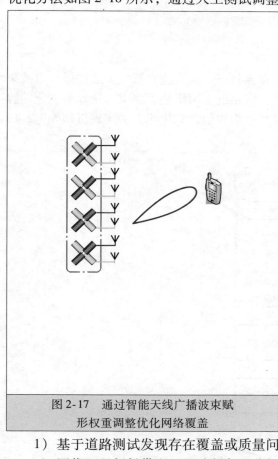

图 2-17　通过智能天线广播波束赋形权重调整优化网络覆盖

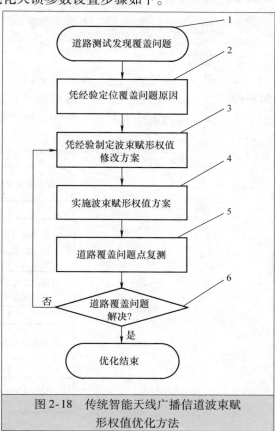

图 2-18　传统智能天线广播信道波束赋形权值优化方法

1）基于道路测试发现存在覆盖或质量问题的道路及区域；

2）网优工程师凭借人工经验判断、分析和定位存在问题的原因；

3）网优工程师凭借人工经验制定权值优化方案；

4）具体实施优化方案；

5）重复进行道路测试，评估分析优化效果；

6）如果没有达到优化目标，循环往复优化步骤；如果达到优化指标，优化流程结束。

2. 传统方法的技术缺陷

传统方法仅依赖人工经验并参考道路测试结果及对周围地物地貌的主观判断，通过人工方式实现智能天线广播信道波束赋形权值调整与优化。通过现有智能天线广播信道波束赋形权值优化方法进行网络覆盖优化具有以下缺点或不足之处。

1）降低波束赋形权值优化方案的网络优化效果，整体网络质量难以保证。由于参考数据限于道路上的覆盖测试，只能采集部分区域覆盖数据，调整参数范围有限，优化方案存在主观性和片面性，难以获得局部区域无线网络整体性能最优。

2）工作效率低下。通过工程师主观经验判断，进行粗浅层面的射频参数调整，没有制定精确的网络质量控制模型，也就不能保障网络质量指标。成本降低效果并不明显，虽然可能降低了本次射频优化成本，但可能会增加整体的网络优化成本。

3）缺少高效波束赋形权值优化优化手段。目前，TDD网络中小区智能天线的广播信道权值配置基本是按覆盖场景大致配置，缺乏精细优化调整方案。

2.5.2　智能天线广播信道波束赋形权值自动优化方法 ★★★

1. 实现机制

首先建立网络覆盖问题模型，然后设置网络覆盖目标，接着建立智能天线广播信道波束赋形权值评估目标函数，最后通过智能搜索算法，满足既定网络覆盖要求，选择最优化的智能天线广播信道波束赋形权值。智能天线广播波束赋形权值自动优化方法实现机制如图2-19所示。

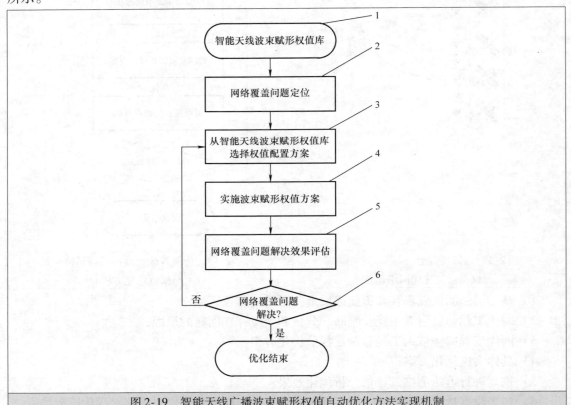

图2-19　智能天线广播波束赋形权值自动优化方法实现机制

相比现有智能天线广播信道波束赋形权值优化方法，本技术方案主要用来解决以下技术问题：

其一，广泛收集反映网络覆盖的测试采样点，全方位反映网络问题。优化范围不仅局限在道路上，而且也包括其他覆盖区域。

其二，预先估计优化效果，无需反复路测，有效网络优化过程中天线工程参数调整的工作量，缩短优化时间和成本。

其三，完全自动化操作，与规划软件密切配合，提升优化效率，降低网络优化过程中"路测→评估→路测…"循环过程的时间和成本。

2. 详细技术方案

首先通过建立智能天线广播波束赋形权值库，然后设计波束赋形权值优化算法，最后通过智能搜索优化算法，从智能天线广播波束赋形权值库中匹配出提升网络覆盖质量效果最好的波束赋形权值，作为满足目标覆盖区域的最优化权值。

（1）系统构成

智能天线广播波束赋形权值自动优化方法与装置系统构成如图2-20所示。主要包括如下功能：

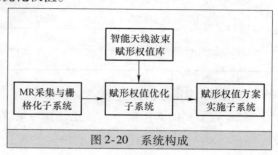

图 2-20　系统构成

1）MR（Measurement Report，测量报告）采集与栅格化子系统。

2）智能天线波束赋形权值库。

3）赋形权值优化子系统。

4）赋形权值方案实施子系统。

（2）具体技术方案

首先通过测量报告（MR）采集与栅格化子系统全面收集现网的 MR 数据，并对其进行栅格化处理，使 MR 数据能够反映网络在地理上的覆盖情况。再由赋形权值优化子系统基于智能天线波束赋形权值库，根据覆盖问题解决需求自适应选择最佳的网络覆盖优化方案，最后由赋形权值方案子系统在现网实施。

1）MR 采集与栅格化子系统。

① MR 数据采集。

MR 采集与栅格化子系统用来收集网络中的测量报告数据，可从 OMC 设备输出用户级的 MR 数据。测量报告数据字段内容包括主服务小区参考信号电平 RS RSRP 电平和较强邻区的 RS RSRP 电平信息，如表2-8所示。

表 2-8　测量报告数据

测量报告编号	小区 CI	主电平/dBm	邻区 1 电平/dBm	邻区 2 电平/dBm	…
1	26651	−62	−72	−62	…
2	26651	−72	−80	−85	…
…	…	…	…	…	…

② MR 数据栅格化处理。

第一步，区域栅格化。

对于分析区域按照一定的尺度（密集市区推荐5m×5m，郊区或农村推荐20m×20m）进行栅格化处理，得到每个栅格中心位置的经纬度信息，如表2-9所示。

表 2-9　栅格化后得到的栅格位置信息

栅格编号	栅格经度	栅格维度
1	112.429	34.6883
2	112.430	34.6883
3	…	…

第二步，建立栅格指纹库。

基于传播模型、网络工程参数（天线下倾角、方位角和站高）及天线模型数据，通过仿真（COST 231 – Hata 传播模型）获得附近小区在每个栅格中心的 LTE 网络场强值，代表一个小区在本栅格的覆盖场强 RS RSRP。如表 2-10 所示。

表 2-10　栅格指纹库

栅格编号	小区 LAC	小区 CI	栅格经度	栅格维度	RS RSRP
1	18748	26652	112. 429	34. 6883	− 82
2	18748	26653	112. 429	34. 6883	− 79
3	…	…	…	…	…

第三步，MR 栅格化处理。

对于收集到的 MR 报单，首先计算与指纹库样本之间的信号距离，具体参考下面公式：

$$d = \sqrt{\sum_{i=1}^{n} (s_i - s'_i)^2}$$

式中，$s_1 \cdots s_n$ 是某个指纹样本的 n 个邻区信号电平；$s'_1 \cdots s'_n$ 是本 MR 报单 n 个邻区的覆盖场强 RS RSRP。

根据上式的信号距离求解结果，初步确定 MR 报单的位置就是与其信号距离最小且同属于一个小区的指纹样本的位置。由于 MR 报单中包含全球小区识别码（Cell Global Identifier，CGI），可以先通过 CGI 判断用户呼叫属于哪个小区，再将 MR 与属于本小区的 MR 指纹样本进行比较，如表 2-11 所示。

表 2-11　MR 定位

栅格编号	小区 CI	栅格经度	栅格维度	RS RSRP
1	26652	112. 429	34. 6883	− 82
2	26653	112. 429	34. 6883	− 79
3	…	…	…	…

2）智能天线波束赋形权值库。

如表 2-12 和表 2-13 所示，智能天线波束赋形的权值库中包含每种类型智能天线三类信息：天线类型、波束赋形权值方案和广播波束赋形图。对于某种天线类型而言，权值库中会保存其不同的波束赋形权值方案，及分别对应的广播波束赋形图。

表 2-12　天线权值库

天线类型	波束赋形权值方案	广播波束赋形图
类型 1		
类型 2		

表 2-13　波束赋形权值方案

	幅度	相位（°）
阵元 1	0. 55	
阵元 2	1	

（续）

	幅度	相位（°）
阵元 3	1	
阵元 4	0.55	
阵元 5	0.85	245
阵元 6	1	100
阵元 7	0.85	245

广播波束赋形效果如图 2-21 所示。

3）赋形权值优化子系统。

赋形权值优化子系统是用来根据网络覆盖问题解决需求，自适应从赋形权值库中选择最佳的智能天线赋形权值方案，其工作原理如图 2-22 所示。

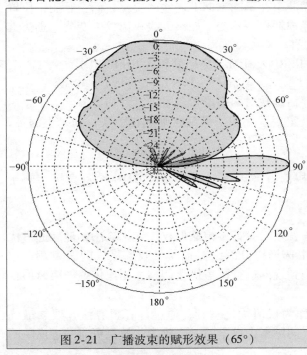

图 2-21　广播波束的赋形效果（65°）

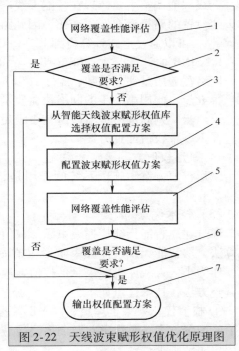

图 2-22　天线波束赋形权值优化原理图

第一步，网络覆盖质量评估。

网络覆盖问题识别子系统设计一个网络覆盖质量评估函数，同时包括 TD－LTE 网络信号强度 RS RSRP 和信噪比 RS SINR。

$$f_{\text{TD－LTE}}(x) = L_1 \times f_{\text{RS\_RSRP}}(x) + L_2 \times f_{\text{RS\_SINR}}(x),\ L_1 + L_2 = 1$$

式中，$f_{\text{RS\_RSRP}}(x)$ 为 RS RSRP 覆盖满足率，$f_{\text{RS\_RSRP}}(x)$ = 栅格中最强接收 RS RSRP 大于阈值的栅格数/所有栅格数；$f_{\text{RS\_SINR}}(x)$ 为 RS SINR 质量满足率，$f_{\text{RS\_SINR}}(x)$ = 栅格中最大接收 RS SINR 大于阈值的栅格数/所有栅格数；$L_i(i=1, 2)$ 为对应评估函数各项的权值，代表对网络覆盖与干扰的关注程度。

当 $f_{\text{TD－LTE}}(x)$ 值小于某一门限时，则判断本区域存在网络覆盖问题，需要进行覆盖优化。

第二步，判断网络覆盖质量评估结果是否满足覆盖要求，如果是，则不需要做进一步优化；如果否，则需要进入第三步做波束赋形权值优化。

第三步，从智能天线波束赋形权值库选择备选权值配置方案。

第四步，通过仿真手段，预测备选权值方案下网络覆盖质量。

下面是网络覆盖仿真方法：

发射小区 Cell（Sm）在栅格 n 处的 RS RSRP 覆盖场强可以通过下式计算获得：

$$R_{\text{TDL}(n)} = P_{\text{RS RSRP (Cell}(m))} + Gain_{\text{antenna}(m)} - PL_{\text{TDL}(n)}$$

式中，$PL_{\text{TDL}(n)}$ 为信号从小区 Cell（Sm）到栅格（n）时的无线传播损耗；$P_{\text{RS RSRP (Cell}(Sm))}$ 为小区 Cell（Sm）的 RS 信道的信号发射功率；$Gain_{\text{antenna}(m)}$ 为栅格中心点与 TD-LTE 发射小区 Cell（Sm）连线处的天线增益。在既定的天线方位角、电子下倾角、机械下倾角下和天线类型下，该天线增益唯一确定；$R_{\text{TDL}(n)}$ 为小区 m 在栅格 n 处的覆盖场强。

天线权值调整主要体现在智能天线广播波束在不同方向上增益的变化，而由于栅格位置与天线位置的路径没有发生变化，因此路径损耗保持不变。如果天线权值发生变化，则仿真值 $R_{\text{TDL}(n)}$ 可以通过上式计算得到 RS RSRP 值。

RS SINR 值计算公式：RS SINR ＝ RS RSRP／SUM（栅格处邻区 RS RSRP）

网络覆盖质量评估函数：$f_{\text{TD-LTE}}(x) = L_1 \times f_{\text{RS\_RSRP}}(x) + L_2 \times f_{\text{RS\_SINR}}(x)$

第五步，使用第一步的网络覆盖质量评估函数对网络覆盖质量进行评估。

第六步，判断网络覆盖质量是否满足既定要求。如果满足，则优化结束；如果不满足，则选择下一个权值配置方案。

4）赋形权值方案实施子系统。

赋形权值方案实施子系统的作用是将权值方案以一定格式通过 OMC 设备直接实施于现网。

（3）技术优点

通过建立智能天线广播波束赋形权值库，然后设计波束赋形权值优化算法，最后通过优化算法，从智能天线广播波束赋形权值库中选择提升网络覆盖质量效果最优的波束赋形权值，作为小区天线广播波束赋形权值，应用到现网进行覆盖优化调整。相比传统波束赋形权值调整方法，技术优点如下：

① 权值优化效果更理想。以 MR 数据作为权值优化基础，通过计算机算法，搜索最优权值的配置方案，关注道路及非道路区域，问题考虑更全面，因此优化效果更能贴近反映网络用户实际需求。

② 权值优化效率更高。相比现有方案，该方案由于使用了计算机算法搜索最优权值的配置方案，权值优化效率更高。

③ 全面提升网络覆盖质量。由于本方案可以为不同场景、不同覆盖情况小区定制波束赋形权值，保证小区覆盖效果更理想。

2.6 上行多用户 MIMO 技术

2.6.1 原理概述 ★★★

目前大多数 LTE 终端只有 1 根发射天线，单用户上行发送无法获得多天线的分集和复用增益，如何提高用户上行速率成为一个重要的课题。上行 MU – MIMO（上行多用户多入多出）可以用来提高小区的吞吐量，提升单用户上行的使用感知。上行 MU – MIMO 就是多个终端的多根发射天线可以与基站侧的接收天线形成虚拟 MIMO 阵列，通过空分隔离技术，基站能区分出不同终端的发射信号，对满足一定条件的终端信号进行联合检测，最后恢复出各个用户的原始发射信号。上行 MU – MIMO 时，配对终端采用相同的时频资源，可以提高上行 RB 资源利用效率，提升小区的吞吐量。

　　MU – MIMO 系统架构图如图 2-23 所示，基站 eNB 采用 8 天线发送与接收，多个终端的多根发射天线可以与基站侧的接收天线形成虚拟多用户 MIMO 阵列。MU – MIMO 要求配对的多个终端应满足一定的空间隔离度要求，利用空分技术，基站可以区分出不同终端的发射信号。配对终端间通过空分隔离，但由于形成虚拟 MIMO 传输，配对终端可以采用相同的时频资源，虽然每个终端的上行吞吐量没有提高，但是小区吞吐量性能得到较大的提升。

　　上行 MU – MIMO 用户配对如图 2-24 所示，上行 MU – MIMO 的关键实现方案在于终端配对方案，需要满足以下三个条件：

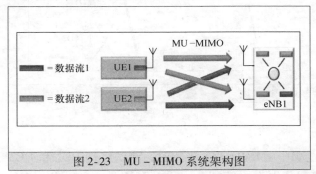

图 2-23　MU – MIMO 系统架构图

图 2-24　上行 MU – MIMO 用户配对

　　条件 1：配对用户间满足空间隔离度要求。通过两个用户的下行信道空间相关性来判定空间隔离度要求，当基站到第一个用户的传输信道与基站到第二个用户的传输信道保持正交时，用户间的空间相关性很小，则可以进行配对。

　　条件 2：配对的两个用户均满足一定的 SINR 门限，或者两用户间的 SINR 差值满足门限。

　　条件 3：两个配对用户在配对前是独立调度的，配对后是作为一个用户进行调度的。以上两个条件均满足后，需要评估配对前后系统的频谱效率是否有提升。如果配对后频谱效率有提升，则进行配对；如果没有提升则不予配对。

2.6.2　技术优势 ★★★

　　1）上行 MU – MIMO 可以利用多根发射天线与多根接收天线所提供的空间自由度来有效提升无线通信系统的频谱效率。

　　2）提升上行吞吐量。作为一种虚拟的 MIMO 系统，上行 MU – MIMO 技术中每个终端都发送一个数据流，但是两个或更多的数据流占用相同的时频资源，从接收端来看，来自不同终端的数据流可以认为是来自同一个终端上不同天线的数据流，从而构成一个多用户 MIMO 系统，提高小区的上行吞吐量。

　　3）提升用户感知。上行 MU – MIMO 功能可灵活应用于学校、密集商业区和会展中心等密集需求较大的上行资源来传输数据的场景，能够有效提升用户的数据业务使用感知。

2.6.3 外场测试分析 ★★★

1. 区域选择

选取现网中 5 个连续 TD‐LTE 基站作为测试主要区域，如图 2-25 所示。

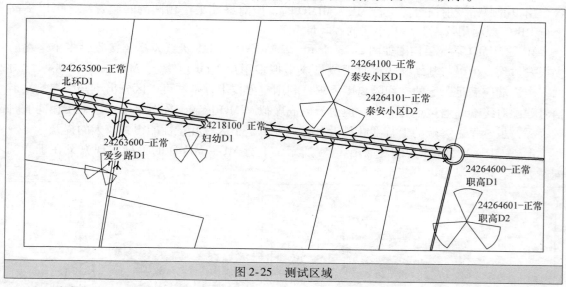

图 2-25　测试区域

2. 测试分析

（1）用户数据传输速率测试

用户数据速率测试如图 2-26 所示，在 MU‐MIMO 开关半闭时，测试终端 UE1 和 UE2 驻留在同一个小区，两个用户上行传输速率分别为 4.87Mbit/s 和 4.76Mbit/s。在 MU‐MIMO 开关打开时，UE1 和 UE2 驻留同一个小区，两个用户上行传输速率分别为 7.95Mbit/s 和 7.63Mbit/s。

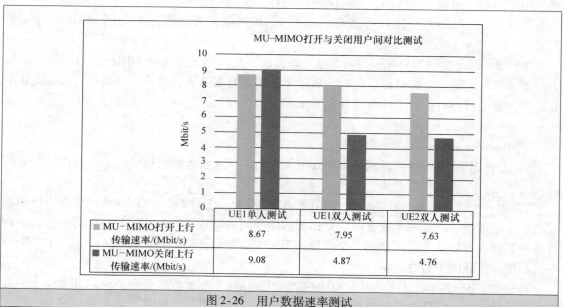

图 2-26　用户数据速率测试

（2）小区吞吐量测试

小区吞吐量测试如图 2-27 所示，在 MU – MIMO 关闭时，小区最大吞吐量为 9.63Mbit/s。在 MU – MIMO 打开时，小区的最大吞吐量为 15.58Mbit/s。

从测试结果可以看出，MU – MIMO 可以显著提升多用户下小区吞吐量，对于单个用户上行数据传输速率感知也有明显提高。

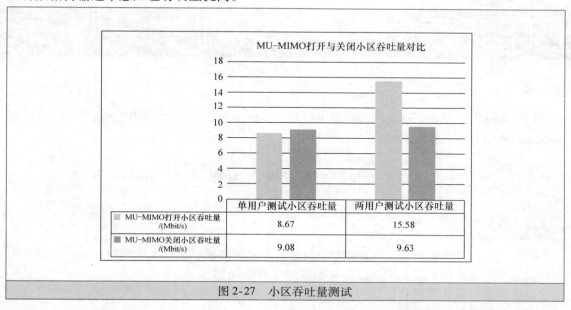

图 2-27　小区吞吐量测试

2.7　本章小结

本章从介绍 MIMO 技术原理开始，首先描述了 MIMO 中传输模式和分场景使用建议，针对波束赋形的技术细节进行了详细讨论，接着分析 2/8 天线性能差异性，然后阐述了增强深度覆盖的扇区软劈裂技术，并提出一种智能天线广播信道权值优化技术，达到了全面提升网络覆盖质量的目标，最后介绍上行增强多用户 MIMO 新功能来提高小区的上行吞吐量，从而提高用户上行数据传输速率体验和感知。

参 考 文 献

[1] 李世鹤. TD – SCDMA 第三代移动通信系统标准［M］. 北京：人民邮电出版社，2003.

[2] 彭木根，王文博. TD – SCDMA 移动通信系统［M］. 北京：机械工业出版社，2005.

[3] 王映民，孙韶辉. TD – LTE 技术原理与系统设计［M］. 北京：人民邮电出版社，2010.

[4] http：//WWW. 3gpp. org/.

[5] 董宏伟，张守霞. LTE 双流波束赋形技术研究［J］. 中兴通讯技术，2013.

[6] 符新，王洪梅，张立武. TD – LTE 网络 2/8 天线性能对比研究［J］. 中国新通信，2015.

[7] 郑毅，王飞，姜大洁，等. TD – LTE 2 天线与 8 天线对比分析［J］. 移动通信，2012（22）.

[8] 陆学兵，李钦竹. TD – LTE 深度覆盖增强创新方案研究［J］. 移动通信研究，2016.

第❸章 »
LTE无线网络覆盖规划

LTE 无线网络覆盖规划是网络建设中极其重要的环节，对于网络的建设成本与网络建立后的运行质量有重要影响。

3.1　覆盖规划流程

3.1.1　规划目标 ★★★

　　LTE 无线网络覆盖规划主要是根据网络建设的整体要求，设计无线网络目标，以及为实现该目标确定基站的位置和配置。LTE 无线网络覆盖规划目标是以合理的投资构建符合近期和远期业务发展需求，并达到一定服务等级的移动通信网络，即实现覆盖、容量、质量以及成本等各方面的最佳平衡。

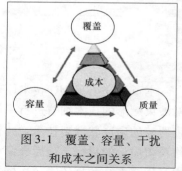

图 3-1　覆盖、容量、干扰和成本之间关系

　　1）达到服务区内最大程度的时间、地点的无线覆盖，满足通信概率的要求。

　　2）利用有限的系统带宽提供尽可能大的系统容量。

　　3）尽可能减少干扰，达到业务所要求的服务质量。

　　4）在满足容量要求的前提下，尽量减少系统设备、降低成本等几个方面目标。覆盖、容量、干扰和成本之间的关系如图 3-1 所示。

3.1.2　规划原则 ★★★

无线网络覆盖规划主要围绕以下几个中心思路开展：

- 覆盖：在目标区域"做广""做深""做厚"网络覆盖。
- 指标：满足网络指标要求。
- 质量：良好的用户体验。
- 均衡：合理的网络利用率。
- 成本：节约建设成本。
- 市场：领先于竞争对手的市场占有率。

　　总体规划的原则就是在价值区域保证连续覆盖和深度覆盖，综合考虑覆盖和容量需求，优化网络结构和网络拓扑，保持信号的稳定性，保证一次规划、分步实施，合理利用资源节省投资。当前 LTE 无线网络覆盖规划工作的工作重点如下：

1）进一步加大新建室内覆盖规模，聚焦室内弱覆盖场景，兼顾投资效益，合理选择覆盖手段，有效解决深度覆盖问题。

2）在广覆盖方面，进一步完善市区、县城、乡镇新增区域的连续覆盖。对弱覆盖区域进行优化补点，提升连续覆盖质量。

3）拓展农村区域的广覆盖，因地制宜地推进行政村覆盖。

4）加强重点场景的有效覆盖。在厚覆盖方面，大力推进异构网络建设，通过科学构建分层网与合理开展载频扩容相结合的方式有效提升网络容量。

针对 LTE 室内覆盖规划建设原则如图 3-2 所示，应遵循室内外覆盖一体化原则和室内室外采用异频组网方式。

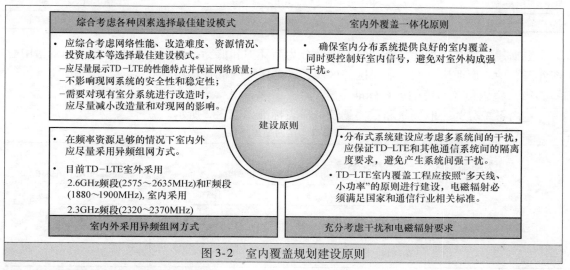

图 3-2　室内覆盖规划建设原则

3.1.3　规划流程 ★★★

LTE 无线网络覆盖规划流程及内容如图 3-3 所示，与 2G/3G 移动通信系统规划类似，LTE 都是以网络、用户需求为出发点，合理规划基站站址、覆盖、时隙、容量等，通过网络仿真模型对 LTE 网络进行规划验证，规划 LTE 网络还需要注意规划邻区、频率、PCI 和 TAC 等参数。其中基于弱覆盖的站点规划、基于吞吐率的网络结果规划是重中之重。

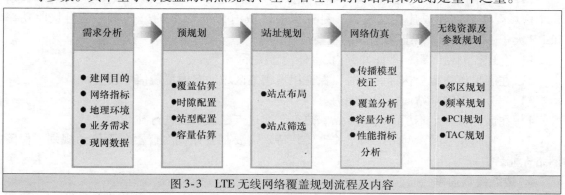

图 3-3　LTE 无线网络覆盖规划流程及内容

3.1.4　规划标准 ★★★

（1）室外连续覆盖区域规划标准

划分不同场景类型及对应的室外覆盖指标要求如表3-1所示。

表3-1　室外覆盖指标

类型	穿透损耗	覆盖指标(95%概率)		RS－SINR 门限/dB	边缘用户传输速率指标
		RSRP 门限/dBm			（50%负载)/(Mbit/s)
		F 频段	D 频段		
主城区	高	－100	－98	－3	1
主城区	低	－103	－101	－3	1
一般城区		－103	－101	－3	1
县城及郊区		－105	－103	－3	1

根据建筑物穿透损耗大小，将主城区分为高穿损和低穿损场景，其中高穿损场景指中心商务区、中心商业区、密集居民区等区域，其他区域为低穿损场景。

（2）室内覆盖系统的规划标准

室内系统分为一般场景和重要场景，覆盖标准如表3-2所示。

表3-2　室内覆盖指标

覆盖类型	覆盖区域	覆盖指标	
		RSRP 门限/dBm	RS－SINR 门限/dB
室内覆盖系统	一般要求	－105	6
	营业厅（旗舰店）、会议室、重要办公区等业务需求高的区域	－95	9

注：对于室内覆盖系统泄漏到室外的信号，要求室外10m处应满足 RSRP ≤ －110dBm 或室内小区外泄的 RSRP 比室外主小区 RSRP 低10dB（当建筑物距离道路不足10m时，以道路靠近建筑一侧作为参考点）。

3.1.5　规划指标 ★★★

1. 覆盖率

LTE 无线网络覆盖规划的关键目标首先保证连续覆盖。宏基站覆盖数据业务热点区域，每个区域要实现室外成片连续覆盖。目标覆盖区域内95%以上的公共参考信号接收功率 RSRP 大于 －100dBm。保证覆盖率的主要措施：

1）合理控制站间距，平衡好室内/室外覆盖关系。

2）在满足道路覆盖达标的同时，保证用户密集区域的室内覆盖信号强度。

3）充分发挥宏基站面覆盖的能力。

4）在面覆盖满足不了的局部盲点、热点，通过点覆盖手段进行补充。

5）LTE 同频组网，网络结构至关重要，特别需要加强站高/方位角/下倾角规划，保障网络性能。

2. 边缘传输速率

根据规划标准，LTE 用户边缘传输速率要求 1Mbit/s 以上。一方面边缘传输速率与场强

RSRP 关联，在功率受限场景，应保障室内深度覆盖边缘电平。另一方面边缘传输速率和 SINR 关联，在干扰受限场景，需要控制小区边缘的重叠覆盖区。保证边缘用户传输速率的主要措施：

1）加强网络结构规划，确保合理站高、站间距、下倾角、方向角。

针对站高和站间距控制，避免越区干扰、重叠覆盖区过大，建议密集城区基线站高 30m、站间距 400m。

针对基站拓扑结构规划，站点分布尽量均匀，站内扇区夹角尽量保持 120°左右，避免站间直接对打，下倾角密集城区建议在 10°~12°。

2）合理规划切换参数，提升小区边缘切换带传输速率。应合理设置切换门限、邻区、CIO、迟滞等切换参数，提升边缘传输速率。

3.2　覆盖建设方案

3.2.1　站址规划 ★★★

按照 LTE 的覆盖要求，需要针对 LTE 站型进行统一规划，综合考虑覆盖能力、容量规划、室内覆盖等问题，构建一张多层次、多类型、多标准的 LTE 网络。宏基站、微基站、皮基站、Relay 飞基站等各种形态的基站产品覆盖特点如图 3-4 所示。

1. 宏基站选址原则

1）规划仿真：利用规划软件仿真的结果，指导站址选择。

2）站址选择：应尽量避免选取高站（站高大于 50m 或站高高于周边建筑物 15m），站间距 300~400m 时，平均站高控制在 25m 左右；站间距400~500m 时，平均站高控制在 30m 左右。

图 3-4　不同基站的覆盖特点

3）尽量将站址选择设置在业务密度高的区域。

4）新建基站的站址尽量保证整体布局符合蜂窝结构。

2. 室内站选址原则

在目标覆盖区域内，首先从已 2G 或 3G 室内分布基站的楼宇中选择，按照室内基站的忙时数据流量由高到低进行排序，根据排序结果，结合业务热点、VIP 重点用户、行业应用和业务展示区等场景特征最后选定室内基站目标站址。

3.2.2　室内深度覆盖方案 ★★★

随着 LTE 站点建设规模的不断扩大，室内深度覆盖方案从传统建设宏基站为主转向宏基站、微基站并举的方式，采用多种灵活站点建设方案。目前主要建设方法包括结合宏基站、灯杆站、微基站、室内站等多形态站点建设方式，采用远处打、近处打、进小区、进楼宇等手段，实现低成本、精准、高效的场景化深度覆盖。LTE 主要建设场景的深度覆盖解决方案和原则建议如表 3-3 所示。

表 3-3　室内深度覆盖解决方案

重点场景	覆盖建设原则
多栋高层	• 20 层以下高层楼宇采用楼顶对打，20 层以上高层楼宇采用楼顶对打结合低层覆盖，低层点位可充分借助小区内杆体资源、建筑物低矮屋顶平台。设备推荐采用例如 BOOK RRU 或美化射灯天线的方式进行对打覆盖，重叠覆盖区域采取多个小区合并方案 • 对于楼宇间距很近的高层楼宇以及对打覆盖效果较差的塔楼，考虑采用传统的室分系统部署
独栋高层	• 新增独立双通道扇区，定向上仰覆盖，与同覆盖方向的原宏基站扇区或双通道扇区进行 $N+M$ 合并。特殊情况可考虑天线水平放置，充分利用宽波束在垂直向的覆盖范围 • 室外无法覆盖室内、建站成本较高或者干扰无法控制时可以建设室内分布系统
多栋低层	• 宏基站（包括美化站）可建时优先部署宏基站实现基础覆盖；宏基站不可建时或存在零星离散弱覆盖楼宇，要充分借助小区内（或小区外）水泥杆（传输杆、电力杆）、监控杆、路灯杆等杆体建设杆站，或利用小区内楼宇外墙、入户雨搭位置等天面建设挂墙微基站和楼顶微基站等 • 考虑利旧现有机房进行光纤拉远方式建设，包括利旧 WLAN 天面传输资源等多种利旧方式 • 多点位部署重叠覆盖时，考虑采用多小区合并技术解决干扰
城中村	• 优先选择区域内高楼房的天面，增加桅杆部署宏基站，实现区域基础面覆盖 • 在城中村中主要人流道路部署灯杆站或挂墙站，实现底层道路及价值区域内深度覆盖。在部分城中村中，考虑采用双通道 RRU 外接天线（全向或定向）方式，对室内区域进行滴灌式覆盖
商业办公酒店楼宇	• 已有 2G/3G 室分，容量需求不高，直接采用合入 LTE 信源方式 • 小型商业酒店办公楼宇优先考虑利用室外微基站两侧对打覆盖室内区域，针对内部结构复杂且当前及未来无容量需求的楼宇，建议部署单路室内分布系统 • 大型商业、办公酒店楼宇等既有覆盖需求又有容量需求，一步到位部署一体化皮基站，例如 LampSite
大型场馆	• 分区域、分场景进行组网方案设计，严控干扰和切换 • 优先采用创新性 LampSite 方案；E 频段载波难以满足容量需求或者小区边缘切换区域干扰难以避免场景，可考虑采用例如 BOOK RRU + LampSite 组合方案，外接天线采用支持 D/E 频段高旁瓣抑制比的双极化矩形赋形天线
道路	• 利旧沿路已有杆体资源，根据覆盖距离选择设备和安装方式。覆盖距离远优先选择大功率微基站（例如 Easymacro 设备），覆盖距离近可考虑 BOOK RRU 设备。单设备无法满足覆盖需求可考虑单杆背靠背建设方式，优先考虑利旧拉远设备 • 有街边商的道路，主瓣覆盖底商室内，纵深较大、结构复杂的商业街区，在街区两侧规划微小站，同覆盖区域进行小区合并
无机房	• 小范围弱覆盖采用一体化微基站（例如 ATOM 设备） • 大范围弱覆盖采用 Blade Site 刀片式站点解决方案
无传输	• 采用 Relay 附加一体化微基站 ATOM（宏基站）解决方案

3.3　LTE 覆盖估算

3.3.1　LTE 无线网络覆盖规划特点 ★★★

1）可变带宽：LTE 系统可配置带宽为 1.4MHz、3MHz、5MHz、10MHz、15MHz、20MHz，网络规划时需要根据不同带宽对容量和系统开销分别考虑。

2）多载波技术：LTE 采用 OFDM 多载波技术，每个 PRB 包含 12 个子载波，网络规划时需要配置每个 TTI 中可使用的频率资源。

3）调制编码 MCS：LTE 采用多种 MCS，不同的 MCS 对应不同的覆盖半径，网络规划中需要考虑覆盖和容量上的平衡。

4）多天线技术：LTE 采用多种多天线技术，如发送分集、接收分集、波束赋形、MI-MO，网络规划中不同的多天线技术模式的采用直接影响业务 SINR。

3.3.2　覆盖规划影响因素 ★★★

LTE 无线网络覆盖规划影响的因素如表 3-4 所示。

表 3-4　规划影响因素

规划项目	决定因素	
覆盖规划	干扰	子载波间干扰、邻小区干扰、异系统干扰
	影响因素	与边缘目标传输速率、干扰消除技术、资源分配、天线配置、特殊时隙配置等有关
	业务传输速率	需确定覆盖边缘目标传输速率
	天线类型	多种多天线技术，需确定天线配置
	信道配置	需确定用户频率带宽资源
	业务解调门限	需根据信道质量，确定调制编码方式，得到目标 SINR

3.3.3　覆盖估算 ★★★

1. 链路预算

LTE 覆盖估算是通过链路预算的方法及时确定，链路预算过程如图 3-5 所示。

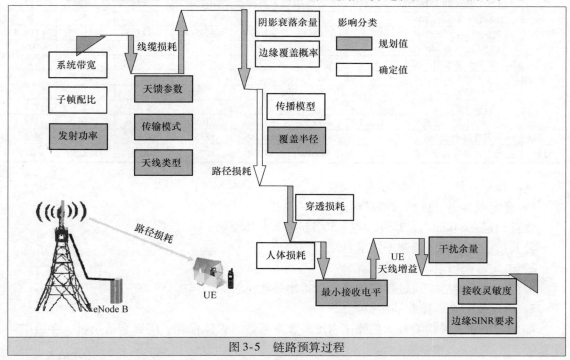

图 3-5　链路预算过程

在链路预算中，影响 LTE 覆盖能力的关键参数包括：

1）设备相关的参数：发射功率、接收机灵敏度、器件及线缆损耗、天线增益。

2）无线环境相关参数：慢衰落余量、穿透损耗、人体损耗、站高、终端高度、信道类型、环境、传播模型。

3）与 TD – LTE 技术相关的参数：时隙配比、循环前缀（CP）长度、系统负载、硬切换增益、MCS、MIMO。

链路预算是基于最大允许路径损耗的分析，是覆盖规划的基础。

最大允许路径损耗（MAPL）为通过链路预算计算的最大允许路径损耗，计算公式为 MAPL = 发射功率 – 接收机灵敏度 – 余量 + 增益 – 其他。

根据链路预算表格，计算典型覆盖半径，如表3-5所示。

表3-5　链路预算表

TD – LTE 链路预算							
类别	下行	业务信道 （1Mbit/s）	业务信道 （2Mbit/s）	PBCH	PDCCH	PDCCH （2CCE）	PCFICH	PHICH
基本 配置 参数	系统总带宽/MHz	20	20	20	20	20	20	20
	发射天线数/副	2	2	2	2	2	2	2
	接收天线数/副	2	2	2	2	2	2	2
	分配 RB 数	20	20	6	8	2	1.25	1
发射 机参 数	单天线发射功率/dBm	43	43	43	43	43	43	43
	基站总发射功率/dBm	46	46	46	46	46	46	46
	天线增益/dBi	0	0	0	0	0	0	0
	分布系统损耗/dB	30	30	30	30	30	30	30
	多天线分集增益	2	2	3	3	3	3	3
	发射端总 EIRP/dBm	16.0	16.0	16	16	16	16	16
	分配 RB 的 EIRP/dBm	9.0	9.0	3.8	5.0	– 1.0	– 3.0	– 4.0
接收 机参 数	热噪声密度/（dBm/Hz）	– 174	– 174	– 174	– 174	– 174	– 174	– 174
	接收机噪声系数/dB	7	7	7	7	7	7	7
	接收机噪声功率/dBm	– 99.4	– 99.4	– 106.7	– 105.4	– 111.4	– 113.5	– 114.4
	接收天线增益/dBi	0	0	0	0	0	0	0
	接收天线分集增益/dBi	3	3	3	3	3	3	3
	干扰余量/dB	2	2	2	2	2	2	2
	MCS	6	11					
	目标 SNR/dB	2.3	6.6	– 6.4	– 1.6	4.4	– 2.3	1.3
	接收机灵敏度/dBm	– 100.1	– 95.8	– 114.1	– 108.0	– 108.0	– 116.8	– 114.1
附加损耗	阴影衰落余量/dB	8.3	8.3	8.3	8.3	8.3	8.3	8.3
结果	最大允许路径损耗/dB	102.9	98.6	112.6	107.8	101.8	108.5	104.9

链路预算步骤：

1）确定覆盖边缘传输速率目标。

业务信道：64kbit/s、250kbit/s、500kbit/s、1Mbit/s…

公共信道对应的传输速率需求。

2）确定解调门限。

上述条件确定后，通过链路仿真可以得出接收机解调门限

3）确定发射端、接收端参数。

如发射功率、天线增益、热噪声密度、噪声系数、人体损耗、阴影衰落余量、穿透损耗余量等。

4）确定覆盖距离。

根据最大允许的路径损耗，计算出在特定传播模型下的最大覆盖距离。

2. 覆盖估算步骤

如图 3-6 所示，覆盖估算是根据规划区域环境、室内覆盖程度、覆盖概率等覆盖要求，选择相关技术相关参数、设备相关参数和传播模型进行链路预算，计算出每个区域的小区覆盖半径和单基站覆盖面积，再计算在密集城区、普通城区和郊区的基站的数目。

规划站点数 = 规划目标区域面积/单个基站覆盖面积

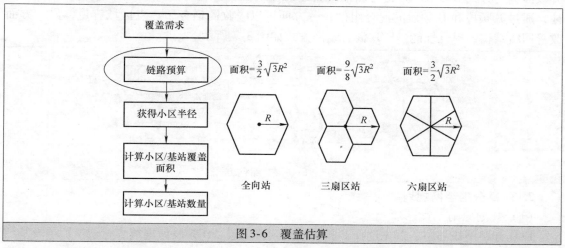

图 3-6　覆盖估算

3.4　异频段覆盖组网

在 LTE 规划中，系统频段是影响覆盖的主要因素。以中国移动为例，目前室外宏基站主要采用 F 频段与 D 频段为主流频段，两者覆盖能力存在着差异性。随着网络的发展，在高流量热点区域应考虑建设双层网，综合利用 F/D 频段资源，提升覆盖质量，增强 LTE 网络业务承载能力。

3.4.1　F/D 组网频段对比　★★★

F/D 频段特征对比如表 3-6 所示。

表 3-6　F/D 频段对比

	F 频段	D 频段
频率范围	1880 ~ 1920MHz	2570 ~ 2620MHz
优势	• F 频段相比 D 频段传播损耗减少 4dB • F 频段已分配 20MHz，在 TD – SCDMA 全面部署 • F 频段升级可做 100% 天面重用，无须新建 • F 频段升级可重用 TD – SCDMA 设备，节省投资	• D 频段无干扰 • D 频段已分配 190MHz 带宽，频谱资源充足 • D 频段是国际 LTE 使用的主要频段之一 • D 频段可以通过合路方式，共用现网天面 • D 频段部署不会影响其他网络的容量
劣势	• 与 PHS 存在杂散干扰，影响网络性能 • 与 DCS1800 存在杂散干扰，影响网络性能 • 与 GSM900 存在交调干扰，影响网络性能 • F 频段升级，TD – SCDMA 容量下降 40%	• 比 F 频段传播损耗高 4dB • 部署新的 D 频段 RRU 和天线，解决站址、天馈等工程安装

3.4.2 F/D组网分析 ★★★

1. F/D分层组网方式

在移动网络规划中，D频段是新规划频段资源，与2G/3G网络频段不存在冲突，因此D频段网络必须新建。F频段属于已分配的频段资源，在3G网络中已经采纳，因此可以以升级演进的方式部署LTE，也可以采用新建的方式部署。利用F频段和D频段信号的差异性，通过F频段和D频段的混合组网，一方面可以吸收高话务、热点区域容量，另一方面改善网络结构、提升性能。F/D混合组网方式如图3-7所示。

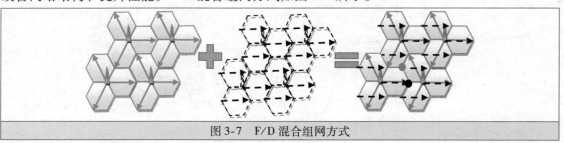

图3-7 F/D混合组网方式

2. F/D分层组网规划

（1）规划原则

F/D分层网规划中，首先选择F频段做连续覆盖层、D频段做连续容量层。F频段基站和D频段基站天线独立。为了获得良好的建设效果，必须合理规划双层网的站间距，确保良好的网络结构。F频段和D频段站间距参考建议如表3-7所示。

表3-7 F/D基站合理站间距

区域类型	典型场景	F频段		D频段	
		站间距/m	站址密度（每平方千米）	站间距/m	站址密度（每平方千米）
密集市区	中心商务区、中心商业区、政务区、密集居民区等	400～500	5～7个基站	300～400	7～9个基站
一般市区	普通商务区、普通商业区、低矮居民区、高校园区、科技园区、工业园区等	450～550	4～6个基站	350～450	6～8个基站

（2）规划流程

D频段的网络规划可以充分利用现网基站站址资源，但不局限于现有站点，依照新建网络的要求进行规划。F频段的网络规划尽量利用3G站址资源，采纳升级方案要求进行规划。F频段和D频段LTE网络规划内容如表3-8所示。

表3-8 F频段和D频段LTE网络规划内容

网络	网络规划主要差异
F频段LTE	• 在TD-SCDMA网络基础上平滑演进，LTE与TD-SCDMA共RRU共天馈，LTE与TD-SCDMA基本相同覆盖 • 规划站址为现网站址：继承现网的经纬度、方位角、下倾角和站高 • 规划站址为新增站址：经纬度、方位角、下倾角和站高根据仿真结果给出最佳建议

（续）

网络	网络规划主要差异
D 频段 LTE	• 完全新建的 LTE 网络，需要新增 RRU 和天线，天面需要较大改造 • D 频段与 F 频段覆盖有一定差异，在现网的基础上站址密度会增加 • 规划站址为现网站址：继承现网的经纬度，但方位角、下倾角和站高，根据仿真结果给出最优建议 • 规划站址为新增站址：经纬度、方位角、下倾角、站高根据仿真结果给出最佳建议

（3）频段优先级

对于热点区域采用 F/D 双层网建设时，需要考虑 F/D 频段优先级参数配置，开启负载均衡功能，以保证 LTE 用户尽量在两网均匀分布。D 频段高优先级和同优先级的比较如图 3-8 所示。

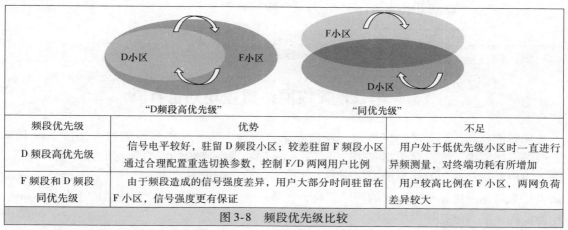

频段优先级	优势	不足
D 频段高优先级	信号电平较好，驻留 D 频段小区；较差驻留 F 频段小区通过合理配置重选切换参数，控制 F/D 两网用户比例	用户处于低优先级小区时一直进行异频测量，对终端功耗有所增加
F 频段和 D 频段同优先级	由于频段造成的信号强度差异，用户大部分时间驻留在 F 小区，信号强度更有保证	用户较高比例在 F 小区，两网负荷差异较大

图 3-8　频段优先级比较

F/D 频段优先级参数设置建议总结如下：

1）采用 D 频段高优先级策略时，可通过参数设置，调整两网用户比例分布。

D 频段启动异频测量的门限值越低，异频切换越少，小区及边缘吞吐量越高，在 D 频段驻留比例越高。

2）采用 F/D 频段同优先级时，室外用户在多数情况驻留在 F 频段上，不能充分发挥 D 频段作用。

3）采用 D 频段可以更好吸纳业务，在 F/D 双层网中设置 D 频段高优先级，用户驻留 F/D 频段比例可基于容量能力、业务需求等因素确定。

3.4.3　F/D 双层网演进策略　★★★

从简单蜂窝网结构向分层网转变，解决原有蜂窝结构难以解决的容量和覆盖问题。在 D 频段组网已经形成一定规模的情况下，后续结构演进总体策略遵循以 F 频段作为基本覆盖层，以 D 频段作为结构、性能、容量优化层的原则，通过在深度覆盖、底层话务吸收、特殊区域等场景针对性引入小基站、RRU 拉远、小区合并等解决方案，实现话务吸收和深度覆盖分层。如图 3-9 所示，打造立体化网络覆盖具体措施如下。

1）完善 F 频段基础网络覆盖。

2）D 频段容量层通过异频组网提升单用户传输速率。

3）在 F 频段高干扰、网络结构复杂区域规划 D 频段基站改善网络结构。

4）在室内深度和特殊场景使用小基站、小区合并方式覆盖。

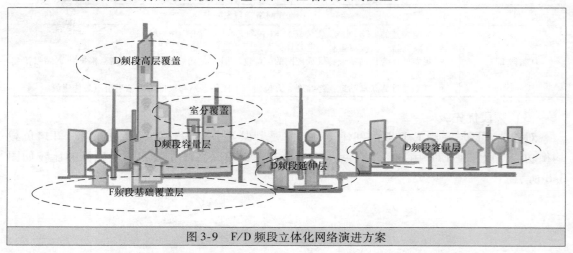

图3-9 F/D频段立体化网络演进方案

3.5 LTE无线网络覆盖规划仿真

规划仿真是预测未来网络质量、规划方案合理性、指导网络建设的技术手段。在LTE无线网络规划中，通过对包括VoIP（Voice over IP）业务在内的混合数据业务建模和仿真，模拟用户在移动通信网络下的工作状态，获得不同网络配置下的网络性能与业务性能。仿真结果用来修正网络预规划输出的网络规模，在节约成本的前提下使新建网络的覆盖和容量等性能最优，准确地指导网络建设。

3.5.1 现有仿真方案 ★★★

目前常用的LTE无线网络覆盖规划仿真手段包括动态仿真与静态仿真。

动态仿真运用动态模型，表示状态随时间及位置变化的系统。通过对终端（UE）在连续时隙内的移动状态分析来了解数据业务性能。由于网络数据业务规划仿真是模拟大量的用户形态，因此进行动态仿真要形成海量的数据运算及存储。正是由于动态仿真具有计算量庞大与运行效率低、实效性差的特点，因此在实际的网络规划仿真中极少应用。

静态仿真是通过分析快照（Snapshot）模拟业务性能。每个快照按某种规律（随机分布）生成一定的终端分布，通过业务资源分配算法来根据本次快照UE的网络环境和业务性质来赋予数据速率。最后通过对多个快照的统计分析获得网络的性能。相对动态仿真方法，Monte－Carlo（蒙特卡罗）静态仿真计算量较小且容易实现，在当前无线网络规划阶段被广泛使用。Monte－Carlo静态仿真流程如图3-10所示。

在目前常用的LTE无线网络数据业务网络规划仿真方法中，动态仿真方法需要海量的数据运算及硬件存储，实现复杂，运行效率低，对支撑平台要求高，实用性差，极少应用在网络规划仿真中。Monte－Carlo静态仿真通过每次快照刻画瞬时分布UE行为，多次快照则是多次刻画瞬时分布UE行为，不能准确反映UE在连续TTI上的数据业务行为。对于TD－LTE而言，根据每个传输时间间隔（Transmission Time Interval，TTI）用户所在环境，网络依据一定的算法不断地进行资源调度。对于一个正开展业务的UE而言，当前占用的TTI与前后 TTI 中资源调度和利用密切相关。因此，基于快照的 Monte – Carlo 仿真不能够准确反映用户在 TD – LTE 网络下业务的用户感知或者是满足一定业务 QoS 的网络容量。

3.5.2　半动态仿真方法 ★★★

无线网络中最基本的分组调度算法包括最大信号/干扰（Max C/I）方式、基于时间的轮询（Round Robin，RR）方式和正比公平（Proportional Fair）方式。LTE 混合数据业务采用半持续的调度（Semi – Persistent Scheduling，SPS）算法，当激活 SPS 时，系统固定使用预定的调度资源，直至 SPS 去激活。SPS 算法不仅仅参考本传输时间间隔（TTI）内网络环境与用户业务需求，而且包含了前面 TTI 内的网络环境与用户业务需求。在 LTE 无线网络规划中，需要兼顾静态和动态仿真方法的特征，提出一种半动态仿真方法，实现不同调度算法下 LTE 数据业务的用户感知以及网络性能的精确仿真。

1. 技术概述

对于分布的数据业务用户而言，半动态仿真在指定 TTI 时长上，使用不同的调度机制进行调度，被调度后的业务用户，基于干扰协调进行资源分配。根据终端在获得分配资源时，分别计算出 PDSCH、PUSCH 的 SINR 值，与 MCS 表映射获得数据业务的峰值传输速率以及其他网络性能指标。

一次半动态仿真完成指定 TTI 时长上多个用户的调度，一个用户终端可以在指定 TTI 时长一直被服务，其获得的传输速率在不同的 TTI 上是不同的，因此可以统计出指定 TTI 时长上被服务终端的峰值传输速率。多次半动态仿真，是在多个指定 TTI 下的网络仿真，每次半动态仿真时的终端用户分布均是随机的。多次半动态仿真增加了终端分布的遍历性，更加科学地统计出了小区吞吐量。

2. 实现流程

半动态仿真方法实现流程图如图 3-11 所示。对于 LTE 数据业务用户而言，下行半动态仿真没有功率控制的过程。因为 OFDM 系统

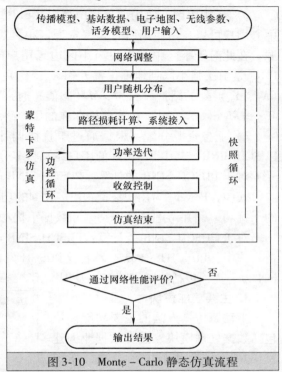

图 3-10　Monte – Carlo 静态仿真流程

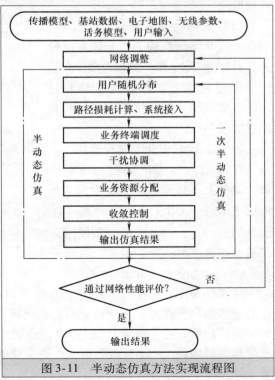

图 3-11　半动态仿真方法实现流程图

下行无功率控制，采用功率分配的方式分配 RS RE 功率和数据 RE 功率。

1）业务终端调度：选择应用轮询 Max C/I 和正比公平调度算法。

2）干扰协调：使用部分频率复用（FFR）技术。通过把整个带宽分成三份，实现小区中心用户可以自由使用所有频率资源，小区边缘用户只是按照频率复用使用一部分频率资源。在此对于小区中心用户与小区边缘用户的定义，判断标准为 $M = PG_{2nd}/PG_{serv}$，其中，PG_{2nd} 是由次强小区到地理位置 L_n（X_n，Y_n）处的路损值，PG_{serv} 为服务小区到地理位置 L_n（X_n，Y_n）处的路损，当 $M > M$（阈值）时，认为此处存在的用户终端为小区边缘用户。当 $M <= M$（阈值）时，认为此处存在的用户终端为小区中心用户。

3）业务资源分配：根据通过干扰协调计算出的用户终端可以获得的 PDSCH SINR 和 PUSCH SINR，其中 SINR 好的用户终端将多分配些无线资源块（RB）。

对于 PDSCH SINR 的计算：PDSCH SINR = $Power_{ue} - PIO_{Total}$

式中，$Power_{ue}$ 为用户终端 UE 接收到的功率；PIO_{Total} 为总干扰噪声功率，包括所有小区的干扰功率，并考虑热噪声功率和数据干扰功率。

对于 PUSCH SINR 的计算：PUSCH SINR = PUSCHT · Power − PL − IoN

式中，PUSCHT · Power 为上行 PUSCH 发射功率；PL 为小区到用户终端处的路径损耗；IoN 为干扰，包括热噪声功率以及周围用户终端产生的干扰。

3. 主要功能模块

半动态仿真方法的主要功能模块包括数据处理模块、混合数据业务建模模块以及半动态仿真模块，如图3-12所示。

（1）数据处理模块

实现基站信息输入、天线数据输入、数字地图输入、传播模型输入、用户类型与承载参数等业务信息输入。其中，输入的传播模型是已经校正过的模型。

（2）混合数据业务建模模块

针对输入的用户类型与承载参数，设置上下行流量、上下行最大传输速率限制、上下行最小传输速率保

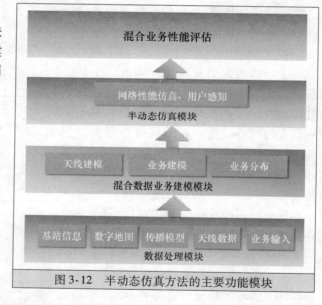

图 3-12　半动态仿真方法的主要功能模块

证等用户行为，以及业务分布原则，实现包括 VoIP 业务在内的混合数据业务建模，以便实现精确仿真。

（3）半动态仿真模块

对于分布的业务用户，在指定的 n 个 TTI 时长上，根据所用的调度机制执行调度，被调度的业务用户，在进行干扰协调后的网络环境下，分配 RB 资源。其上行链路考虑了慢速功率控制；最后，终端根据分配的 RB，分别计算出 PDSCH SINR 值和 PUSCH SINR 值，然后通过与调制编码（MCS）表映射获得数据业务的上行下行峰值传输速率，以及小区平均吞吐量等其他网络性能指标。

　　通过一次半动态仿真，无线小区实现了指定 n 个 TTI 时长上 m 个用户终端的调度，假设用户终端 UE_m 在这 n 个 TTI 中的第 i 个 TTI 被服务，获得一个数据传输速率，在余下的 $n-i$ 个 TTI 上，有可能再次被调度服务，也有可能不被调度服务。若 UE_m 在余下的 $n-i$ 个 TTI 中的 x 个 TTI 都被调度服务，即是 UE_m 共被服务 $x+1$ 次。UE_m 每次被服务时都获得一个用户传输速率。并且，每后一次被调度的顺序，参考上次被服务的 PDSCH SINR 值。

　　（4）仿真结果输出

　　UE_m 被多次服务后，在 n 个 TTI 时长上以最大服务传输速率为其峰值传输速率，以被服务的 $x+1$ 次服务传输速率之和的均值作为此次半动态仿真的 UE_m 平均吞吐量。多次半动态仿真，即是进行了多次 n 个 TTI 时长的半动态网络仿真。每次半动态仿真在指定区域随机分布数据用户终端。因此进行多次半动态仿真后，增加了终端用户分布对于指定区域的遍历性，更加科学地统计出小区平均吞吐量。

　　4. 半动态仿真的技术优势

　　在 LTE 网络规划仿真时，利用半动态仿真方法，通过软频率复用进行干扰协调，考虑终端用户行为和用户感知，实现在指定 TTI 时长上的业务仿真。半动态仿真方法能够精确输出数据业务的峰值传输速率和平均吞吐量，真实模拟数据用户行为和用户感知。与网络仿真常用的 Monte - Carlo 静态仿真相比，基于半动态仿真的 LTE 高精确数据业务规划仿真方法的技术优势有如下几点：

　　1）通过兼容 Monte - Carlo 仿真在空间上静止的特点与动态仿真在时间上的"运动"，考虑前后 TTI 之间的相关性的特点，彻底规避了动态仿真的庞大存储量和计算量问题。

　　2）能够在指定 TTI 时长上更精确地模拟 TD - LTE 网络数据业务的终端用户行为，体现了用户的真实感知。

　　3）更准确地仿真 LTE 提供业务的承载能力和性能，提高了 LTE 网络规划的精度和效率，为 LTE 无线网络规划和建设提供了可靠的依据。

3.5.3　LTE 覆盖预测　★★★

　　由于规划仿真工作量巨大，依靠人工计算难以完成，所以 LTE 覆盖仿真需要利用仿真工具软件，主要仿真内容包括覆盖和 SINR 的预测，如图 3-13 和图 3-14 所示。

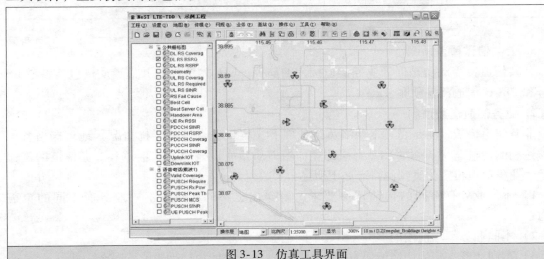

图 3-13　仿真工具界面

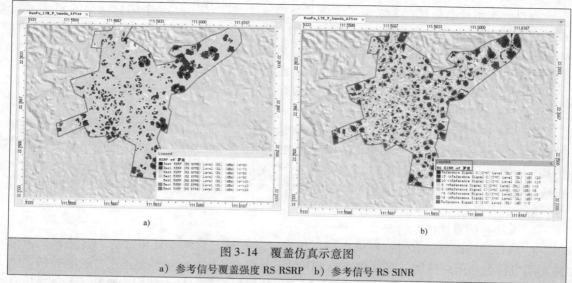

图 3-14   覆盖仿真示意图

a）参考信号覆盖强度 RS RSRP   b）参考信号 RS SINR

　　根据网络估算的结果，在规划软件中导入基站工程参数信息进行站点布置。输入传播模型参数、话务模型参数、业务参数、工程参数和基站设备的性能参数等进行仿真。根据仿真结果和基站地形调查，对基站及参数进行调整，使仿真结果达到规划的目标。对于初步仿真的结果分析，围绕是否满足覆盖、容量、质量目标进行。在规划区无线环境传播特点及网络负载的情况下，考察 LTE 各物理信道的覆盖性能。覆盖预测如图 3-15 所示，覆盖预测细分为公共信道覆盖预测及业务信道覆盖预测两部分。

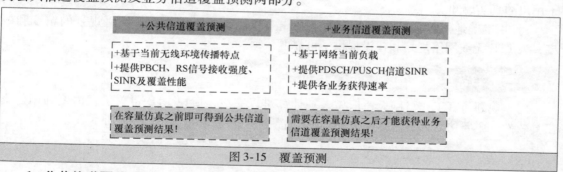

图 3-15   覆盖预测

1. 公共信道覆盖预测

　　公共信道覆盖成功是保证业务信道接入的前提，LTE 网络的公共信道质量包括参考 RS 信号和 PBCH 信道覆盖预测。

2. 业务信道覆盖预测

　　业务信道覆盖预测是在一定网络负载条件下（容量仿真后的干扰情况）地理栅格各点能够达到的传输速率。衡量 LTE 网络的整体覆盖质量应该兼顾公共信道和业务信道的覆盖质量。业务信道覆盖仿真预测特点如下所述：

　　1）不同业务有不同的传输速率要求，信噪比也不同，导致不同业务有不同的覆盖能力；

　　2）不同业务平均使用的 RB 资源数不同，会影响业务覆盖能力；

　　3）不同业务支持的调制编码方式不同，对业务覆盖能力产生影响。

3.6　LTE 基站站址智能规划

3.6.1　背景　★★★

在 LTE 无线网络规划设计阶段，如何确定最佳的基站站址是无线网络规划最核心的任务之一。LTE 组网大多选择 1.8GHz、2.3GHz、2.6GHz 等高频段，基站覆盖半径小、站点密度大、规划建站难度高，需要利用部分已有的站址资源，全局考虑站点的分布。根据已有的网络规划和优化经验，基站站址规划合理与否对网络结构、扩容以及后期的网络优化将会带来直接影响。在规划期间能够前瞻性地考虑后期网络优化的工作，将优化工作前移，能够以最经济的成本建设高质量的无线网络。

3.6.2　现有基站站址的规划方法　★★★

传统的移动通信基站规划原则是以既定的网络覆盖指标和容量为目标，利用网络规划工具和校正后的传播模型，在同时满足覆盖、容量和质量的前提下，尽可能地利用已有无线网络站址资源，合理新增基站站址，在统筹考虑建设成本和建站条件下，合理规划全网的基站站址。

以国内某运营商移动网络建设为例，现有的 TD – LTE 基站站址规划方法沿袭了 GSM 和 TD – SCDMA 的基本规划思路，以现有无线网络（GSM 或 TD – SCDMA）基站站址作为备选站址，在满足 TD – LTE 无线网络的建设目标情况下，将备选站址导入网络规划工具中。通过设置 TD – LTE 网络业务特性等参数取值，配置适合 TD – LTE 网络特征的传播模型，进行覆盖预测和容量、干扰仿真。该站址规划方法必须通过手动方式，主观地选择覆盖、容量和干扰等满足要求的站址作为备选站址，针对需要弱覆盖区域，根据 TD – LTE 网络的平均覆盖半径，手动添加新增站址，反复仿真模拟，直到获得满意的规划方案为止。现有方法的缺点在于：首先，采用抽样测试数据校正传播模型，而后计算路径损耗，仿真基站小区的覆盖范围难以反映出真实的覆盖效果和用户感知；其次，筛选站址和添加站址主要依靠工程师的主观经验，随机性很强，最后，规划基站站址的工作量大，且耗时耗力。

3.6.3　智能规划基站站址的方法★★★

现有 TD – LTE 基站站址选择方法虽然借助了网络规划工具，为了达到预期的网络覆盖目标和容量、质量指标，需要进行多次选址仿真，直到输出相对合理的基站站址方案，显然不能满足 TD – LTE 大规模商业部署中无线网络规划的需要。为了科学合理地规划 TD – LTE 基站站址，需要提出一种智能规划 TD – LTE 基站站址的方法。在网络建设初期一方面基于 TD – SCDMA 现网路测（Drive Test，DT）数据信息或扫频（Scanner）数据信息，获得校正后符合实际的传播损耗，真正反映出现网用户的感知。另一方面通过采用智能局部搜索的最优化技术，自动运算获得优选站址和新增站址信息。该方法省去了采集、校正和分析传播模型相关测试数据相关的工作量，创新性地改变了现有基站选址方式，并完成了软件工具开发，使选址工作由手工操作转变成由计算机软件智能自动完成。

1. 实现原理

首先，概括为需要获得每个路测点到关联小区的路径损耗；其次，针对 TD - LTE 网络计算出每个路测点上参考信号 RS RSRP 和 RS RSRQ；再次，通过智能局部搜索技术进行搜索站址；最后，通过评估函数完成选择满足网络性能指标的站址。

（1）传播模型校正

由于 TD - SCDMA 的工作频段与 TD - LTE 频段相近，与 TD - SCDMA 基站相比，TD - LTE 网络各个站址都存在因频段差异而造成的一致偏差。可以通过输入路径损耗的修正值，校正适合 TD - LTE 无线网络的传播模型。在 TD - SCDMA 频段和 TD - LTE 频段下分别采集一组测试数据，通过统计分析，获得路径损耗的修正值。因此该方法以 2GHz 频段下的TD - SCDMA 网络站址信息为基础，考虑到 TD - SCDMA 网络在各城市中覆盖范围初具规模，借助于 TD - SCDMA 网络路测数据进行分析。

通过路测获得路测采样点 n 个，记为 DT（1）、DT（2）、DT（3）、…、DT（n）。路测点 DT（1）接收到了 m 个 TD - SCDMA 网络小区的信息，$m \leqslant 32$，分别记为 Cell（S1）、Cell（S2）、Cell（S3）、…、Cell（Sm）；对应的 TD - LTE 小区则分别记为 Cell（L1）、Cell（L2）、Cell（L3）、…、Cell（Lm）。

路径损耗的计算过程如下：

$$PLDT(n) = PPccPch\ RSCP[Cell(Sm)] - Gainantenna(TDs) - PPccPch\ RSCP[DT(n)]$$

式中，PLDT（n）为信号从小区 Cell（Sm）到路测点 DT（n）的无线传播损耗；PPccPch RSCP（Cell（Sm））为小区 Cell（Sm）的 PCCPCH 信道的信号发射功率；Gainantenna（TDs）为路测点 DT（n）与 TD - SCDMA 发射小区 Cell（Sm）连线处的天线增益，计算时需要考虑方位角、电子下倾角、机械下倾角、测试终端增益以及发射天线；PPccPch RSCP[DT（n）]为路测点 DT（n）处接收到的小区 Cell（Sm）的 PCCPCH RSCP 信号强度。

（2）计算 RS RSRP

$$RS\ RSRP[DT(n)] = PRS\_cell(Sm) + Gainantenna(LTE) - PLDT(n)（经过修正后的$$
TD - LTE 基站的路径损耗）

式中，PRS_cell（Sm）为 TD - LTE 网络小区 Cell（Lm）的发射信号功率；RS RSRP [DT（n）]为路测点 DT（n）接收到的 TD - LTE 网络小区 Cell（Lm）的 RS 信号强度；Gainantenna（LTE）为路测点 DT（n）与 TD - LTE 网络小区 Cell（Lm）连线处的天线增益，计算时需要考虑方位角、电子下倾角、机械下倾角、测试终端增益以及发射天线；PLDT（n）为信号从路测点 DT（n）到发射小区 Cell（Sm）或 Cell（Lm）的无线传播损耗。

（3）计算 RS RSRQ

$$RS\ RSRQ[DT(n)] = RS\ RSRP[DT(n)] - \sum RS\ RSRP(DT\_m)$$

式中，RS RSRQ [DT（n）]为路测点 DT（n）获得的 RS 信号质量；RS RSRP [DT（n）]为路测点 DT（n）接收到的 TD - LTE 网络服务小区 Cell（Lm）的 RS 信号强度；RS RSRP（DT_m）为路测点 DT（n）接收到的服务小区 Cell（Lm）与非服务小区的 RS 信号强度；$\sum$RS RSRP（DT_m）为路测点 DT（n）接收到的所有小区 RS 信号强度之和。

（4）建立自动选址的评估函数

自动选址获得的备选站址需要满足 TD - LTE 网络的性能指标，为此建立了自动选址总体评估函数。总体评估函数定义如下：

总体评估函数定义为 $\mathrm{fobj}(x)$，即

$$\mathrm{fobj}(x) = C1 \cdot \mathrm{fRS\_RSRP}(x) + C2 \cdot \mathrm{fRS\_RSRQ}(x) + C3 \cdot \mathrm{fcost}(x)$$

式中，$\mathrm{fRS\_RSRP}(x)$ 为 RS RSRP 覆盖率，$\mathrm{fRS\_RSRP}(x)=$ 接收 RS RSRP 大于阈值的路测点数/所有路测点数；$\mathrm{fRS\_RSRQ}(x)$ 为 RS RSRQ 覆盖率，$\mathrm{fRS\_RSRQ}(x)=$ 接收 RS RSRQ 大于阈值的路测点数/所有路测点数；$\mathrm{fcost}(x)$ 为基站设备成本，$\mathrm{fcost}(x)=$（预设站址数上限 – 可选择的站址总数）/预设站址数上限，表示了自动筛选站址需在"可选择的站址总数范围"内进行。Ci（$i=1$，2，3）为评估函数各项的权值。

（5）智能局部搜索机制

首先，依据 RS RSRP 覆盖率目标值、RS RSRQ 覆盖率目标值以及循环搜索与评估的次数进行收敛与判断。其次，当 RS RSRP 覆盖率与 RS RSRQ 覆盖率都满足其目标值，且循环次数小于设置循环次数，为正常收敛；最后，当 RS RSRP 覆盖率与 RS RSRQ 覆盖率其中一项不满足目标值，或者都不满足目标值，且循环次数达到设置的循环次数，此时为跳出循环而完成收敛过程。

2. 软件功能模块

为了使智能规划基站方法在实际网络建设过程中具有可操作性，通过软件开发使其工具化，作为规划软件工具的核心模块之一，使基站选址工作由半手工操作转变成由计算机软件智能自动完成。智能选址方法的主要功能模块包括数据处理功能模块、自动选址功能模块和网络性能指标分析模块，具体功能介绍如表 3-9 所示。

表 3-9　功能模块说明

序号	功能模块	主要功能说明
1	数据处理功能模块	实现现有站址的信息输入，包括路测数据、扫频数据和数字地图的输入，还需要输入现有网络与 TD – LTE 网络使用的天线基础资料、现有网络的公共信道场强，以便计算出路径损耗
2	自动选址功能模块	实现对现有站址的筛选和对弱信号区域的站址添加，并包括对筛选出的站址和添加站址进行显示，以及对自动选址方案的输出
3	网络性能指标分析模块	实现站址筛选前后网络信号强度及信噪比在选址前后的对比，使得自动选址能够满足既定的网络性能指标

三个功能模块之间的关系如图 3-16 所示，数据处理功能模块为自动选址功能模块提供基础资料和基础信息输入。自动选址功能模块和网络性能指标分析模块相互协作，共同完成输出自动选址的方案。

3. 实现流程

第一步：导入现有站址的经纬度、数字地图、TD – SCDMA 路测数据或扫频数据以及天线基础资料和文件。

第二步：设置自动选址的约束条件（信号强度、C/I、最大站址数），比如最大可以选择多少站址等，并进行自动选址运算。

第三步：自动迭代站址规划方案，评估网络关键性能指标值是否达到最优值。

第四步：选择最优站址规划方案后，流程自动停止，输出站址规划方案。

具体实现流程如图 3-17 所示。

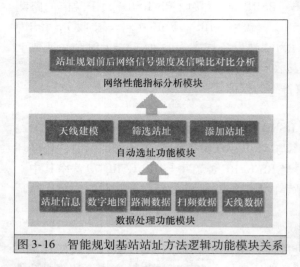

图3-16　智能规划基站站址方法逻辑功能模块关系

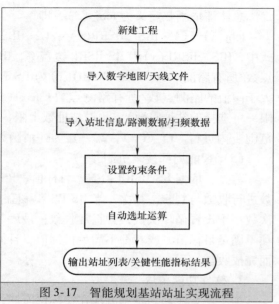

图3-17　智能规划基站站址实现流程

3.6.4　技术优势★★★

1）智能、自动完成 LTE 无线网络基站的最优选址。在规划阶段前瞻性地考虑网络优化的效果，将网优工作前移，减少后期优化工作量，简单实用，可操作性强。

2）基于实际 DT 测试数据和 Scanner 扫频数据，获取实际网络环境中的无线网络传播损耗的真实值，为 LTE 网络自动选址提供了实际的数据源，获得实际网络的路径损耗运用到网络规划的基站选址过程中，反映了真实的客户感知，在基站选址期间就考虑到真实的场景。

3）使用智能局部搜索技术进行自动选址。针对 LTE 基站规划更具针对性，保障了资源投入的合理性和准确性，发挥更大的建设效益，为 LTE 网络快速建设和后期优化提供了有力支撑。

3.7　本章小结

本章首先介绍了 LTE 无线网络覆盖规划流程和规划目标，接着介绍了分场景的覆盖建设方案，具体分析了 F/D 频段双层网覆盖组网技术、规划流程和参数设置建议，然后根据 LTE 承载数据业务特征，提出了一种适合 LTE 覆盖规划的半动态仿真方法，最后提出了具体的 LTE 基站智能选址方法，保证资源投入的最优化，实现网络规划中覆盖、容量、质量以及成本等各方面最佳平衡。

参 考 文 献

[1] 孙黎辉. 3G 无线网络系统级仿真与网络规划［J］. 移动通信，2006.

[2] 李世鹤. TD - SCDMA 第三代移动通信系统标准［M］. 北京：人民邮电出版社，2003.

[3] 彭木根，王文博. TD - SCDMA 移动通信系统［M］. 北京：机械工业出版社，2005.

[4] 王映民，孙韶辉. TD - LTE 技术原理与系统设计［M］. 北京：人民邮电出版社，2010.

第 4 章

LTE传统室分系统覆盖方案

据权威部门预测，建筑物室内是承载高速移动通信业务的主要场景之一。在4G时代将有90%的业务发生在室内，高价值用户80%的工作时间位于室内。因此，增强室分环境的移动宽带接入能力，对于运营商而言更为迫切。目前4G采用1.8GHz、2.6GHz和2.3GHz等工作频段，高频段因为传播损耗较大，穿透覆盖效果不如2G、3G，建筑物的底层容易出现弱覆盖，高层信号杂乱容易产生干扰。另外4G由于快衰落和空间损耗等问题，通过室外基站在室内实现MIMO覆盖尤为困难。良好的网络室内覆盖在确保网络竞争优势和用户业务体验方面发挥着极其重要的作用。因此，在特定场景内4G室内深度覆盖必须采用室内分布系统解决，满足室内覆盖建设要求。

4.1 传统室分系统架构

随着城市建设和移动通信的发展，建筑物结构越来越复杂，遮挡越来越严重，用户越来越多，室内的网络覆盖和容量越来越难以满足日益增长的需求。因此，室内分布系统覆盖方案应运而生，运营商需要重点打造支撑高速数据的室内网络支撑手段，增强室内深度覆盖的能力。

室内分布系统作为移动通信网络的自然延伸，通过合路器、电桥、耦合器、功分器、直放站、干放、线缆及天线等有源无源器件，将移动信号均匀分布在目标覆盖区域，营造良好的室内深度覆盖环境。室内分布系统在增强深度覆盖方面的主要技术优势如下所述。

1）克服建筑物屏蔽，填补覆盖盲区；

2）改善网络指标，扩充网络容量；

3）解决信号的干扰问题；

4）吸收话务量，增加业务收入；

5）通过覆盖的延伸，为用户提供良好的服务。

室分系统结构如图4-1所示，室分系统主要包括信号源和分布系统。其中信号源为不同制式的基站设备或接入点设备，分布系统包括有源器件、无源器件、有源天线、无源天线、电缆或光缆传输线缆等。

室分系统逻辑结构如图4-2所示，室分系统各部分的功能说明如下。

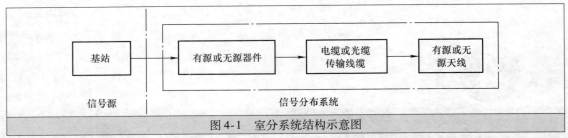

图 4-1　室分系统结构示意图

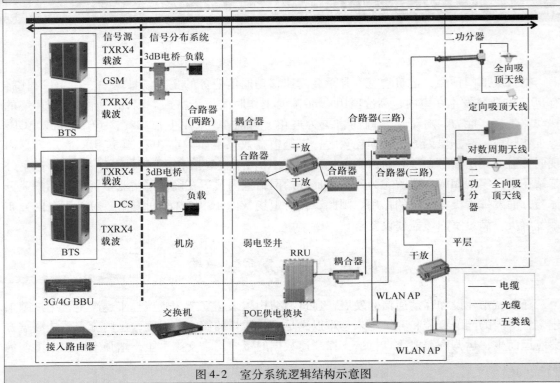

图 4-2　室分系统逻辑结构示意图

1. 信号源

信号引入方式是指为分布系统提供源信号的方式。信源分为独立信源和非独立信源。独立信源是指信源小区的载波是否全部用于室分系统，否则视为非独立信源。信号源主要包括一体式基站、分布式基站、直放站、Femto 基站等多种形态的基站以及其他无线接入点设备（如 WLAN AP 等）。如表 4-1 所示。

表 4-1　信源功能说明表

序号	信源方式	功能说明	优点	缺点
1	一体式基站	指基带处理与射频部功能合一的传统基站（BTS），或者基带处理与射频处理功能分离但不可以光纤分离拉远的基站	可以解决容量需求、便于频率优化、监控维护方便	施工难度相对大，配套要求高
2	分布式基站	指基带处理单元（BBU）与射频处理单元（RRU）属于分离架构，可以通过光纤拉远方式工作的基站	可以解决容量需求、便于频率优化、监控维护方便、分布组网灵活	施工难度相对大，配套要求高

（续）

序号	信源方式	功能说明	优点	缺点
3	直放站	直放站设备主要分为无线宽带直放站、无线频带选择直放站（也可以进行信道选择）、光纤直放站（光纤直放站又分为模拟光纤直放站及数字光纤直放站）、移频直放站及数字直放站	施工简单、周期短、配套要求不高	不能增加容量，容易引入干扰
4	Femto 基站	Femto 基站可提供住宅内部的移动通信能力，而且不需要安装微蜂窝节点	发射功率小（最大功率20mW）、体积小，施工简单，覆盖半径一般为5～20m，提供语音和数据业务	需要固网宽带资源作为回传，尚未处于市场化推广的前期阶段

2. 有源器件

有源器件主要包括直放站、干放以及其他用于信号放大、信息汇集或传输扩展等功能的有源设备、模块或单元。

3. 无源器件

主要无源器件功能如表4-2所示，无源器件主要包括3dB电桥、耦合器、合路器、功分器、负载、衰减器、滤波器等。

表4-2　主要无源器件功能说明表

序号	器件名称	功能说明
1	3dB 电桥	实现相同频段的多载波合路
2	耦合器	从射频通路中通过耦合分配出一部分信号的无源器件，是带有不同耦合衰减量值的分路器，用于分布系统延伸链路中接至覆盖天线输出节点的连接器，该类器件的耦合度量值是由耦合出口接至天线辐射输出的额定覆盖功率电平所决定
3	合路器	把两路或多路信号合并到单个通路上去的无源器件，具有两个或多个输入和一个输出端口，用于分布系统的收发共用射频链路中节点连接
4	功分器	将功率平均分配到各个分路上去的无源器件，具有一个输入和两个或多个输出端口，用于分布系统链路分支时的节点连接。工程上常用到二功分和三功分两种器件
5	负载	用于分布系统延伸链路中的分支节点或检测点口的终结
6	衰减器	具有不同的衰减量值的无源器件，用于分布系统延伸链路尾端与天线辐射输出的额定覆盖功率电平的适配
7	滤波器	用于多系统共存环境条件下独立系统上行或下行单链路分布的收或发隔离及带外杂散抑制

4. 天线

室内分布系统中常用的天线类型包括全向吸顶天线、定向吸顶天线、双极化天线、壁挂天线和GPS天线等。

根据室分天线点位的布放位置和覆盖区域的不同，室分系统可分成室内分布系统、室外分布系统以及室内外分布系统。其中，室内分布系统是传统的主流室内网络覆盖方式，但随着城市环境的日益复杂以及居民环保意识的提高，入户建设的难度逐渐加大，室外分布系统和室内外分布系统逐渐成为室内覆盖的新型选择。

1）"室内分布系统"指天线点位及分布系统主要部署在室内，基于缆线传输，通过器件进行功率分配，利用室内天线进行室内区域无线信号覆盖的分布系统。典型的室内分布系统如图4-3所示。

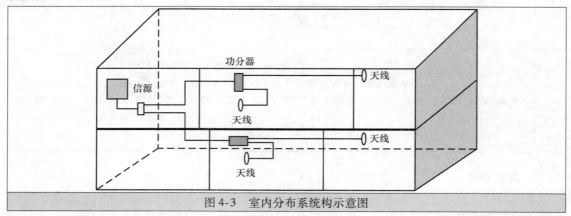

图4-3　室内分布系统构示意图

2）"室外分布系统"常指在大型居民小区内设置天线，信源设备输出的功率通过馈线传输，由无源、有源器件进行功率分配，利用室外天线统一进行室内及居民小区邻近室外区域无线信号覆盖的分布系统。

3）"室内外分布系统"指天线点位同时分布在室内和室外，信源设备输出的功率基于馈线传输，由无源、有源器件进行功率分配，利用射灯和灯杆天线进行室内及邻近室外区域无线信号一体化覆盖的分布系统。

5. 线缆

室内分布系统线缆是指将室分信号从功率设备传送至天线的介质，主要包括电缆、光纤、五类线、CATV四种。其中泄漏电缆既是传输介质，也是天线，归属电缆。室内分布系统涉及的线缆及辅助材料如表4-3所示。

表4-3　室内分线缆和辅助材料表

序号	线缆名称	功　能　介　绍
1	同轴电缆	主要包括连接RRU和末端天线的馈线、GPS天线跳线和馈线
2	泄漏电缆	主要适用于地铁、隧道、矿井等特殊环境
3	电源线	为室内覆盖系统的信号源及各种有源器件提供电源的线缆
4	（超）五类线	指国际电气工业协会为双绞线电缆定义的五种不同的质量级别，超五类非屏蔽双绞线是在对现有五类屏蔽双绞线的部分性能加以改善后出现的电缆
5	接地线	包括BBU设备接地线缆、RRU设备接地线缆、室内和室外防雷盒接地线、电源线接地线缆以及GPS防雷器及馈线接地线缆
6	光缆及尾纤	包括BBU和RRU间通信的光缆以及用于连接光缆与光纤收发器的线缆
7	其他信号线和监控线	包括动环监控线、本地操作维护及测试信号线等
8	走线管	保护走线的附属管道

各种线缆特性比较如表4-4所示。

表4-4　线缆特性比较

比较大类	比较项目	电缆	光纤	五类线	CATV
建设成本	系统建设成本	低	较高	较高	高
组网能力	组网灵活度	较好	好	好	很差
	组网复杂度	较简单	简单	简单	较复杂
	大型场景支撑能力	较好	好	一般	较差
施工协调	物业协调难度	较难	较难	较容易	较容易
	施工难度	较高	较高	较低	低
日常维护	维护量	较大	一般	一般	较小
	可靠性	较低	较高	较高	较低

4.2　LTE室分系统覆盖设计

覆盖规划设计是室内分布系统建设的重要工作之一。科学合理的覆盖规划是保障室分网络质量的基础，在后期网络优化、话务量吸收、指标改善、提升客户感知等方面举足轻重，直接影响后期室分覆盖的效果。室内分布系统的设计需要统筹考虑，使分布系统资源得到充分、合理地利用，避免重复建设、重复施工以及系统间相互干扰影响，实现有效的网络覆盖。

4.2.1　室内分布系统覆盖方式 ★★★

随着城市建设的不断发展，高层及大型建筑越来越多。由于建筑规模大、结构复杂，对移动通信信号有很强的屏蔽作用，导致在建筑区域内形成通信覆盖盲区，用户难以正常通话。在某些大型建筑物内，如超市、商场、会议会展中心，无线弱覆盖问题更加严重，要解决以上问题，必须采用室内分布系统。如图4-4所示，室内分布系统的作用是将信号功率传递到各覆盖区域，提供良好的覆盖。

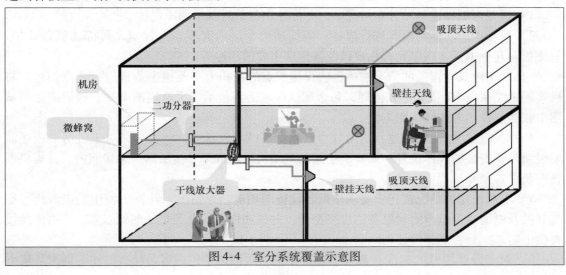

图4-4　室分系统覆盖示意图

4.2.2 覆盖方案设计 ★★★

1. 方案设计思路

根据分布系统覆盖的勘测结果、数据等综合信息，确定分布系统覆盖的目标如补盲或吸纳话务、解决投诉等原因，并按照预定目标进行方案的选择；方案设计时需充分结合现场路测情况，结合覆盖需求来源原因，确定所需覆盖的范围，对解决弱覆盖问题及个别投诉问题，原则上建议对本身覆盖没有问题的区域不再增加延伸覆盖。按照覆盖区域的不同场景选定覆盖方案，除了经常使用的覆盖方式以外，结合实际场景探讨不同覆盖方式，选择最佳覆盖方案。

1）对于话务量较大的单独楼宇或连体楼宇，楼宇间距不远，通过馈线可以实现连接的场景，以及大型商场、高档写字楼及重点市政机关办公楼等场景，建议使用微蜂窝加干放再加分布系统方式。

2）对于面积较小（小区 500m²）、人员相对较少的场景，如地下室、小型酒吧、小型洗浴等，建议使用微功率直放站进行覆盖。

3）对于无电梯的大型住宅区，建议结合测试情况使用楼顶布放美化天线方式覆盖。

4）对于高层住宅区，结合测试情况及楼宇分布情况进行覆盖方式选择。对于公共空间信号较好的，可考虑不对公共空间进行覆盖，采用楼间窄波束天线对打方式解决高层乒乓效应。对于公共空间存在明显的弱覆盖或盲区，也可以有选择地在公共区域进行分布系统布放。

5）对于低层信号较差的小区，可考虑采用射灯天线或路灯天线方式进行覆盖。

2. 制定分布系统覆盖设计方案

分布系统覆盖方案制作前应将现场勘察测试报告及模拟测试结果上报相关负责人员，并结合负责人对上报数据进行评估，结合网络规划优化原则进行覆盖范围确认，并对覆盖方案及天线安装位置的合理性进行分析，确认无误后开始制定最终方案，规划设计具体的流程如图 4-5 所示。

在制定分布系统覆盖方案过程中，需要明确以下信息：

1）覆盖区域周边基站分布情况图，并标注出与最近基站的距离。

2）对于楼层功能与面积进行描述：需描述出小区内有多少栋建筑，每栋建筑各几层，每栋楼有几个单元，每单元有几户以及各楼层主要的用途等。

3）对于建筑物覆盖的情况描述：应视覆盖点的面积大小及楼宇数量进行选点描述，将勘察测试结果以 DT 报告形式体现，每个测试区域需要包括电平轨迹图 1 张、通话质量测试图 1 张和软件话务统计截图 1 张。

4）对于机房情况的描述：机房分为信源设备机房、延伸设备机房，对于机房的描述需要说明设备安装的具体位置，如安装于某某基站机房内或某某楼层的某某房间内，并提供设备安装位置照片。

5）电源使用的情况描述：要求根据各设备的用电功率情况，计算出使用的电源线、空气开关及电能表等电源附属设备的规格型号，并说明使用的电源是从何处引入，是否满足设备供电需求，是否能够保证用电安全。

6）对于设计图纸的标注：需要明确标出某一页图纸中的内容是什么，如本页为某某小

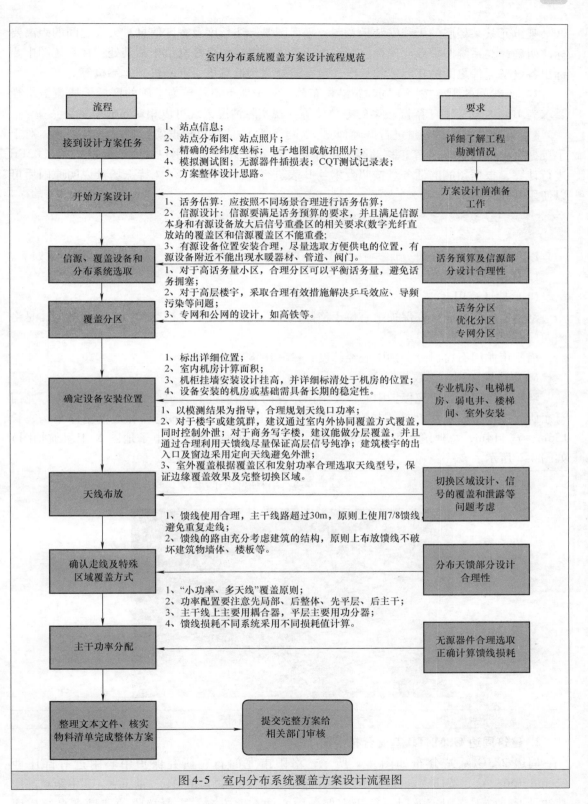

图 4-5　室内分布系统覆盖方案设计流程图

区某某单元某某楼层的天线安装示意图；平面图要标注长度及宽度信息，天线之间的距离要标注明确；在系统图中要明确标出各设备的具体位置，如微蜂窝位于某某处；在系统图中要标出各设备器件之间的实际走线长度，包括微蜂窝到近端机、近端机到远端机等。

7）天线间的距离按照不同建筑结构布放，对于地下室等较为空旷的区域天线覆盖半径要求为10m左右，对于隔断较多的办公楼等，视实际情况天线可以相对布放得密集一些。

8）方案中要对话务量进行准确预测，对于人员的估算可根据实际情况进行预测，对于手机拥有率按照80%计算，移动客户占有率按照70%计算，每用户忙时话务量按照0.02Erl进行计算，根据预测的话务量按照爱尔兰B表进行信源配置选择。（特殊场景说明原因后可以使用其他模型）。

4.2.3 典型设计方案 ★★★

以洛阳市龙门石窟研究保护中心TD–LTE室内分布系统为例，设计方案具体描述如下。

1. 建筑物情况描述

（1）地址、用途

洛阳市龙门石窟研究保护中心位于洛阳市龙门北桥与迎宾大道交叉口东南角方向，是洛阳龙门石窟办公所在主要场所。

洛阳市龙门石窟研究保护中心经纬度：112.485890；34.569832。

（2）建筑面积、层数与高度

洛阳市龙门石窟研究保护中心位于洛阳市龙门北桥与迎宾大道交叉口东南角方向，龙门石窟研究保护中心东西走向（弱覆盖5区）为地上4层，有4部电梯和地下室停车场，长156m，宽114m，总建筑面积约为56400m^2。建筑物地理位置图（电子地图 & 卫星航拍图）如图4-6所示。

图4-6 建筑物地理位置图

2. 建筑周边 GSM/TD 基站分布情况

周边 2/3G 基站分布如图 4-7 所示，洛阳市龙门石窟研究保护中心附近有郜庄西（cellid = 56326）、郜庄（cellid = 26924）、郜庄煤厂（cellid = 56404）等基站，其中距离郜庄基站最近，位于洛阳市龙门石窟研究保护中心的东北方向，主要接收的信号来自郜庄西基站。

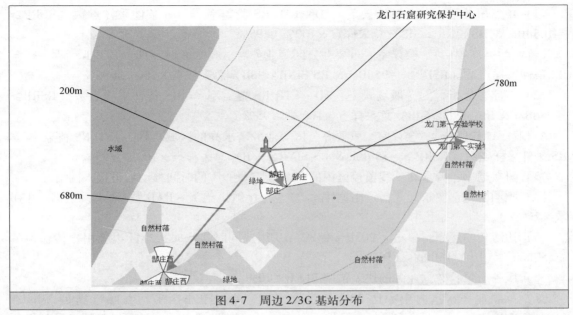

图 4-7　周边 2/3G 基站分布

3. 分区

方案 GSM/3G/4G 整体分区对应关系如表 4-5 所示。

表 4-5　整体分区表

覆盖范围	GSM		TD－SCDMA（3G）		TD－LTE（4G）	
	分区	载频配置	分区	载频配置	分区	载频配置
洛阳市龙门石窟研究保护中心	小区 1	04	小区 1	02	小区 1	01

4. 设备安装位置及覆盖范围

3G/4G 双模设备安装及覆盖范围如表 4-6 所示。

表 4-6　设备安装位置与覆盖范围表

4G 分区	4G 载频	设备名称	设备安装位置	覆盖范围	3G 输出功率/dBm 4G 输出功率/dBm	频段
小区 1	1	BBU1	部庄西基站		/	/
		RRU1	东北 2 楼电井	覆盖东北办公区 1~3 楼	40	E 频段
					40	E 频段
		RRU2	西北 2 楼电井	覆盖西北办公区 1~3 楼和电梯	40	E 频段
					40	E 频段
		RRU3	南北 2 楼电井	覆盖南北公区 1~4 楼和电梯	40	E 频段
					40	E 频段
		RRU4	地下室电井	地下室停车场	40	E 频段
					40	E 频段

— 63 —

5. 4G 室内系统方案设计指标

1）单路覆盖指标。一般场景下：TD－LTE RS 覆盖率 = RS 条件采样点数（RSRP≥－105dBm & RS SINR≥6dB）/总采样点×100% ≥95%

营业厅（旗舰店）、会议室、重要办公区等业务需求高的区域：TD－LTE RS 覆盖率 = RS 条件采样点数（RSRP≥－95dBm & RS SINR≥9dB）/总采样点×100%≥95%。

2）双路覆盖指标。一般场景下：TD－LTE RS 覆盖率 = RS 条件采样点数（RSRP≥－95dBm & RS SINR≥6dB）/总采样点×100% ≥95% 。

营业厅（旗舰店）、会议室、重要办公区等业务需求高的区域：TD－LTE RS 覆盖率 = RS 条件采样点数（RSRP≥－85dBm & RS SINR≥9dB）/总采样点×100%≥95%。

3）可接通率：要求在无线覆盖区内的90%位置，99%的时间移动台可接入网络。

4）呼叫阻塞：要求无线信道阻塞率≤2%。（接纳拒绝 E－RAB 数/请求接纳 E－RAB 数×100%）。

5）边缘传输速率：单小区 20MHz 带宽，10 用户同时接入时，小区边缘用户传输速率≥250kbit/s（UL）/1Mbit/s（DL）。

6）服务质量：数据业务的块差错率 BLER≤10%。

7）承载速率：室内单小区 20MHz 带宽组网，要求单小区平均吞吐量满足 5Mbit/s（UL）/20Mbit/s（DL）。若实际隔离条件不允许，可以按照单小区 10MHz、双频点异频组网规划，单小区平均吞吐量满足 2.5Mbit/s（UL）/10Mbit/s（DL）。

8）天线口功率要求：不大于 15dBm。

9）室内信号的外泄要求：室外 10m 处应满足信号电平≤－115dBm 或室内外泄 RSCP 比室外最强 RSCP 低 10dB。

6. 室分系统覆盖面积计算

目前 TD－LTE 数据业务没有相对准确的模型进行预测。对于使用多个 RRU 覆盖的物业点需进行 RRU 的覆盖分区规划，规划时应使得各个 RRU 分区间的隔离度尽可能高，以利于后期扩容，降低改造工作量。

对于采用双路室分系统的建设场景，应使用双通道 RRU，并将 RRU 的两个通道对应覆盖相同区域。对于采用单路室分系统的建设场景，可使用双通道 RRU 或者 TD－S/TD－L 双模 RRU，并将 RRU 的两个不同通道分别对应覆盖不同区域。

该方案共配置 1 个 20MHz 载波和 1 台 BBU＋5 台 RRU 作为 TD－LTE 小区信源，共划分1 小区。

7. 室分系统覆盖方式

室分系统通常采用 BBU＋RRU＋室内分布系统的综合覆盖方式，使分布式基站信号得到很好的延伸覆盖，达到良好的覆盖目的。该室内覆盖系统工程设计通过无源器件及馈线把信号合理地分配到目标覆盖范围。

8. 天馈系统建设方式

该室分站点属于办公楼场景，在地下室和电梯采用新建单路建设方式，其他平层采用双路建设方式，通过合路器使用原单路分布系统。通过合理地设计确保分布系统的双路功率平衡。对于支持 MIMO 的双路分布系统，组成 MIMO 天线阵的两个单极化天线口功率之差要求控制在 5dB 范围以内。

9. 天馈系统建设原则

对采用"单路"合路建设的站点，天线布放密度应满足 TD – LTE 室内无线链路预算要求，并按实际模拟测试结果调整天线点位间距。

采用双路分布系统方案时，为了保证 MIMO 性能，两个单极化天线需保证 $4\lambda \sim 10\lambda$（$0.5 \sim 1.25\text{m}$）的间距，在安装环境受限时天线间距不应低于 4λ（0.5m）。对支持 MIMO 的双路分布系统，组成 MIMO 天线阵的两个单极化天线口功率之差要求控制在 3dB 以内。双路分布系统优先使用单极化天线，在天线安装空间受限的情况下，可以考虑使用双极化天线。

在考虑天线口功率设计方面，一般场景下 TD – LTE 天线口功率不高于 15dBm，对于大型会展中心等场景，天线口功率还可适当酌情提高，但应满足国家对于电磁辐射防护的规定。

10. 有源设备的使用

本次在楼内使用独立信源，未引入干放或光线直放站等有源设备。

11. 电梯的覆盖方式

电梯井道内安装对数周期天线加以覆盖。

12. 边缘场强的取定

GSM 边缘信号强度 $\geqslant -80\text{dBm}$。

TD – SCDMA 覆盖指标：普通建筑物为 PCCPCH RSCP $\geqslant -80\text{dBm}$。

地下室、电梯等封闭场景为 PCCPCH RSCP $\geqslant -85\text{dBm}$。

TD – LTE 覆盖指标：目标覆盖区域内 95% 以上的公共参考信号接收功率 RSRP $\geqslant -105\text{dBm}$，营业厅、会议室、重点区域要求 RSRP $\geqslant -95\text{dBm}$。单路室分公共参考信号信干噪比 RS SINR $\geqslant 6\text{dB}$，双路室分公共参考信号信干噪比 RS SINR $\geqslant 9\text{dB}$。

13. 切换带设计

室内分布系统小区切换区域的规划应遵循以下原则：

1）切换区域应综合考虑切换时间要求及小区间干扰水平等因素设定。

2）室内分布系统小区与室外宏基站的切换区域规划在建筑物的出入口处。

3）电梯的小区划分：将电梯与低层划分为同一小区，电梯厅尽量使用与电梯同小区信号覆盖，确保电梯与平层之间的切换在电梯厅内发生。

14. 方案合理性分析

在无源器件（天线、功分器、耦合器等）使用过程中，考虑到 GSM、TD – SCDMA、TD – LTE 系统无源器件频率范围必须满足 $800 \sim 2500\text{MHz}$。如果再考虑 WLAN 系统的合路，无源器件工作频率范围必须满足 $800 \sim 2500\text{MHz}$，同时各系统间的隔离度需要满足 -80dB 的要求。系统结构设计要满足 2G、3G、4G 的覆盖和业务要求。

4.3　室分系统建设方案

4.3.1　LTE 室分系统建设问题与难点　★★★

1）与 2G、3G 室内覆盖相比，由 MIMO 技术的引入使得 LTE 的室内覆盖发生变化，信源都需采用双通道进行传输，基站辅助设备也需采用相应的解决方案来继续保持 LTE 中的 MIMO 特性；MIMO 采用多通道传输，在实际工程中可能存在多根电缆安装受限问题。

2）MIMO 的室内覆盖很难通过室外基站实施。

3）在 LTE 室分系统新建一路或改建一路时，LTE 还存在着与其他系统的频率兼容问题。

4）LTE 室分系统新建一路、改建一路情况下，可能出现新建一路室分系统性能好于旧路室分系统的情况，由此可能出现同属于一个 2 通道 RRU 的两根天线上发出的信号强度不同，从而导致链路不平衡问题。

5）与 2G、3G 相比，LTE 室内分布系统需要布放多根天线，势必涉及天线的选择与安装问题。

4.3.2　LTE 室内覆盖建设解决方案 ★★★

对于 LTE 室分系统的建设，建议采用 BBU + RRU 的分布式基站进行部署。考虑到现有通信系统向 LTE 的平滑演进，LTE 室内分布系统考虑新建和改造两种方案。面向 TD - LTE 的室内分布系统建设总体策略如下所述：

1）针对新建室内覆盖场景，尽可能建设双路室分系统，减少后续扩容投资；

2）针对改造室内覆盖场景，有效保护已有投资，最小化对现有室分系统的改造和影响；

3）针对有条件的楼宇进行改造满足双通道室内覆盖要求，对于单路室分系统未来综合考虑载频和工程改造成本并选择合理的扩容。

（1）新建室内分布系统方案

新建室内分布系统方案如图 4-8 所示，新建室分场景建议采用 BBU + RRU + 无源分布系统方案进行覆盖。一个 BBU 可以连接多个 RRU，BBU + RRU 方案可按照容量需求灵活配置，通过 BBU 控制给该区域的 RRU 分配足够容量，从而有效解决容量问题。

（2）改造室内分布系统方案

1）单路建设方式：与原分布系统合路。

TD - LTE 与其他系统（如 GSM、TD - SCDMA 等）共用原分布系统，按照 TD - LTE 系统性能需求进行规划和建设，必要时应对原系统进行适当改造，如图 4-9 所示。

2）部分利旧建设方式：一路新建，一路合路。

TD - LTE 一路室分与其他系统（如 GSM、DCS、TD - SCDMA 等）共用，另一路室分主要为 LTE（或 LTE 与 802.11n）使用。共用一路室分按照 TD - LTE 系统性能需求进行规划和建设，另外一路也应通过馈线（型号及路由）、无源器件（如功分器和耦合器等）的选择确保 TD - LTE 系统在不同 MIMO 通道中的功率平衡，如图 4-10 所示。

3）双路建设方式：两路新建。

在不改动原分布系统天馈线的基础上，额外增加两路天馈线系统；TD - LTE 独立使用新建天馈线。建议仅在合路时存在严重多系统干扰并具备新增两路天馈线条件的场景应用，如图 4-11 所示。

4.3.3　LTE 室分双通道不平衡问题的解决方案 ★★★

在 LTE 室内分布新建一路、改造一路的情况下，可能出现新建一路室分系统性能好于旧路室分系统的情况，可能出现2通道RRU的两根天线上发出的信号强度不同。两路不平衡问题将直接影响实际的信道矩阵，有可能原来满秩的矩阵变得不满秩了，那么MIMO模式下的信道容量降低。

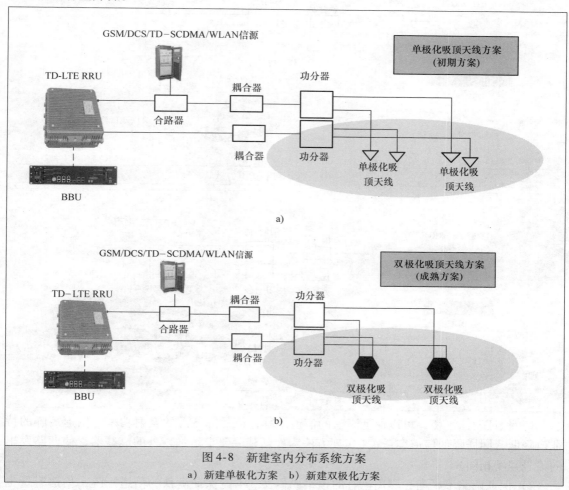

图4-8　新建室内分布系统方案
a）新建单极化方案　b）新建双极化方案

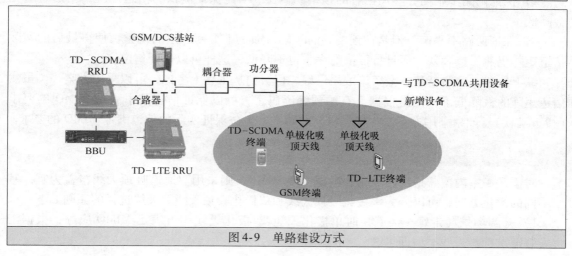

图4-9　单路建设方式

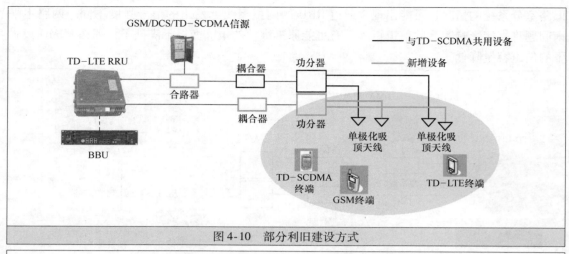

图4-10 部分利旧建设方式

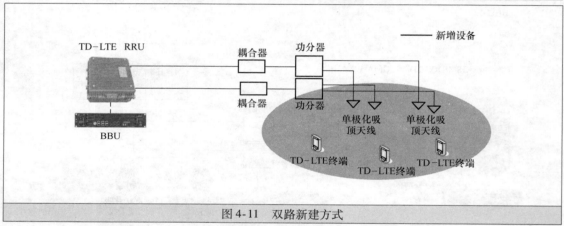

图4-11 双路新建方式

1）保证两路平衡，可以保证满秩的信道矩阵，但是降低总的发射功率，信道矩阵的特征值降低，同样降低信道容量；（实现方法为在新建一路上增加额外的衰减器，使两路发出的信号强度相同）。

2）保证两路不平衡，应用已有的预编码码字，不能保证满秩的信道矩阵，信道容量也会降低。

3）保证两路不平衡，但是在预编码的时候，加上不平衡产生的调整，使得最后的实际信道矩阵仍然保持满秩，而且特征值的大小也不降低，这样可以保证信道容量。

综上所述，两路新建方案实施效果最好。但目前从工程上考虑，可以采用方案一。虽然信道矩阵的秩降低了，但是根据已有的预编码码字，可以保证信道基本满足 MIMO 的要求（接近满秩）。如果采用方案二，根据目前的码字，无法保证实际的信道满足 MIMO 的要求。

4.3.4 室分系统中天线的选择方案★★★

对于某一室内覆盖指定区域，若考虑实现 MIMO，则采用双通道吸顶天线覆盖为宜，基于不同的极化方向，可以分为单极化吸顶天线和双极化吸顶天线。天线选择的原则如下：

1）开阔场景（走廊、楼道）时单极化天线/双极化天线均可满足 MIMO 应用，根据工程安装需求选择天线类型即可。

2）封闭场景（会议室、办公室）时双极化天线与单极化天线相比性能下降明显，在工程安装允许的条件下，优先采用单极化天线（天线间距 1～2m）。

3）对于新建一路、改造一路场景模型时，考虑到不同系统频率的兼容问题，建议采用如下两种天线安装方案：

方案 1：采用一个 LTE 双极化吸顶天线。LTE 室分系统一路新建，另一路与其他系统通过合路器后一起传输，要求双极化顶天线适应的频率范围保持在 800～2700MHz 之间。

方案 2：采用两个 LTE 单极化吸顶天线。LTE 室分系统一路新建，另一路与其他系统通过合路器后一起传输（单极化天线要求适应频率范围：800～2700MHz）。

天线安装方案示意图如图 4-12 所示。

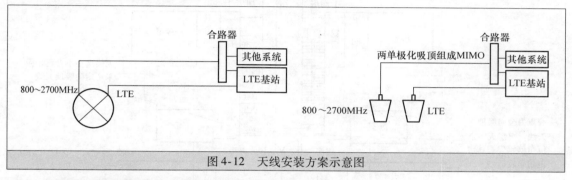

图 4-12　天线安装方案示意图

4.3.5　LTE 室分系统的改造与优化 ★★★

一般而言，通过正确的现场勘查规划、合理的方案设计、选用适当的天线及器件以及采用性能优良的覆盖设备，基本上可以保证 LTE 室分系统的各项 KPI 指标达标。但是不合理的室分系统设计方案将直接影响着室分质量和客户感知，为后期维护优化带来极大困难。在优化阶段，需要根据具体问题针对性地进行室分设计方案整改。下面通过质差掉话的典型案例描述室分设计方案的整改流程。

掉话是室分设计方案不合理导致的典型现象之一，主要包括质差掉话、切换掉话和弱覆盖掉话。因为干扰等原因造成信号信噪比下降，从而导致通话中断。理想情况下基站的质差掉话应为 0%。在原有室外宏蜂窝基站引入分布系统覆盖系统后，以下几种原因可能导致质差掉话：

1）覆盖系统场强偏低，受外界同频、邻频及其他干扰源影响，信噪比下降；

2）覆盖系统有源设备上行质量不好，降低了上行信号的信噪比；

3）覆盖系统有源设备达不到入网要求，下行交调干扰串入上行干扰基站。

如果覆盖电平设计合理，天线选型优良，设备功率选择得当，天线设计密度达到覆盖要求，并且规避同邻频干扰，避免质差原因导致掉话。

案例分析

现网中某高层住宅小区共有两栋高层住宅楼，每栋高层各 1 个单元，地上最高 29 层，地下一层，其中一层至四层的裙楼为 2 万 m² 的大型购物中心。5 层至 29 层为住宅楼。每单元有两部电梯，另外裙楼还有两部观光电梯，共有 6 部电梯。地下一层为车库。建筑总面积约 60000m²。该高层住宅楼的建筑物纵深面积较大，每层 6 户。室分设计方案天线分布方式如图 4-13 所示。

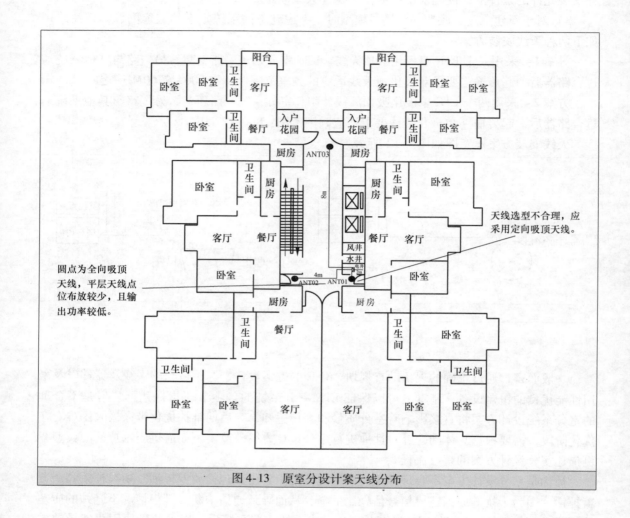

图 4-13　原室分设计案天线分布

在每层公共区域设计 3 副全向吸顶天线进行覆盖。通过现场测试发现，内部出现了大面积的平层弱覆盖区，导致中高层区域一旦进入住户家中信号便较弱，受到周边基站的同频干扰、邻频干扰、C/I 较差，通话质量明显降低，极易出现断续、单通、掉话等现象，如图 4-14 所示。

通过覆盖问题分析，将设计方案做了调整，将高层部分的天线选型及数量进行调整，由 3 副增加至 5 副，对 5 层至 29 层进行覆盖整改，按照设计标准计算天线口输出电平，增加有源设备（直放站 GRRU 远端）数量。方案整改后如图 4-15 所示。

方案设计调整以后，按照方案对大楼内的覆盖天线进行调整，通过增加设备以及合理的调测，覆盖强度和语音质量得到明显改善，室分小区的关键性能指标大幅提升。

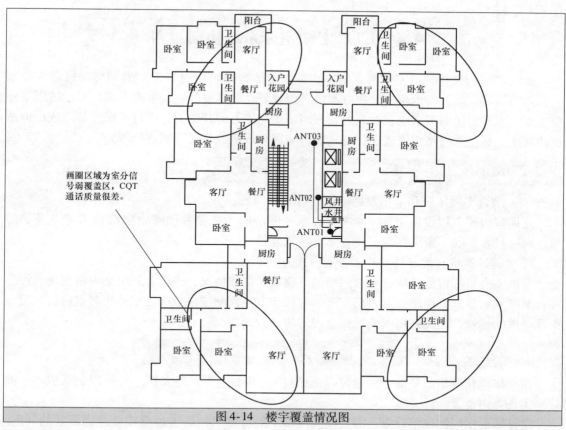

图 4-14　楼宇覆盖情况图

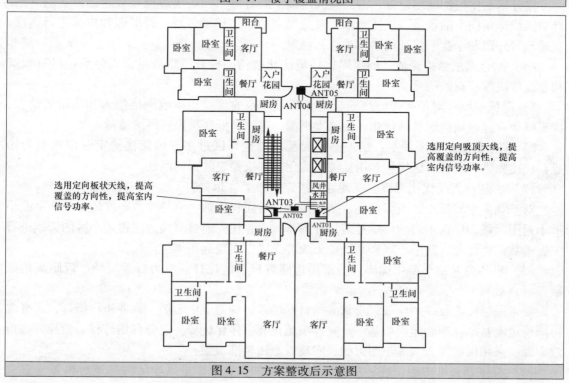

图 4-15　方案整改后示意图

4.4 LTE 宏微室分系统协同覆盖

通过 LTE 宏微协同的室内覆盖组网，可以整体布局统一规划未来的网络。根据业务预测和网络情况，加强室内覆盖解决方案的合理规划，优选室外覆盖室内方式。对于适用室外覆盖室内方式解决的需求点，在充分发挥网络优化能力的基础上，再行考虑宏基站或街道站点的新建。必须采用室内覆盖建设方式时，应区分改造或新建分别进行规划。

4.4.1　多网协同，合理选择规划方案　★★★

（1）结合多网定位和市场发展阶段进行业务预测

近期室内覆盖建设应以 4G 为主、兼顾多网协同。在业务预测中应综合考虑业务、终端、网络技术发展，重点在数据业务热点区域部署。

（2）通过测试有效评估室外覆盖室内能力

根据室内目标覆盖区域、周边网络站点现状和覆盖情况，进行各系统室内覆盖现状评估和典型区域初步方案模测。对于现状评估和初步方案模测结果较接近室外辐射室内信号覆盖指标要求的场景，优先采用室外覆盖室内的建设方式。

4.4.2　宏微结合，优选室外辐射室内建设方式　★★★

在网络优化调整的基础上，通过"远处打""近处打""进去打"等手段，低成本、高效率实现室内覆盖。

室外辐射室内的网络建设，需关注利用楼宇的自然阻挡解决过覆盖或超远覆盖的问题。针对天线仰角向上的场景，应注意依据覆盖楼宇的具体环境，对天线形态和指标进行选择，规避信号外泄和干扰，保证网络质量指标稳定。

（1）结合网络结构评估，加强周边环境优化整治，提升网络质量，充分利用已有投资和建设解决深度覆盖问题

1）降低底噪：对于底噪较高或超重叠覆盖导致的信噪比影响网络接入和质量的情况，应根据要求进行周边宏基站优化，排除噪声源，通过降低底噪提升网络质量。

2）优化切换和邻区关系：切换关系混乱或周边邻区过多导致无法稳定驻留的室内场景，应优先进行主服小区优化和切换关系优化，解决稳定驻留的问题。

（2）宏基站天线优化调整，实现远距离定向覆盖（远处打）

对于业务量较低、建筑面积小、结构简单、封闭程度低、室外覆盖条件较好的楼宇或小型半封闭区域，应在不影响广域覆盖指标的基础上，优先通过对周边主覆盖小区的天线进行工程参数调整优化、新增小区和高增益天线等方式，实现远距离定向覆盖。

（3）发挥微基站小型化优势，挖潜周边路灯杆、监控杆、电力杆等资源，近距离精准覆盖（近处打）

对于底层覆盖较差、业务需求量大的特殊场景，如商业中心区、商业步行街等，可考虑协同周边宏基站，精确建设微基站。发挥小型化和一体化优势，充分利用灯杆、监控杆等市政资源，采用层层通天线等新型天线，实现近距离精准覆盖。

（4）推进新技术应用，进一步降低功率、增加覆盖点，进入小区内部进行覆盖（进去

打）

对于建筑群体量很大、楼宇之间相互阻挡严重的场景，如城中村、大型居民小区等，应选择室外分布系统的新技术方案进行覆盖。一方面采用光纤或网线来降低室外布线难度，利用小区合并技术减少小区间干扰，采用宽垂直波束天线、墙面外挂、楼间高低层对打等方式来增强覆盖。另一方面通过调整天线俯仰角、天线横置、宏微协同等技术手段，建立多层次立体覆盖网络。

4.4.3　合理规划室内信源和分布系统　★★★

对于覆盖目标区域封闭性好、穿透损耗大的物业点（如地铁、交通枢纽、高档写字楼、高档酒店、大型商场、大型居民楼等），以及覆盖目标区域用户人数较高、流动性强、容量需求高的有价值的物业点，无法利用室外基站直接覆盖的方式达到室内良好覆盖时，应综合考虑建设需求和建设能力，优先考虑进行室内分布系统建设。

室内分布系统的规划方案应区分为信源规划方案和分布系统规划方案。对于需要进行室内建设的区域，应根据投资、楼宇结构场景、工程建设难度等进行合理规划，避免出现由于规划方案不合理导致的投资过度、网络质量未达预期、建设难度过大、长期无法完工等问题。

（1）把握 2G/4G 不同的建设重点，按需部署信源

应重点考虑覆盖目标的数据业务需求，具体规划原则遵循 4G 网络相关规划建设指导原则和要求。现网 2G 日均数据业务流量小于 50MB 的室分物业点暂不考虑 4G 信源引入。在已有 3G/4G 网络的区域，2G 室分系统仅用于解决深度覆盖。现阶段为保持 2G 网络覆盖及语音质量竞争优势，对于新增弱覆盖、电梯、停车场等区域可按需引入 GSM 网络信源。

（2）根据网络发展及业务需求，按需进行室分改造及新建

对于已有 2/3G 室分建设的区域，需要引入 4G 信号的，应按需进行改造并耦合 4G 信源，避免采用简单合路方式进行建设。对于高业务密度或有演示需求的区域，应优先采用增加频点、载波聚合等方式提升业务容量，推进部署变频分布以降低改造工程实施难度。同时要求室分系统器件、天线密度、天线口输出功率等指标必须满足 4G 网络规划设计指标要求。

针对有数据业务需求的室分物业站点，根据适用场景特点，可以考虑新建双路室分系统、光纤分布系统、分布式皮基站等，提升室内网络性能。对于小型企业或零星用户的场景，积极引入一体化皮基站/飞基站进行灵活建设。

4.4.4　典型案例 ★★★

案例：绿地东上海新建室外分布与室内分布系统相结合

（1）建筑特点分析

如图 4-16 所示，绿地东上海位于浦东康桥镇秀浦路 788 弄，小区共 30 幢楼，分别为 14～18 层不等。楼宇之间间距较大，一般为 35m 左右，该小区面积约为 19.9 万 m²。

（2）用户需求分析

本地理场景为大型居民小区，入住率较高，手机上网普及度高，用户对数据业务需求量大，但是 LTE 深度覆盖不足，室内 LTE 基本无信号，LTE 终端比例高，但是仅能使用 GPRS

业务，用户手机上网感知差。

（3）工程建设需求分析

由于房屋结构和居民小区内部的敏感性，无法在居民户内建设室内分布系统。

图4-16　绿地东上海建筑特点

（4）建设方案

小区 LTE 覆盖采用室外分布系统与室内分布系统相结合的建设方式。室外部分采用在小区草坪中安装 3m 路灯天线覆盖道路及低层住户，同时在部分楼宇楼顶安装射灯伪装天线进行楼宇间信号对打，实现高层居民区的覆盖。针对地下车库及电梯等封闭区域，则采用新建室内分布系统实现信号覆盖。具体建设方案如图4-17、图4-18、图4-19所示。

LTE 小区覆盖开通后经测试验证覆盖效果良好。经与维护部门协作，对小区旁 2G 宏基站南海富基站进行小区分裂，新增 2 个小区接入已建 LTE 小区覆盖布线系统，实现小区内的 GSM 信号覆盖，改善该区域信号覆盖质量。

（5）覆盖规划

采用 BBU + 17 个 RRU 组网方式，RRU 分别安装在各栋楼宇的 B1F 电信间。

图4-17　天线安装位置示意图

图 4-18　小区室外覆盖图

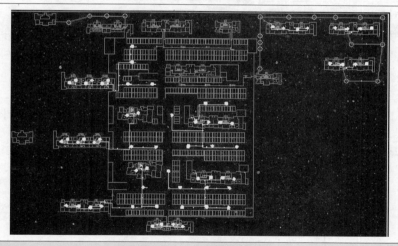

图 4-19　小区室内覆盖图

开通前，小区内道路的平均 RSRP 为 −102dBm 左右，平均 SINR 在 5.7 左右，应用层平均下载速率为 14.2Mbit/s。室内平均 RSRP 为 −104dBm 左右，平均 SINR 在 5.6 左右，应用层平均下载速率为 9.9Mbit/s。2G 小区周边道路平均电平为 −83.7dBm 左右，室内平均电平在 −87dBm 左右，覆盖较弱。

开通后，小区室外和室内的信号强度有较为明显的提升。小区内道路的平均 RSRP 为 −89.8dBm左右，应用层平均下载速率为 29.7Mbit/s。室内平均 RSRP 为 −95.4dBm 左右，应用层平均下载速率为 30.2Mbit/s。2G 小区周边道路平均电平为 −75.4dBm 左右，室内平均电平在 −79dBm 左右，小区室内外覆盖有较为明显提升。

开通前后室内覆盖图对比情况如图 4-20 所示。

（6）容量规划

同时开通 LTE 和 GSM 网络，LTE 网络共使用 2 台 BBU，17 台 RRU，日均流量在

1076Mbit/s；2G 网络信源采用周边宏基站小区分裂的方式获得，新增 1 台 RRU（2 个小区），日均话务量为 88Erl，日峰值每线话务量在 0.27Erl，可以满足容量需求。

| 开通前的RSRP | 开通后的RSRP |

图 4-20　开通前后覆盖图

（7）切换区规划

在改造方案中，地上部分全部以室外向室内覆盖。因此，室内、室外不存在切换问题。在室外部分，主要与周边宏基站做好切换，切换带尽可能避开区域内道路，采用楼宇的物理间隔作为切换带，尽量减少切换、重选的次数。

（8）干扰规避

本系统可以满足 GSM、DCS、TD – SCDMA、TD – LTE 系统的干扰规避要求。

（9）系统扩容与演进

采用楼顶射灯天线和灯杆天线设备，可以实现 2G/3G/LTE 多制式网络信号的接入，容量与信源相关。

4.5　本章小结

本章首先系统介绍了传统室内分布系统的结构，接着详细描述了覆盖规划设计思路和流程，然后描述了 LTE 室分系统建设方案和优化改造思路，重点总结了新建和改造两种 LTE 室分系统的覆盖解决方案。最后提出了 LTE 宏微协同的具体覆盖方案，主要支撑后期网络优化，改善话务量吸收和 KPI 指标，最终达到保障 LTE 室分深度覆盖的目标。

参 考 文 献

［1］李军. 移动通信室内分布系统规划、优化与实践［M］. 北京：机械工业出版社，2014.
［2］中国移动集团公司. 中国移动室内覆盖建设指导意见. 2012.
［3］中国移动集团公司. 中国移动室内覆盖建设方案汇编（2016 版）. 2016.
［4］费嘉. 多系统融合场景中室分覆盖解决方案浅析［J］. 移动通信，2015.
［5］中国移动集团公司. TD – LTE 室内分布系统审核原则. 2012.

第5章 LTE新型室内覆盖增强技术

5.1 背　景

随着 LTE 用户数的不断增加，室内区域已经越来越成为高价值客户的聚集区，更是新兴数据增值业务应用的爆发区，同时也逐渐成为客户投诉的重灾区。如何利用新型室内深度覆盖产品改善室内区域深度覆盖，也是网络建设面临的一项重要课题。传统宏基站和室内分布系统的建设方式在物业协调、配套建设、深度和精确覆盖、扩容改造等方面的局限性日益凸显，已难以适应当下无线网发展的需求。因此，采用高效率的覆盖解决方案是当前网络建设工作的重点。以微基站、皮基站和飞基站为代表的新型室内覆盖技术，具有集成度高、组网灵活、安装方便的优势，可以明显改善室内外的深度覆盖、增加网络容量、提升用户的感知。

5.2 新型小基站分类

LTE 新型小基站是指单载波（20MHz 带宽）功率在 500mW 以下，集成了 BBU、RRU、天线的一体化基站。按照单载波功率大小，可以细分为皮基站（100 ~ 500mW）和飞基站（100mW 以下）两类。小基站是一种低成本室内覆盖解决方案，可作为蜂窝网络的有效覆盖补充和容量扩充手段，主要用于网络覆盖不足、建设难度相对较大且具备自有宽带接入资源的场景。一方面可用于家庭、营业厅、超市等室内场景补盲、补热，解决室内深度覆盖不足、降低用户投诉，提升业务分流能力、改善用户体验。另一方面还可以作为应对全业务竞争的家庭/企业无线应用综合平台，提供家庭/企业市场进驻载体，增强用户粘性，协同拓展宽带业务和数字化家庭/企业等增值业务，提升客户价值。LTE 基站类型如表 5-1 所示。

表 5-1　LTE 基站类型

	类型			单载波发射功率	覆盖能力（覆盖半径）
	名称	英文名	别称		
基站设备	宏基站	MACRO SITE	宏站	10W 以上	200m 以上
	微基站	MICRO SITE	微站	250mW ~ 10W	50 ~ 200m
	皮基站	PICO SITE	微微站、企业级小基站	100 ~ 250mW	20 ~ 50m
	飞基站	FEMTO SITE	毫微微站、家庭级小基站	100mW 以下	10 ~ 20m

5.3 新型室分覆盖技术

LTE新型覆盖产品设备具有网络架构简单、组网灵活、安装方便等特征，可以精准定位覆盖高价值区、快速补热补盲等区域，如高档办公室和写字楼、大型会展中心、体育场、城市热点、交通枢纽等，有效解决室内深度覆盖的难题。

5.3.1 满格宝 ★★★

1. 原理介绍

由于受LTE技术体制、频率、成本等因素制约，室内深度覆盖问题成为影响客户感知的网络短板。"满格宝"微创新产品可以将回传天线处较好的信号质量"搬移"到室内的弱覆盖区域，同时实现GSM/TD－SCDMA/TD－LTE网络全覆盖，并为家庭及企业提供宽带接入、语音电话、传真服务等业务。"满格宝"产品主要由主机、回传天线、连接馈线、电源适配器组成，在原理上类似微功率无线直放站（微放器）。满格宝系统结构图如图5-1所示。

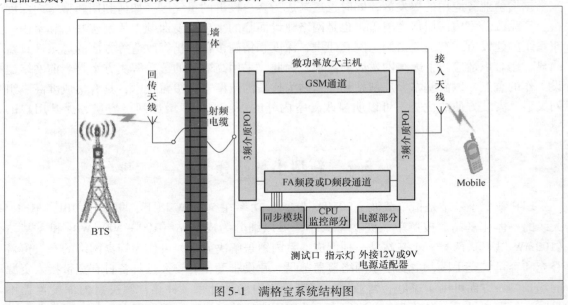

图5-1 满格宝系统结构图

满格宝性能指标如表5-2所示。

2. 产品优点

"满格宝"产品具有明显的技术优势。

1）全面支持GSM、TD－SCDMA、TD－LTE等多种网络制式，实现一套设备对多制式多频段组网支持。为家庭及企业用户提供宽带接入、语音等服务，有利于网络快速部署和覆盖增强，提高市场反应能力，在市场竞争中抢占先机。

2）设备可管、可控，设计监控模块，实现监控功能，便于设备维护和管理。

3）抗干扰能力强，支持自激检测功能，自动检测天线的隔离度，自动调整功率增益，保护设备安全和网络不受干扰。

4）安装部署方便快捷，无需传输资源，快速解决因宏基站选址、室分天线入户困难等工程难题，实现快速部署和网络升级。建设成本低廉，相比传统的室分建设方案工程成本节省 40% 左右。

表 5-2　满格宝性能指标

指标名称	具体指标	产品
频段	FA + GSM900 或 D + GSM900	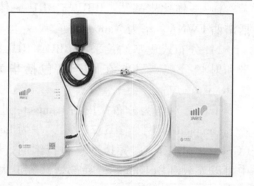
发射功率	FA/D：下行 50mW，上行 10mW（10dBm） GSM900：下行 20mW，上行 20mW（13dBm）	
增益	FA/D：≥65dB，增益误差≤3dB GSM900：≥60dB，增益误差≤3dB	
同步方案	基带解调同步方案（可自动适配施主基站时隙配比），同步灵敏度 RSRP≤ −115dBm	
时延	≤1μs	
供电方式	交流 220V 供电（标配 12V 或 9V 电源适配器）	
体积重量	≤1.3L/1kg	

5）满格宝对现网底部噪声抬升的影响较小。

根据理论分析及实验室测试，当单小区均匀部署 130 台满格宝时，上行底噪抬升 0.8dB；当单小区均匀部署 160 台满格宝时，上行底噪抬升 1dB；LTE 同频组网时底部噪声水平抬升 10dB 左右，与此相比满格宝部署产生的干扰影响可以忽略不计。

3. 满格宝产品使用中存在的问题

（1）施主天线与主体设备距离有一定限制

满格宝需要利用回传天线接收信源小区，通过满格宝主机设备放大信源小区信号，再利用重发天线对放大信号进行发射，从而达到解决覆盖的效果，目前不支持 E 频段。而回传天线与主机设备仍然通过射频线缆进行连接，因此如果该射频线缆距离过长将会导致衰耗过大，无法正常工作。

（2）监控不便，需要大量的 SIM 卡，不便管理

满格宝的监控采用 GSM 调制解调器回传的方案，需要大量 SIM 卡进行回传监控，不便管理，需要考虑与现有直放站监控平台的兼容性或者重新建设监控平台。

4. 部署建议

4G"满格宝"成为快速解决高价值楼宇、业务热点区域和 VIP 投诉区域等弱覆盖问题的创新产品。该技术方案的推广应用将有效解决 LTE 室内弱覆盖问题，显著提升 4G 网络客户感知，保持公司 4G 网络能力的领先优势。

满格宝作为室内覆盖解决手段的补充，由于发射功率和射频线缆长度的限制，覆盖距离仅在 10 ~ 30m 之间，不适用于面积较大的场景，仅适用于面积几十至几百平米的地下室、商铺、营业厅、居民家庭等光纤布放困难的室内弱覆盖场景，不建议大规模作为室内覆盖解决的主要手段。

由于高层建筑信号较为杂乱，而满格宝目前仅支持 F 和 D 频段，因此收到的信号将同时放大，最终导致覆盖区域无主控小区，增大干扰，因此要确保室外天线处 GSM、LTE 有主覆盖小区，信号稳定且电平强于 − 70dBm（LTE 强于 − 90dBm），主覆盖小区接收电平强于其他邻区 6dB 上，且强邻区数量不超过 2 个。

5.3.2 一体化皮基站 ★★★

按照功率划分，单载波发射功率在 100 ~ 250mW 之间的基站统一定义为皮基站产品。根据设备形态，皮基站可以分为一体化皮基站和分布式皮基站。

1）一体化皮基站：BBU 与 RRU 一体化集成，内置或者外接小型化天线。典型产品包括诺西 FWNA、华为 Nanocell 等。

2）分布式皮基站：采用 BBU + RHUB（汇聚设备）+ pRRU（射频拉远）进行组网，即基带和射频分离。目前在网产品包括华为 Lampsite、诺西 Flexi Zone + FWNA/B/C、中兴 Qcell 等。

下面针对华为分布式皮站 Lampsite 进行详细介绍。

Lampsite 组网如图 5-2 所示，华为 Lampsite 皮基站产品采用 BBU + RHUB（LTE）和 DCU（GSM）+ pRRU （射频拉远）进行组网，最大输出功率为 2×125mW。在体院场馆覆盖方案中可以充分利用 LampSite 易部署、容量大、扩容灵活、便于实时监控等特点进行部署。

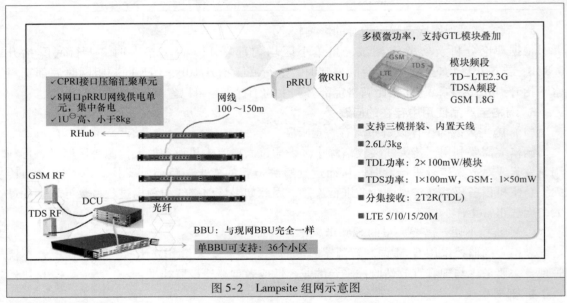

图 5-2　Lampsite 组网示意图

1. 产品优点

1）网络结构简单，易部署，远端可实时监控，便于维护。

皮基站由于网络组网采用光纤或五类线进行连接，无需布放馈线等线缆。另外分布式皮基站远端射频部分支持 POE 供电，组网容易，部署便捷。同时由于网管系统与传统的宏基站使用同一个平台，实现端到端监控，便于维护管理。

2）灵活扩容，不需要进行硬件结构调整，可以利用后台配置分裂小区。

随着用户数上升，业务量不断增长，仅需通过后台增加功能授权（License），利用现有网管系统，通过维护终端对远端射频部分进行小区分类和合并，改变原有的覆盖结构，达到扩容和业务量分流的效果。通过远程软件配置可实现多小区分裂、容量调整，提升工作效率。

⊖　1U = 44.45mm。

3）采用 POE 供电，解决物业协调、供电困难的困扰。

4G 皮基站或者分布式远端射频可通过 POE/POE + 对主设备进行供电，解决了传统室分系统远端 RRU 交流供电的难题。

2. 目前存在的问题

1）设备成本较高。

单个皮基站的价格高于室分分布天线，在楼宇需要部署 pRRU 数量非常少的情况下，设备价格将高于传统室分系统设备价格。由于单个皮基站或分布式皮基站射频模块输出功率为 250mW，覆盖范围在 20 ~ 50m 之间。如果在大规模物业点进行部署，则与传统的室分天线部署数量相当，设备整体价格将会有所增加。总体工程造价需要按照实际情况进行评估，不同场景下皮基站与传统室分成本分析对比情况如表 5-3 所示。

表 5-3　皮基站与传统室分成本分析对比

皮基站覆盖/传统室分覆盖成本对比	体育场馆类	酒店类	商场类	交通枢纽类
	0.89/1.00	1.10/1.00	1.17/1.00	1.22/1.00

2）分布式皮基站小区合并能力各设备厂家表现不一。

目前各厂家设备小区合并能力参差不齐。华为和京信设备已支持小区合并，诺西和中兴分布式基站的小区合并正在测试中。如果小区合并功能不能够实现，则不利于实际覆盖方案设计中的小区划分和干扰控制。

3. 使用建议

1）鉴于投资和覆盖能力的特性，建议针对物业协调困难、传统室分系统施工难度较大的高档办公室和写字楼、大型会展中心、体育场、机场、重要交通枢纽、城市热点等需要有效解决室内深度覆盖不足的区域进行覆盖。

2）由于目前分布式皮基站的小区合并性能以及产品后续演进的能力表现不一，建议对各厂家设备进行性能和产品演进进行统一要求。

5.3.3　微基站或一体化微 RRU　★★★

微基站又称微站，按照功率划分，单载波发射功率在 250mW ~ 10W 之间的基站统一定义为微基站产品，其覆盖能范围在 50 ~ 200m 之间。一般微基站体积、重量较小，但集成了基带模块、射频模块和天线模块，便于安装。按照射频和基带分开的情况，微基站分为一体化的微基站和单独的微 RRU。功能和原理基本与原有传统的 4G 宏基站设备一致。

1. 产品优点

1）设备体积小，易安装，无需占用机房，可以精准定位于高价值区、快速补热补盲。

微基站体积和重量较小，快速安装至灯杆、楼顶等区域，不需要机房，精确定位于热点区域和弱覆盖区域。

2）减少无源器件，远端可实时监控，便于维护。

一体化微基站或微 RRU 集成了射频和天线模块，无需或减少额外增加天线和无源器件数量，实现与现网宏基站统一监控管理，便于后期的维护。

2. 存在问题

微基站目前只支持 D 频段或 F 频段，不支持室分的 E 频段。由于不符合目前室分覆盖频段使用规范，所以可能导致室内覆盖与室外宏基站相互干扰。

3. 使用建议

微基站和微 RRU 使用场景建议在重点居民住宅、多栋高层居民住宅的室外覆盖、热点区域底商、重点道路覆盖等场景，尽量减少在室内覆盖中进行使用。

5.3.4 飞基站 ★★★

飞基站又称毫微微基站、家庭级小基站，按照功率划分，单载波发射功率在 100mW 以下的基站统一定义为飞基站产品，其覆盖能范围在 10～20m 之间，可以同时支持 GSM 和 LTE 网络。目前飞基站的产品形式主要是指 Femto 系统，如表 5-4 所示。

表 5-4 Femto 基站产品说明

站型			发射功率/覆盖半径	单小区用户容量	补充说明
Smallcell	Femto	企业级	~200mW 20～50m	GSM：18 个用户	一体化形态，主要部署于室内，一般用 IP 化专网回传
		家庭级	<100mW 10～20m	4 个用户	一体化形态，主要部署于室内，可用专网或公文回传

1. 组网结构

如图 5-3 所示，Femto 系统包括 Femto AP、回传、网关、鉴权系统、网管系统等五部分组成。Femto 作为小基站的一种类型，工作于授权频段的低功率无线接入产品，可以通过宽带网络接入移动核心网，并向移动终端提供语音和数据业务。

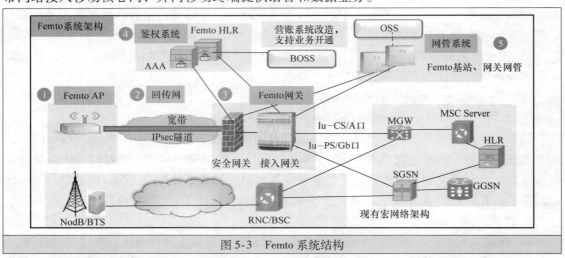

图 5-3　Femto 系统结构

2. 产品优点

1）宽带接入：Femto 采用扁平化的基站架构，数据传输基于 IP，通过 DSL 等宽带手段接入移动运营商的网络。

2）用户安装：支持即插即用，调测方便。

3）低成本：结构设计简单，与传统基站相比，价格低廉。

3. 存在的问题和风险

1）干扰问题：由于 Femto 使用频段与宏蜂窝、微蜂窝以及微微蜂窝之间存在干扰，以及邻近 Femto 基站彼此之间的干扰。在目前频率资源条件下，推荐采用异频组网方式，减少与宏网间的干扰，同时尽量精细化控制 Femto 覆盖区域，减少重叠覆盖。

2）CSFB 问题：由于 Femto 的特殊性，需要为 Femto 规划专用的 LAC，同时需要将 Femto 网关接入 MSC Pool，与 LTE 网络的 MME 进行 SGs 接口对接。实现 CSFB 功能需要核心网与无线侧协商配合，如果配置不当，则存在 CSFB 业务失败的风险。

3）回传问题：随着 Femto 基站大规模推广应用，不可避免使用其他运营商的宽带（ADSL 或光纤）作为回传方案。如果流量过大，可能存在一定风险，其他运营商回传路由不受控制，造成回传时延不能保证、丢包、端口被封堵等问题。可通过自建宽带（GPON）、PTN、第三方路由服务器（租用互联网专线）方案来改善。

4）需要重新搭建一套网关和网管系统：Femto 作为一套独立的系统，不同于 GSM 原有的 BSC 和 BTS 设备，需要重新建设和对接，且网管系统与主设备厂家的协议和标准不一致，也需要重新建设，且后期维护主体没有明确的划分。

5.4　分场景使用建议

皮、微、飞基站具备体积小、易安装，利用 IP 网络回传，精准覆盖到用户。鉴于投资和覆盖能力的特性，根据不同场景特征，采用不同新型小基站覆盖方案。分场景使用建议和案例如下所述。

5.4.1　宾馆酒店 ★★★

1. 场景特征

如图 5-4 所示，宾馆酒店场景由地下车库、餐厅、会议室及商务会所、客房及电梯组成。根据级别划分宾馆酒店可以分为高档酒店（五星级、四星级）和一般酒店（三星级及以下），鉴于目前酒店业情况，两种级别的酒店均具有总体业务量大、中高端用户多、业务需求多样化、对于容量和切换的要求高等特点。因此，宾馆酒店高价值场景需要进行均匀高质量网络覆盖，但由于建筑低层外墙多为玻璃材质，在保证覆盖的同时需注意信号外泄。从区域上看，客房、餐厅和会议室容量需求占站点总体需求 90% 以上。

图 5-4　宾馆酒店场景

（1）地下车库

该区域一般较空旷，区域顶部消防管道及排风管道较多，一般无天花板吊顶类遮挡物，目标覆盖区域较封闭，干扰较小。该区域活动的用户一般以语音类为主，容量需求不大，同时在该区域的用户驱车行为居多，停留时间较短。

（2）餐厅、会议室及商务会所

该区域空间多为开阔型，面积不等，外墙类型多为钢筋混凝土结构，厚度为 25～30cm，对信号阻挡较为严重。该区域内用户业务需求多样化，容量需求大，用户较为集中，总体流动性大。

（3）客房

该区域多为钢筋混凝土结构，外墙类型多为钢筋混凝土结构，厚度为25～30cm，对信号阻挡较为严重。该区域内用户业务需求多样化，容量需求大，用户较为集中，总体流动性较小。

（4）电梯

该区域呈柱体形状，负责运送出入宾馆的人流，电梯厢体为金属材质，出入电梯信号衰减大，需重点关注电梯内外信号平稳过渡。

2. 新型室内覆盖解决方案

宾馆酒店场景对覆盖和容量要求高，对用户体验要求高，针对这种特殊的场景，采用的新型室内覆盖解决方案如下所述。

（1）采用传统室分系统与一体化飞基站或皮基站或者与满格宝相结合的方案

首先通过传统的室分系统对地下车库、餐厅、会议室、客房或商务会所以及电梯进行基本覆盖，保证该部分区域和公共区域覆盖率达到80%以上；针对高档客房（如豪华套房部分）由于建筑隔断较多，房间深度较深，房间内部无法满足覆盖要求，建议采用一体化飞基站或皮基站；如果弱覆盖区域较少，可以考虑在单个房间内布放满格宝进行点状区域补盲覆盖。

（2）分布式皮基站解决

如果物业点覆盖采用传统的室内分布系统建设较为困难，而且难以实现MIMO，建议采用分布式皮基站方案，同时考虑后续容量扩容和进行端到端的监控。

分布式皮基站的设计要点建议如下：

1）容量共享：根据不同功能区话务发生时间差异来规划容量和小区，提高资源利用率。

2）切换设计：合理设置室内与室外切换带区域，降低切换掉线次数。

3）外泄控制：严格控制信号外泄，避免室内外信号相互干扰。

4）重要场所保障：利用皮基站和飞基站精准热点盲点覆盖的特性，保证会议室等VIP区域的覆盖容量需求。

3. 典型案例

（1）技术方案

洛阳洛宁金沙大酒店位于洛宁县京宁路与福宁大道交叉口，占地面积近3000m²，洛宁金沙大酒店地上13层，地下1层。本次覆盖区域为伊川洛阳洛宁金沙大酒店，建筑面积约15120m²。根据该酒店场景特征，考虑采用华为分布式皮基站Lampsite覆盖方案，新增BBU1台，安装在宏基站机房，新增RHUB共7台，分别安装在各层电井，新增pRRU共43台，主要采用吊顶安装，具体设备配置方案如表5-5所示。

表5-5 设备配置方案

设备	型号	数量	安装位置
配套硬件平台	DBS3910	1	移动宏基站机房
RHUB 型号	RHUB3908	7	分别安装弱电井
pRRU 型号	pRRU3902	43	吊顶安装：B1～13F 每层走廊
DCU 型号	DCU3900	1	移动宏基站机房

（2）实施效果

金沙大酒店原来无 4G 覆盖，方案实施后，性能指标提升明显，如图 5-5 所示。

- RSRP 覆盖率：平均 RSRP 覆盖率由无 4G 覆盖提升至 100%。
- 平均 SINR：平均 SINR 由 5.22dB 提升至 27.85dB。
- 下载速率：下载速率由 7.3Mbit/s 提升至 55.49Mbit/s。
- 上传速率：上传速率由 0.01Mbit/s 提升至 4.68Mbit/s。
- 日均 4G 流量从 7.5GB 增长到 13.4GB，增长 78.67%。

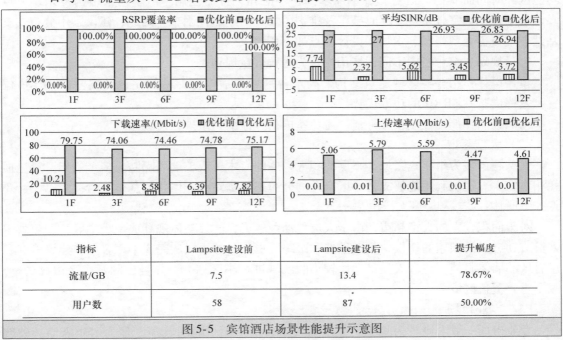

指标	Lampsite建设前	Lampsite建设后	提升幅度
流量/GB	7.5	13.4	78.67%
用户数	58	87	50.00%

图 5-5　宾馆酒店场景性能提升示意图

5.4.2　商场超市 ★★★

1. 场景特征

商场超市楼宇结构通常为扁平化，或者为综合性大厦的低层部分。一般以钢筋混凝土的框架结构为主，单层面积大，由于墙体、超市货架等障碍物的阻挡，大部分区域信号衰减严重。但固定工作人员以及客流量非常大，话务量需求大。根据商业类建筑场景的具体特点，商场超市一般可分为大型商场、卖场、大型超市和专业市场，如图 5-6 所示。不同场景中同楼层损耗存在差异。

图 5-6　商场超市场景

1）大型商场、卖场：整体建筑群由多栋楼宇连在一起组成，同层内建筑隔断较少，内部空间较空旷，对信号损耗相对较小。

2）大型超市：同层内建筑隔断较少，但由于货架摆放密度较高，对信号损耗相对较大。

3）专业市场：同层内建筑隔断较多，小面积商铺分布密集，对信号损耗严重。

2. 新型室内覆盖解决方案

（1）大型商场、卖场

该场景平层面积大、室内较为空旷，人流量大，功能区多，高端用户密集，流量高峰随功能区和时间而变化。覆盖和容量需求高，外泄和干扰需控制。由于场景结构复杂，节点多，采用传统的室分系统方案时施工及维护困难，后期监控困难。因此，建议采用分布式皮基站方案覆盖大型商场、卖场，设计要点如下所述。

容量规划：综合考虑不同区域用户行为进行容量规划。

覆盖设计：结合各区域建筑结构，确定各区域传播模型，精细化设计皮基站 pRRU 位置，发挥皮基站 pRRU 的功率优势。

外泄控制：严格控制信号外泄，避免室内信号泄漏到室外，造成干扰。

（2）大型超市

大型超市多为封闭式区域，平层面积大，中间有木板或玻璃墙隔断成多个货架，穿透损耗相对较大。建议利用能够支持小区合并的分布式皮基站或一体化皮基站进行覆盖。设计要点如下所述：

对于面积较大的大型超市，由于人员移动性较大，建议整体规划成一个小区，避免由于人员流动造成的频繁的切换、小区重选和跟踪区更新。如果无法完成小区合并，建议能够利用有效的墙体阻挡，或者人员移动性较小的区域进行小区划分，并且控制好小区边缘功率，减小重叠覆盖区域。

（3）专业市场

专业市场一般人流较为集中，楼层数较多，且平层小隔间较多，多为木质隔墙，玻璃门，损耗相对较小，公共区域一般为柜台形式出现，较为空旷，平层一般有吊顶。因此建议使用分布式皮基站分层分区覆盖解决。平层终端布放点位在距离隔断较近的公共区域，且使用全向天线覆盖。设计要点如下所述：

1）容量规划：综合考虑不同区域用户行为进行容量规划。

2）覆盖设计：结合各区域建筑结构，确定各区域传播模型精细化设计分布式皮基站 pRRU 位置，发挥分布式皮基站 pRRU 的功率优势。

3. 典型案例

（1）技术方案

如图 5-7 所示，开封市开封县天地手机卖场是一家大型手机卖场超市，面积约 500m^2 以上，日人流量约 1000 人左右。周边有 3 个宏基站，但在卖场内部是 4G 弱覆盖区域。因此采用诺西飞基站覆盖解决方案，增加 FWNA 设备两台，利用两个 TD–LTE 小区进行覆盖解决。

诺西 FWNA 设备采用 BBU、RRU、天线高度集成一体化设计，体积小于 3L，采用 220V 交流电供电，最大输出功率 250mW/载波，采用 2×2MIMO 天线配置，最大支持用户数 400 个。

图 5-7　手机卖场内景图

（2）测试效果

飞基站开通之后，手机卖场内部的覆盖率由原来 5.85% 提升至 100%，下载速率由原来的平均 8.27Mbit/s 提升至 66.58Mbit/s，SINR 值也较之前明显提升，如图 5-8 所示。

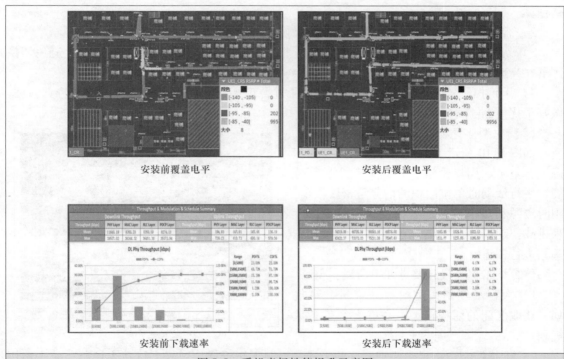

图 5-8　手机卖场性能提升示意图

5.4.3　大型场馆★★★

1. 场景特征

大型场馆建筑一般建筑面积较大，一般超过几万平方米，主要包括体育场馆和会展中心。其中体育场的规模可达 2~6 万个坐席，包含比赛场、训练场、休息室、媒体室、办公室等区域，而会展中心包括展厅、停车场、洽谈室、综合服务室、酒店等区域，一般大型场馆都是以综合体的方式，内容通道房间格局都比较复杂。

2. 新型室内覆盖解决方案

（1）大型会展中心

会展中心一般采用钢架结构，室内空旷无遮挡，功能区多，如图5-9所示。业务类型丰富，容量需求大，突发性强。单层面积巨大，长距离布放馈线，损耗大、成本高，传统室内分布系统覆盖扩容困难。因此，建议使用一体化小基站和一体化皮基站或者分布式皮基站协同综合覆盖。

图5-9 会展中心场景示意图

会展中心覆盖设计要点如下所述：

1）业务模型选择：针对展会活动规模，选择合适的话务模型进行容量链路预算。

2）容量规划：利用小功率小区优势，做好区域容量规划。

3）切换控制：结合各功能区容量需求，根据人流特性，规划小区和切换区，避免切换区落在高速数据业务区。

4）干扰控制：展厅需要多个小区时，通过合理天线布放和天线选型，结合仿真验证，做好干扰控制。

（2）大型体育场

如图5-10所示，大型体育场馆具有面积巨大、空旷、用户密集、业务突发性强等特征，举行活动时单位面积的话务量密度激增，闲时资源利用率较低，对覆盖和容量设计带来挑战。建议使用一体化小基站或分布式皮基站进行覆盖。

体育场馆覆盖设计要点如下所述：

1）大容量规划：室内室外容量共享规划，获取匹配的话务模型，做好大容量参数规划。

图5-10 体育场馆场景示意图

2）干扰控制：选择旁瓣抑制好的天线，控制下行干扰。做好上行功率控制，减少多用户上行干扰。

3）VIP保障：构建精准建筑模型，结合不同天线类型，做好仿真预测，采用小功率RRU覆盖VIP区域，确保用户体验。

4）切换区设置：切换区域避免设在高话务量区（如：观众席），场馆出入口切换区考虑与室外广场共小区。

3. 典型案例

（1）场景分析

洛阳新区体育场位于洛阳新区体育中心中部，可容纳4.5万名观众，已连续承办陈奕迅演唱会、中国国奥队足球赛、周杰伦演唱会等多场大型活动。活动期间，用户需求集中爆发，对网络容量形成巨大考验。体育场覆盖保障呈现如下特征：

1）容纳人数多，容量需求大。

2）空间开阔，干扰控制难。

3）用户分布密集，单位面积业务需求高。

4）业务模型特殊，上行业务量大。

（2）方案介绍

大型体育场馆一般采用分布式皮基站 Lampsite 进行覆盖。

（3）实施效果

如图 5-11 所示，从周杰伦演唱会当天话务统计可以看出，LTE 用户数增加超过 50 倍，LTE 用户数达到 1.6 万人，最忙时数据业务流量超过 100GB，LTE 网络整体指标保持稳定。

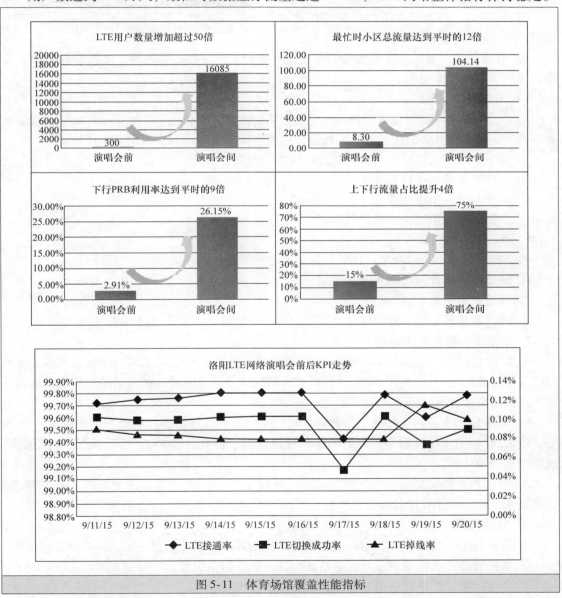

图 5-11　体育场馆覆盖性能指标

5.4.4 高档写字楼和办公楼 ★★★

1. 场景特征

如图 5-12 所示，写字楼是重要的室内场景之一，在城市中具有重要地位，是室分系统的高话务区之一。写字楼建筑物呈现以下特征：

图 5-12 写字楼场景示意图

1）面积大：写字楼一般建筑面积较大，标准楼层平面面积 1500～2000m²。

2）楼层高：其建筑为了提高整体容量，楼层一般均较高，约在 15 层以上。

3）装饰复杂：建筑顶部有天花板，多为木质和金属材料；有电梯，电梯轿厢装饰较豪华；外墙装饰为玻璃材质。

4）功能区特点突出。

写字楼站点总体功能分区明显，由低层到高层依次大致可分为：地下车库区、裙楼综合商场购物区和塔楼办公区三部分，内部进出人流主要由电梯承载。典型功能区特点：

① 地下车库出入口多，出入口较长，且多存在拐弯结构。

② 电梯数量多、运行速度快。

③ 裙楼部分人员流动性大。

④ 办公区部分楼层高，视野较好。

5）周边环境复杂。

写字楼室分站点周边环境总体较复杂，具体特点如下：

① 地处繁华地带，周围人流大。

② 靠近主要交通干道。

③ 周边宏基站密集，高层部分受周围宏基站干扰较大，无线电磁环境复杂。

2. 新型室内覆盖解决方案

由于定位高端，且内部结构相对复杂，所以在写字楼站点需要采用精细覆盖方案。考虑到建筑本身装饰结构的特点，该类型站点容易形成室分信号泄漏，在满足站点覆盖需求的基础上，控制信号泄漏，保证全网质量。

1）写字楼站点总体采用独立信源的传统的室分系统总体覆盖，天线布放思路为"小功率、多天线"。对于深度覆盖不足的场景，可以通过一体化皮基站、飞基站进行补点解决，但要控制信号外泄。

2）针对物业协调困难，施工难的站点，建议采用一体化小基站或分布式皮基站覆盖，合理划分小区，保证容量和覆盖。

写字楼覆盖设计要点：

① 容量共享：根据不同功能区话务发生时间差异来规划容量和小区，提高资源利用率。

② 切换设计：低楼层与室外宏基站共小区，降低切换次数。

③ 外泄控制：严格控制信号外泄，避免室内外相互干扰。

④ 重要场所保障：利用 pRRU 小功率覆盖特性，保证会议室等 VIP 区域的覆盖容量

需求。

⑤ 小区划分：根据不同功能区业务量大小，合理划分小区，重点关注平层小区划分、垂直小区分层。

3. 典型案例 1

（1）技术方案

河南三建公司办公楼中 1 号楼共 9 层，2 号楼共 11 层，另有负一层为地下车库，采用传统的室内分布系统覆盖方案存在着施工难度较大，无 2/4G 室分覆盖的问题。因此，在办公楼内部采用华为 Lampsite 分布式皮基站进行 2/4G 协同覆盖。

（2）试点效果

如图 5-13 所示，系统开通之后，LTE 网络平均 RSRP 由 −102.75dBm 提升至 −67.16dBm，平均 SINR 由 4.4dB 提升至 28.38dB，平均下载速率由 2.32Mbit/s 提升至 71.97Mbit/s。GSM 网络在地下停车场从开通前无覆盖到开通后电平平均值大于 −70dBm，办公楼层电平大于 −80dBm 的比例由 76.78% 提升至 98.98%。

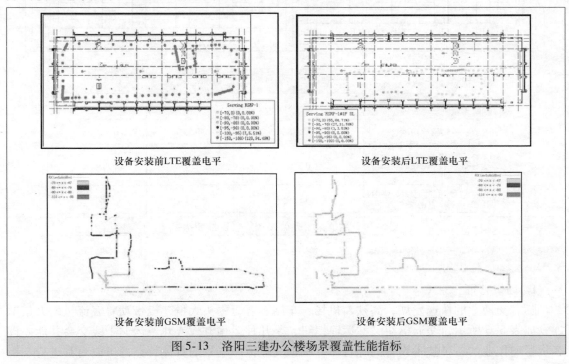

设备安装前LTE覆盖电平　　　　　设备安装后LTE覆盖电平

设备安装前GSM覆盖电平　　　　　设备安装后GSM覆盖电平

图 5-13　洛阳三建办公楼场景覆盖性能指标

4. 典型案例 2

（1）场景分析

湖滨大厦办公大楼位于某市中心商务区迎宾大道与中心大道交汇处，湖滨大厦 A 座共计 26 层，1～26 层均为办公区域，总建筑面积约为 400000m²。

（2）方案介绍

采用 Lampsite 覆盖方案，新增 BBU 两台，安装在迎宾大道与中心大道西南角，新增 RHUB 共 32 台，分别安装在各层电井。共新增 pRRU 114 台，主要采用吊顶安装，目的是提升 4G 网络覆盖质量和流量。

（3）实施效果

湖滨大厦内原来无4G覆盖，方案实施后指标提升明显，4G达100%覆盖，平均SINR为26.30，下载速率达83.74Mbit/s，上传速率达8.80Mbit/s，日均4G流量从13.19GB增长到19.36GB，增长超过46%，如图5-14所示。

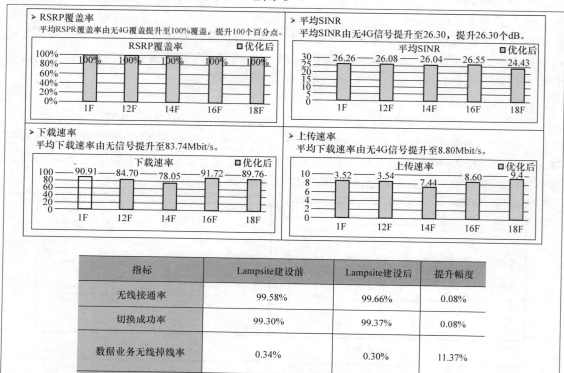

指标	Lampsite建设前	Lampsite建设后	提升幅度
无线接通率	99.58%	99.66%	0.08%
切换成功率	99.30%	99.37%	0.08%
数据业务无线掉线率	0.34%	0.30%	11.37%
上下行总数据流量(24小时)/GB	13.19	19.36	46.77%

图5-14　湖滨大厦办公楼场景覆盖性能指标

5.4.5　交通枢纽★★★

1. 场景特征

随着交通业的快速发展，高铁、机场、车站、客运码头大量建设带动着客流量的大量增加。如表5-6所示，交通枢纽又称运输枢纽，是几种运输方式或几条运输干线交会并能办理客货运输作业的各种技术设备的综合体。根据交通枢纽场景的具体特点，可以对其进行二级分类。

表5-6　交通枢纽分类

场景类别	二级分类编号	二级分类名称
交通枢纽	1	客运（汽车站、火车站、码头）
	2	货运（汽车站、火车站、码头）
	3	机场
	4	公交总站
	5	地铁

交通枢纽的覆盖场景一般表现为建筑环境空旷，人员流动性强，节假日存在业务突发性、超大容量需求，物业协调困难等特征。一般火车站、机场和地铁等多以多运营商共建共享，利用 POI 进行合路建设，不易监控和维护，如图 5-15 所示。

图 5-15　交通枢纽场景示意图

2. 新型室内覆盖解决方案

针对新建交通枢纽站点建议使用一体化皮基站或者分布式皮基站进行覆盖。对于公交总站和汽车站等区域，建议使用传统的室分系统作为主要覆盖形式，辅助采用一体化皮基站或飞基站进行盲点补充。但对于物业协调困难、施工难度大的站点，建议利用具备小区合并的一体化皮基站或分布式皮基站进行覆盖。

设计要点如下：

1）采用宏基站、室分系统、皮基站、微基站等多种方案相结合的手段进行全方位分层覆盖。

2）利用灯杆、广告箱、墙体等位置安装微、皮、飞基站完成局部区域覆盖。

3）室内天花板、通风口、墙体等位置安装分布式皮基站覆盖。

4）根据人员流动性和节假日业务需求规划容量，预留足够的扩容空间。

5）根据人员流动方向规划小区，减少切换。

6）宏、微基站协同，站前广场用宏基站 RRU 覆盖，与室内微基站共小区。

7）火车站、机场等场景，候车室和候机厅覆盖要合理规划小区，控制重叠覆盖区域，避免造成干扰。

3. 典型案例

（1）场景分析

郑州东站位于郑东新区，是亚洲最大的高铁站之一，全国唯一的一座高铁"米"字形枢纽，日均发送旅客 2 万多人，每天过往人流近 10 万人；郑州东站分为地上三层，从上至下分别是高架层、站台层、地面层，如图 5-16 所示。

图 5-16　郑州东站场景示意图

（2）方案介绍

针对郑州东站的站台、候车厅、售票厅、商业区等多种复杂场景，用户多流量大，节假日大话务量问题严重，通过在平层布放 11 套 Lampsite 系统，开通 58 个小区，解决室内覆盖和容量的问题。

（3）实施效果

Lampsite 开通后，郑州东站的 LTE 网络覆盖及下载速率明显改善。用户感知良好，区域的平均 RSRP 由 −108.31dBm 提升至 −68.23dBm；平均 SINR 由 3.1dB 提升至 27.45dB；平均下载速率由 2.21Mbit/s 提升至 72.39Mbit/s。该区域开通前日均流量 10.08GB，开通后日均 119.4GB，流量增长 12 倍。车站 1 楼全面开通后，覆盖提升 58%，SINR 提升 74%。车站 3 楼候车大厅全面开通后，覆盖提升 82%，SINR 提升 50%。

5.4.6　居民住宅★★★

1. 场景特征

居民住宅楼宇结构和小区布局整齐，可分为多层住宅、高层住宅、混合型住宅等。居民住宅总体业务量大，中、高端用户居多，业务需求多样化，对于容量和通信质量的要求高，业务量高峰集中在晚上。建筑对信号衰减严重，尤其低层信号较差。电梯、地下停车场大多为覆盖盲区。具体特点描述如下：

1）多层楼宇为主的大型小区：楼宇密集，低层信号差，电梯、地下室为盲区，人流量一般集中在晚上，对语音和数据业务需求均较大。

2）高层楼宇为主的大型小区：高层通话质量差，频繁切换，无主覆盖，电梯、地下室为盲区；人流量一般集中在晚上，语音和数据业务需求均较大。

3）混合型大型小区：小区内有高层楼宇也有多层楼宇，高层通话质量差，电梯、地下室为盲区，手机持有率高，语音和数据业务需求均较大。

4）独栋高层：一般位于主干道旁，层高在 30 层左右，底层为商铺等营业场所，高层为住宅。通常底层存在弱覆盖，高层频繁切换导致通话质量差；电梯、地下室为盲区，用户流动性大，人流量白天、晚上均较高，语音和数据业务需求均较大。

2. 新型室内覆盖解决方案

在居民住宅场景覆盖设计中，主要考虑覆盖、容量、切换、泄漏等因素，高层部分的室外信号入侵形成的导频污染也需严格控制。由于整体小区面积较大，不适宜利用小基站进行覆盖。因此，建议对于可以进行物业协调、施工较为方便的站点，仍然采用传统的室分系统进行覆盖。地下室、电梯、车库等局部弱覆盖区域可以采用类似于满格宝的设备进行补充覆盖。对于建设较为困难、不易施工的站点，可按照不同场景采用多种方案进行组合覆盖，具体方案描述如下：

（1）多层楼宇为主的大型小区

小区内楼房密集，布局基本整齐，一般楼高 6~8 层。绿化面积大，楼房之间间隔大约 20m，建筑对信号衰减严重，尤其低层信号较差，电梯、地下停车场为盲区，小区内用户较多。建议采用可以小区合并的定向天线一体化小基站或者一体化 RRU 楼间对打方式进行深度覆盖。

（2）高层楼宇为主的大型小区

高层小区楼宇排列整齐，高度都在 20 层以上。高层通话质量差，网络接入性能差，切换频繁，整体信号较差，停车场和电梯为盲区。手机持有率高，高端用户很多，对通信质量要求较高。建议采用可以定向覆盖一体化小基站或者一体化 RRU 楼间对打方式覆盖，同时根据楼宇内业务量、周边小区覆盖情况，合理对高、中、低楼宇进行小区垂直或水平分层覆盖。也可以采用一体化小基站或一体化 RRU 外接大张角天线分层覆盖，楼宇内部采用定向或全向皮基站进行覆盖，需要重点关注小区的分层方案。

　　（3）混合型大型小区

　　小区内有高层楼宇也有多层楼宇，高层通话质量差，网络接入性能差，整体信号较差，停车场、电梯为盲区。手机持有率高，高端用户很多。建议采用可以定向一体化小基站或者一体化 RRU 楼间对打方式覆盖，也可以采用高层楼宇中部向多层楼宇进行室外对打的方式覆盖。对于临路的高层楼宇建议利用一体化皮基站进行覆盖，重点关注信号外泄和小区的合理分层。对于部分室内弱覆盖区域，可利用一体化飞基站或满格宝依据投诉情况进行覆盖解决。

3. 典型案例

　　（1）技术方案

　　开封龙城香榭里位于集英街汉兴路交汇处西北角，建筑面积为 20 万平方米。由于结构复杂，穿透损耗大，分布系统也很难完成室内覆盖，小区内部区域信号覆盖弱，用户感知很差，用户数较大，因此采用 5 台诺基亚一体化小基站 FWHE 解决覆盖问题。

　　（2）测试效果

　　覆盖之前平均 RSRP 值为 - 100dBm，覆盖之后 RSRP 值提升到 - 91.34dBm。覆盖之前平均下载速率为 6.7Mbit/s，覆盖之后下载速率提升到 33.21Mbit/s，速率提升明显。

5.4.7　热点区域底商 ★★★

1. 场景特征

　　热点区域的底商一般人流较为密集，以步行街、商业街、大型室外批发市场居多，业务量较大，楼宇比较密集，损耗较大，特别是底层商户内部，容易产生弱覆盖区域，如图 5-17 所示。

2. 新型室内覆盖解决方案

　　热点区域楼宇结构较为密集，且物业协调较为困难，施工难度较大，不易利用传统的室分系统解决覆盖问题。因此建议利用一体化小基站或一体化 RRU 进行楼间对打，或者利用灯杆等采用定向天线向底层商户对打解决覆盖问题。

图 5-17　底商场景示意图

3. 典型案例

　　（1）技术方案

河南周口备战路营业厅位于商水备战路中段，周围是超市和广场。由于物业协调困难，无法进行室外宏基站建设。因此采用一体化RRU进行拉远覆盖，主要采用上海贝尔小基站MRO设备。小基站安装在墙壁的挂杆上，天线正对底层商户。MRO站点安装位置位于底层商户对面，且街道两旁是超市和广场。相对来说人口密度较大，潮汐效应明显，高峰时段容量压力大。周围建筑排列较规则，大多在5层左右；覆盖要求高，非忙时容量压力相对较小。由于人员流动性较大，所以对于语音、数据等不同业务需求量均较大。

（2）测试效果

测试点选择MRO覆盖下的极好点（RSRP = −61dBm，SINR = 29dB）位置，下行峰值吞吐量达到88.5Mbit/s，平均吞吐量72.5Mbit/s。上行峰值吞吐量达到9.5Mbit/s，平均吞吐量8.4 Mbit/s。

5.5　本章小结

本章根据新型室内覆盖产品的特性，结合目标覆盖区域场景特征，采用差异化新型室内覆盖解决方案，从根本上解决深度覆盖的难点和痛点。新型室内覆盖解决方案的具体使用场景和建议如表5-7所示。

表5-7　新型室内覆盖解决方案的具体使用场景和建议

场景类型	覆盖解决方案
宾馆酒店	• 传统室分系统、一体化飞基站、皮基站或者满格宝综合覆盖 • 针对物业协调困难、施工难的站点，建议采用分布式皮基站解决
商场超市	• 大型商场、卖场：采用分布式皮基站解决 • 大型超市：支持小区合并的分布式皮基站或一体化皮基站进行覆盖 • 专业市场：分布式皮基站分层分区覆盖解决。平层终端布放点位在距离隔断较近的公共区域，且使用全向天线覆盖
大型场馆	• 大型会展中心：一体化小基站与一体化皮基站或者分布式皮基站协同覆盖 • 大型体育场：建议使用一体化小基站或分布式皮基站覆盖
高档写字楼重要办公区域	• 写字楼站点总体采用全楼覆盖，传统室分系统与一体化皮基站、飞基站或满格宝进行补点解决 • 针对物业协调困难、施工难的站点，建议采用一体化小基站或分布式皮基站覆盖，合理对划分小区，保证容量和覆盖
交通枢纽	• 火车站、机场和地铁：多以多运营商共建共享，利用POI进行合路，不易监控和维护，因此建议新建站点建议使用一体化皮基站或者分布式皮基站进行覆盖 • 公交总站和汽车站：对于物业协调容易的站点，建议使用传统室分系统作为主要覆盖，一体化皮基站或飞基站进行盲点补充
居民小区	• 多层楼宇为主的大型小区：小区合并的定向一体化小基站或者一体化RRU楼间对打或路灯覆盖 • 高层楼宇为主的大型小区：建议采用可以定向一体化小基站或者一体化RRU楼间对打，或者一体化小基站或一体化RRU外接大张角射灯天线进行分层覆盖 • 混合型大型小区：建议采用可以定向一体化小基站或者一体化RRU楼间对打，对于临路的高层楼宇建议利用一体化皮基站进行覆盖，对于部分室内弱覆盖区域，可利用一体化飞基站或满格宝依据投诉情况进行覆盖解决
热点区域底商	• 利用一体化小基站或一体化RRU进行楼间对打，或者利用灯杆等采用定向天线向底层商户对打进行解决

参 考 文 献

［1］中国移动通信有限公司网络部 . 中国移动 LTE 室内深度覆盖质量提升指导意见 . 2016.

［2］中国移动通信集团河南分公司 . 中国移动河南公司新型室内覆盖解决方案指导意见 . 2015.

［3］中国移动研究院无线技术研究所 . TD－LTE 站型培训 . 2015.

第6章 »
LTE广覆盖增强技术

6.1 背　景

随着 LTE 网络的大规模商用，运营商 LTE 网络已经在城市、县城、乡镇、农村等区域全面展开网络建设部署。由于 LTE 系统大多采用 D 频段、F 频段和 E 频段进行覆盖，传播损耗和穿透损耗较大。在实际网络部署中，为了节约成本，往往采用与原有 2G 基站共站址的方式建设。由于 2G 采用 800MHz 和 900MHz 低频段组网，与 LTE 相比，两者的有效覆盖范围存在明显差异，无法实现 4G 无线网络覆盖的连续性。

考虑到农村等广覆盖地理特征，由于地广人稀，地形环境复杂多样，网络容量需求较低，广覆盖是首先需要解决的问题。如果采用传统建设方式，势必造成建设成本偏高，运营收入低。因此，针对农村等地域广阔场景的特殊需求，如何利用广覆盖增强技术提升广域场景覆盖能力是 LTE 网络建设的关键任务之一。

LTE 广覆盖增强技术包括软件和硬件方面。针对广覆盖场景的特殊需求，一方面需要定量分析现有 LTE 无线系统在广域场景的网络覆盖能力，另一方面需要提出增强发射功率软件功能和 16T16R、高增益天线、高增益 CPE 等硬件功能的创新解决方案，实现 LTE 网络快速高效覆盖，为 LTE 广覆盖规划提供参考指导。

6.2　LTE 广覆盖能力分析

目前 LTE 系统频段重点分布在 2.6GHz 附近，网络规划主要采用 COST 231 – Hata 传播模型：

$$L_b = 46.3 + 33.9 \lg f - 13.82 \lg h_b - a(h_m) + (44.9 - 6.55 \lg h_b) \lg d + C_m$$

式中，L_b 为城市市区的基本传播损耗中值（dB）；d 为传播距离（km）；f 为中心频率（MHz）；h_b 为基站天线有效高度（m）；h_m 为移动台天线有效高度（m）；$a(h_m)$ 为移动台天线高度修正因子。

由于广大农村区域信号传播环境相对较好，底部噪声偏低，区域内建筑物相对较少，在充分考虑阴影衰落余量需求情况下，将在考虑农村无线网络边缘覆盖标准按照 RSRP 等于 -108dBm 的指标进行设定。LTE 农村场景的最大覆盖距离预算结果如表 6-1 所示。

表6-1　LTE 农村场景最大覆盖距离

覆盖区域类型 /km	上行 128kbit/s 下行 1024kbit/s	上行 256kbit/s 下行 1024kbit/s	上行 256kbit/s 下行 2048kbit/s	RSRP 大于 −108dBm
平原	3.05	2.63	2.63	2.6
丘陵	2.65	2.29	2.29	2.3
山区	2.46	2.12	2.12	2.1

依据现有无线网络基站分布情况，现有农村 GSM 网络基站覆盖半径已经超过 3km。在 LTE 基站规划中，如果考虑全部利用现有 GSM 农村基站站址和配套进行建设，那么在大量农村区域将无法实现连续覆盖。为了保证农村区域网络覆盖建设，LTE 网络必须采用广覆盖技术提升基站覆盖能力。

根据 COST 231 − Hata 传播模型关键因子，提升 LTE 覆盖能力的方式主要围绕如下手段开展：

1）提升天线挂高。

2）提升基站发射功率。

3）降低干扰。

4）提升接收机接收灵敏度。

5）提高天线增益。

针对 TD − LTE 而言，按照 TDD 帧结构及信道配置，合理地调整特殊时隙配比，调整控制信道和业务信道功率，可以有效提升系统覆盖能力。

下面针对提升 LTE 系统覆盖能力的几种技术手段进行覆盖效果的分析。

6.3　LTE 广覆盖增强技术手段

6.3.1　增强基站发射功率 ★★★

采用高功率 RRU 的目的在于提升导频功率及整体发射功率增强，提升下行功率，增大下行覆盖半径。

1. 导频功率增强

CRS 是 LTE 小区的公共参考信道，主要用于下行信道估计、调度下行资源和切换测量等，CRS 是下行信道解调的基础。如图 6-1 和表 6-2 所示，CRS Power Boosting 软特性功能通过借用业务信道及空 RE 功率，达到增加下行链路信道解调性能、提升 LTE 覆盖范围的目的。导频功率增强理论增益可达 20% 左右，但业务信道传输速率可能较低。开启导频功率提升软特性之后，P_a/P_b 配置由（−3，1）设为（−6，3），导频功率提升 3dB，最大允许路径

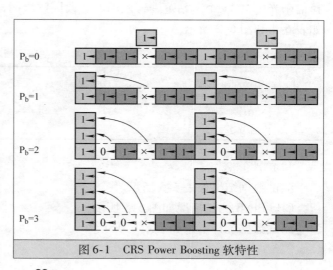

图 6-1　CRS Power Boosting 软特性

损耗可增加3dB（单小区），下行小区覆盖半径可提高20%。

表6-2　导频功率提升软特性参数修改

	CRS功率 /dBm	Pa/Pb	A类数据符号 功率/dBm	B类数据符号 功率/dBm
修改前	15.2	-3，1	12.2	12.2
修改后	18.2	-6，3	12.2	9.2

2. RRU发射功率增强

RRU发射功率情况见表6-3。

表6-3　RRU发射功率情况表

	华为RRU	中兴RRU	
RRU型号	RRU 3168e - fa	R8978 M1920/ R8968E M1920	
频段	F + A	F + A	
最大输出功率	8×22W （可采用8×10W）	8×20W （可采用8×10W）	

如表6-3所示，华为、中兴公司高功率RRU产品理论增益可以达到20%。与8×5w的RRU相比，采用8×10W RRU发射功率可提升3dB，最大允许路径损耗增加3dB（单小区），下行覆盖半径提高20%。当RRU采用高达8×20w功率时，可以支持更高的公共参考信号（CRS）发射功率。在CRS功率提升到18.2dBm的基础上，再增加3dB或更高。

3. 测试分析

通过外场测试，分析提升导频功率及整体发射功率对室外覆盖的增强效果。测试范围选择信阳光山县11个基站范围，采用F频段同频组网，平均站高在40m左右。具体组网信息如表6-4和图6-2所示。

表6-4　测试范围情况表

频段	时隙配比	基站数	站间距 /m	测试里 程/km	平均站 高/m	电下倾角 /(°)	机械下 倾角/(°)	CRS功率 /dBm
F同频	3:1/ 3:9:2	11	3970	90	40	6	-4	18.2（-6/3） 18.2（-3/1）

（1）性能测试

测试数据结果如表6-5所示。

CRS SINR测试情况如图6-3所示。

测试数据统计结果如表6-6所示。

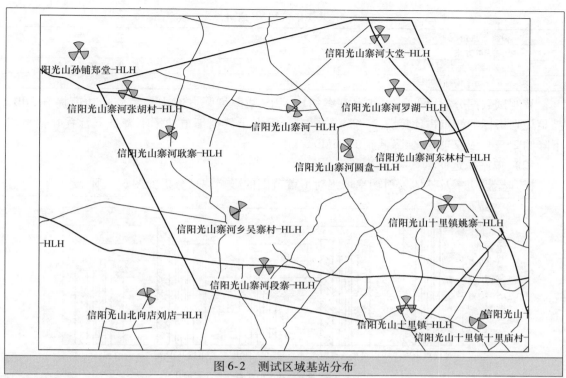

图 6-2　测试区域基站分布

表 6-5　测试数据

50% 加扰测试结果	功率参数	测试均值			
		RSRP/dBm	SINR/dB	下行吞吐量 /(Mbit/s)	上行吞吐量 /(Mbit/s)
基本方案	40W 15.2（−3/1）	−91.5	10	23	5.4
RS 功率增强方案	40W 18.2（−6/3）	−88.47	11.8	17.6	5.4
下行功率增强	80W 18.2（−3/1）	−88.1	9.5	22.4	5.42

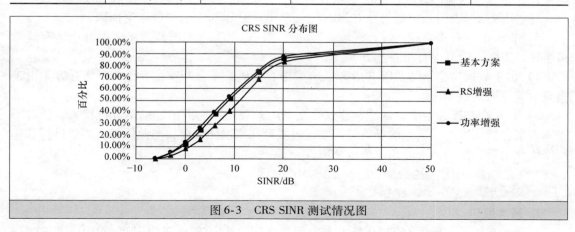

图 6-3　CRS SINR 测试情况图

表 6-6　RSRP 和 SINR 统计结果

50%加扰情况下	RSRP > -107dBm	SINR > -3dB
基本方案	94.67%	94.64%
RS 功率增强方案	97.94%	96.98%
下行功率增强	97.00%	93.36%

从测试数据分析可知，与基本方案相比，RS 功率增强方案中参考信号功率提升 3dB，满足规划指标的样点占比提升 2.97% 的要求。但由于数据信道功率下降，下行吞吐量平均下降约 25%，从 23Mbit/s 降低到 17.6Mbit/s。

（2）单站拉远测试

提升导频功率及整体发射功率增强对覆盖范围的影响测试分析如图 6-4 所示。

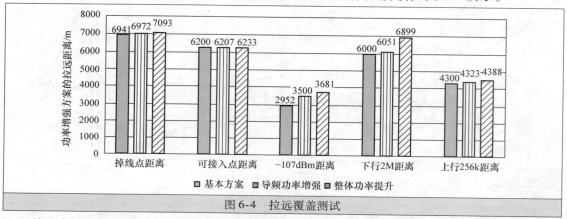

图 6-4　拉远覆盖测试

从下行测试数据分析可知，在 PDCCH 受限情况下，提升功率有利于 PDCCH 数据解调，可以延伸掉线距离，掉线点和下行 2Mbit/s 边缘传输速率覆盖距离也有所延伸，规划指标 RSRP 等于 -107dBm 边缘覆盖距离提升 20%。

从上行测试数据分析可知，采用基本方案时上行有余量，下行功率提升后上行理论上会略有改善。上行 256kbit/s 边缘覆盖距离略有改善，可接入点的距离也略有延伸。

4. 小结

1）提升导频功率及整体发射功率有利于下行 PDCCH 数据解调，下行覆盖半径增加 20%，改善区域覆盖的性能。但由于该方案无上行增益，小区整体覆盖半径无明显增益。

2）实测结果表明，规划指标 RSRP≥-107dBm 提升 20%，符合理论预期。

3）扩大下行覆盖半径，改善区域覆盖的性能；而对上行无增益，无法提升小区有效覆盖半径，需引入提升上行增益的方案。

4）由于数据功率下降，RS 功率增强方案中吞吐量下降约 25%；下行功率增强方案由于重叠覆盖原因造成 SINR 下降。

5）针对存在覆盖空洞的区域，建议直接利用 F 频段 8 通道的宏基站进行覆盖。针对于基本方案已能实现连续覆盖的场景，需要通过提升功率增强覆盖，与此同时，需要进行其他网络优化措施，如调整下倾角避免重叠覆盖等。

6.3.2　16T16R 解决方案　★★★

1. 基本原理

如图 6-5 所示，所谓 16T16R 技术方案就是在同一个 LTE 小区使用两个 RRU 进行联合收发,下行采用两个 8 通道 RRU 发送,下行单制式可用到每个 RRU 的最大功率;上行采用两部 8 通道 RRU 形成 16 通道接收,小区覆盖半径理论可提升 30%。

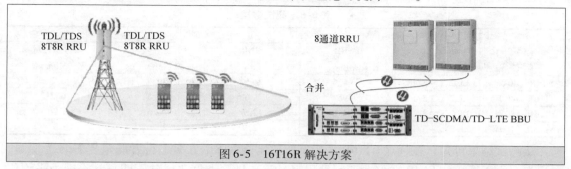

图 6-5　16T16R 解决方案

根据不同应用场景,两个 RRU 可以集中放置,也可以分开放置。8T8R 是指一个 RRU 只发 TD - LTE,一个 RRU 只发 TD - SCDMA。下行采用两个 8 通道 RRU,16T 是指一个 RRU 只发 LTE,一个 RRU 发 TD - SCDMA/LTE,TD - SCDMA 的剩余功率可以给 LTE。上行采用 16 通道双模接收来同时提高 TD - SCDMA/LTE 上行覆盖能力。16 通道最大比合并接收理论上比 8 通道可以获得最大 4dB 增益,即包括阵列增益 3dB 和联合解调增益 1dB 之和,上行覆盖半径提升增益 25% ~30%。

2. 测试分析

通过外场测试 8T16R/16T16R 提升室外覆盖的效果。测试范围选择在信阳光山县 5 个基站位置,采用 F 频段同频组网,平均站高在 40m 左右。具体组网信息如表 6-7 和图 6-6 所示。

表 6-7　16T16R 室外覆盖测试

频段	时隙配比	基站数	站间距/m	测试里程/km	平均站高/m	电下倾角/(°)	机械下倾角/(°)	CRS 功率/dBm
F 同频	3:1/3:9:2	5	4700	/	40	6	-4	/

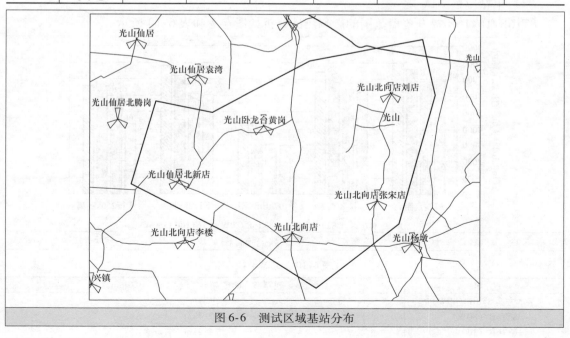

图 6-6　测试区域基站分布

（1）性能测试

测试数据结果如表6-8所示。

表6-8 测试数据

50%加扰测试结果	功率参数	均值			
		RSRP /dBm	SINR /dB	下行吞吐量 /（Mbit/s）	上行吞吐量 /（Mbit/s）
8T8R（40W）	15.2（−3/1）	−95.5	9.5	20.9	6.2
8T16R（40W）	15.2（−3/1）	−95	9.6	23.5	6.2
8T16R（80W）	18.2（−3/1）	−91.8	12.7	26.5	6.76
16T16R（160W）	21.2（−3/1）	−87.8	12.9	28.6	6.87

从测试结果可知，在远点8T16R（40W）比常规8T8R方案上行吞吐量提升较为明显。在近点，由于覆盖和SINR较好，调制编码（MCS）满阶调度，增益不明显，表现为平均传输速率相当，CDF10%边缘传输速率提升50%。

8T16R（80W）与常规8T8R（40W）方案相比，满足规划指标的样点占比提升6.3%，平均吞吐量提升16%，上行平均吞吐量提升10%，边缘吞吐率提升1倍。16T16R（160W）与8T16R（80W）方案相比，上行基本相当，下行功率提升的增益使平均吞吐量继续提升8%。

测试数据统计结果如表6-9所示。

表6-9 增益、RSRP和SINR统计结果

	下行增益	上行增益	RSRP > −107dBm	SINR > −3dB
8T8R（40W）	—	—	88.0%	91.0%
8T16R（40W）	0	4dB	88.5%	92.6%
8T16R（80W）	3dB	4dB	94.8%	95.9%
16T16R（160W）	6dB	4dB	97.32%	98.45%

（2）单站拉远测试

8T16R/16T16R提升覆盖范围的影响测试分析如图6-7和表6-10所示。

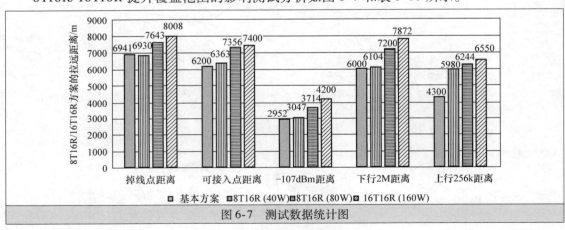

图6-7 测试数据统计图

表6-10 覆盖半径

方案	满足规划指标的覆盖半径（大于−107dBm）
基本方案8T8R（40W）	约3km
8T16R（80W）	约3.7km
16T16R（160W）	约4.2km

从测试数据统计结果可知:

1) 8T16R (40W) 与 8T8R (40W) 相比,下行获得阵列增益 3dB 和联合解调增益 1dB,上行接收增益增加 4dB,上行 256kbit/s 边缘传输速率距离提升 24%,与获得理论最大 30% 的增益基本相符,但下行受限。

2) 8T16R (80W) 与 8T8R (40W) 相比,下行发射功率增大 3dB,下行 RSRP 值等于 -107dBm 时覆盖距离提升 24%,与理论分析下行 20% 的增益基本符合。

3) 上下行同时引入 3~4dB 增益,下行受限改善,受限状况与基本方案 8T8R (40W) 相同;

4) 16T16R (160W) 与 8T8R (40W) 相比,下行引入 6dB 增益,上行引入 4dB 增益,上下行均大幅改善,小区整体覆盖半径提升 20%,可接入距离由 6200m 提升到 7400m,理论增益达到 30%。

3. 小结

1) 16T16R 可以提升上行覆盖能力,减少新增站址数量。16T16R 方案实际增益与理论增益的对比,基本符合预期。

2) 相比于常规方案 8T8R (40W),16T16R (160W) 方案上行提供 3dB 阵列增益和 1dB 联合解调增益,上行接收增益增加 4dB。下行由于功率提升引入 6dB 增益,小区覆盖半径理论可提升 30% 左右。实测结果表明,孤站下行覆盖半径增大 20%,符合理论预期。

3) 16T16R (160W) 方案引入下行功率增益,上行合并增益 4dB,有效解决了上下行不平衡的问题,增大小区覆盖半径。不足之处是每个 LTE 小区需新增 1 套天馈及 RRU,增加了投资及建设难度。在 16T16R 实际应用中,建议功率参数基于 120W 进行优化,可以更好地实现上下行平衡。

6.3.3 高增益天线 ★★★

1. 高增益天线解决方案

高增益天线可以提高天线增益,增大覆盖半径,有效改善覆盖,性能指标如表 6-11 所示。

表 6-11 高性能天线性能指标

性能指标	技术优势	
频段: F/A/D 频段	增益高:相对传统天线,获得下行 3dB、上行 3dB 增益,支持大间距连续覆盖	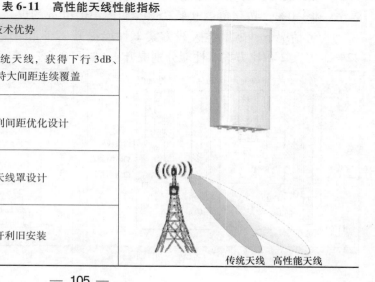
增益:17/17.5/18dBi	性能优:天线阵列间距优化设计	
下倾角: 内置 3°	风阻低:流线型天线罩设计	
尺寸: 1960×379×116	部署快:原有抱杆利旧安装	传统天线 高性能天线

目前，国内高增益天线产品包括加宽加长和上下排列两种方案，如表6-12所示。

表6-12　高增益天线产品方案

对比	加宽加长方案	上下排列方案
F频段增益/dBi	16.5	17
水平半功率角/°	75~80	65
垂直半功率角/°	4.5	6
尺寸/mm	2000×380×115	2400×320×150

（1）方案1：天线加宽加长

通过增加天线阵列间距，将F频段天线单元波束减小至75°左右，同时增加每列的振子数，减小垂直面波束宽度，相对于传统智能天线F频段增益提升约2.5dB（可用无损权值广播方案）。方案1的技术优势是对已有智能天线算法支持度好，但天线增益提升幅度需要量化评估。

（2）方案2：天线阵元上下排列

在现有五频段天线产品的基础上，利用其中4个1710~2170MHz频段（上下排列，均为双极化）组成8通道天线，同时增加校准单元。该方案天线F频段增益可达17dBi。技术优势是天线较易实现高增益，不足之处是与现有智能天线方案差别较大，产业支持度较低。

2. 测试分析

（1）高增益智能天线室外覆盖测试

高增益智能天线室外覆盖测试如图6-8、图6-9、图6-10和图6-11所示，在覆盖边缘区域，不论是下行还是上行吞吐量，高增益智能天线较普通天线均有大幅提升（空扰、加扰）。从平均来看，空扰时高增益天线与普通天线相当，加扰时相对于普通天线均有明显提升；高增益天线方案2组网吞吐性能不如方案1（边缘空扰、加扰情况下分别低11%、28%），但仍优于普通智能天线。

（2）高增益智能天线单站拉远测试

高增益智能天线单站拉远测试如图6-12、图6-13和图6-14所示，在空扰下行、上行情况下，按照拉远后数据连接发生掉链评估。高增益智能天线方案1较普通天线性能分别提升6.8%和10.6%，方案2性能分别提升9.6%和15.1%，方案2比较方案1性能分别提升2.6%和4.0%。按照覆盖电平RSRP等于−107dBm的规划指标，上行256kbit/s边缘传输速率为参考情况下，高增益天线方案1性能提升22%和41.2%，方案2性能提升27.5%和42%，方案2相比方案1性能分别提升4.6%和0.6%。

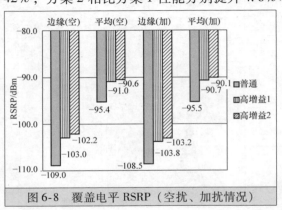

图6-8　覆盖电平RSRP（空扰、加扰情况）

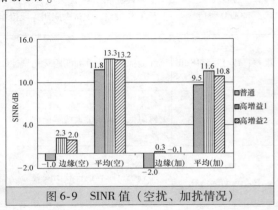

图6-9　SINR值（空扰、加扰情况）

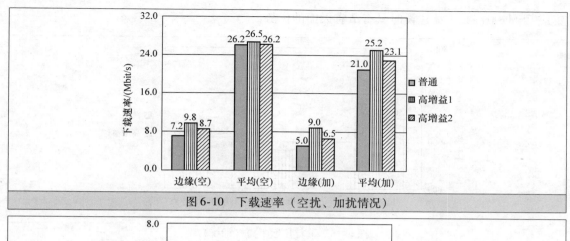

图6-10　下载速率（空扰、加扰情况）

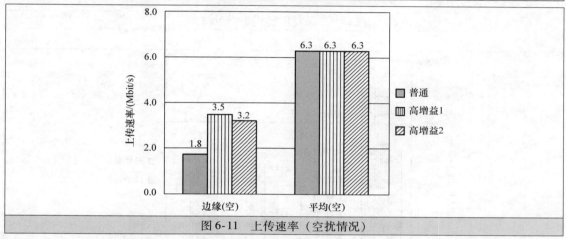

图6-11　上传速率（空扰情况）

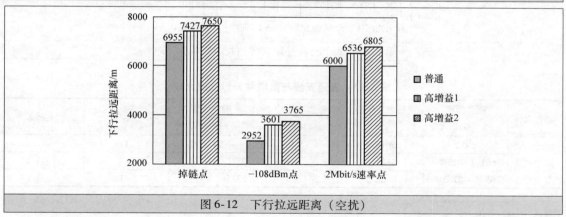

图6-12　下行拉远距离（空扰）

3. 小结

如表6-13所示，与普通天线相比，高增益智能天线可获得3dB增益，覆盖距离提升22%～27%，组网性能上整体优于普通天线。

比较两种高增益智能天线设计方案，方案1产业支持度较好，覆盖性能略低于方案2（5%以内）。方案1组网性能优于方案2（11%～28%）。在工程建设上，方案1中天线长度2m左右，方案2中由于天线长度为2.7m，体积重量较大，相对于安装难度大，但同时可以集成 GSM900，共天馈建设时具有节省天面的优势。

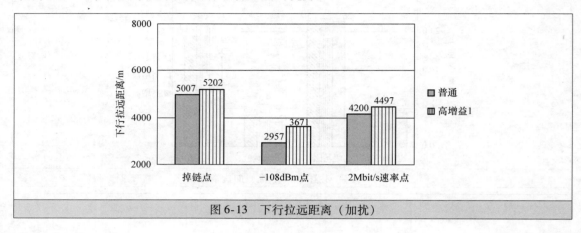

图 6-13 下行拉远距离（加扰）

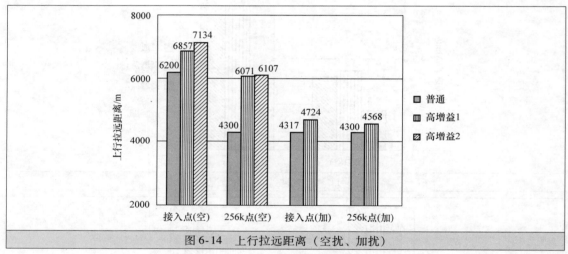

图 6-14 上行拉远距离（空扰、加扰）

表 6-13 普通天线与高增益天线性能比较

综合比较	覆盖距离 /m	最大站间距 /m	边缘性能 /（Mbit/s）	平均性能 /（Mbit/s）	成本	复杂度
普通天线	2952	5018.4	5.0	21.0	1	1
高增益 1	3601（+22%）	6121.7	9.0（+80%）	25.2（+20%）	~1	~1
高增益 2	3765（+27.5%）	6400.5	6.5（+30%）	23.1（+10%）	~1	~1

6.3.4 高增益 CPE ★★★

1. 基本原理

高增益 CPE 由室内单元和室外单元组成，主要应用于农村等广覆盖场景，可以节省建站成本和增大覆盖范围。高增益 CPE 的性能指标如表 6-14 所示，根据农村区域覆盖评估数据，8T8R 基本方案覆盖半径为 2.6km，高增益 CPE 可将覆盖半径增大到 13.13km，提升至 5 倍以上。

表 6-14 CPE 农村区域覆盖能力评估

频段	TD–LTE F 频段
通道	8 通道
带宽/MHz	20
发射功率/dBm	23
传播模型	Cost231–Hata（农村）
CPE 天线增益/dBi	12
理论覆盖半径/km	13.13

高性能 CPE 室外单元（ODU）通常安装在室外抱杆、挂墙或放置楼顶，CPE 与高增益天线集成 ODU 部署室外，由室内单元（IDU）提供网口和 WiFi 接入。高性能 CPE 系统结构如图 6-15 所示。

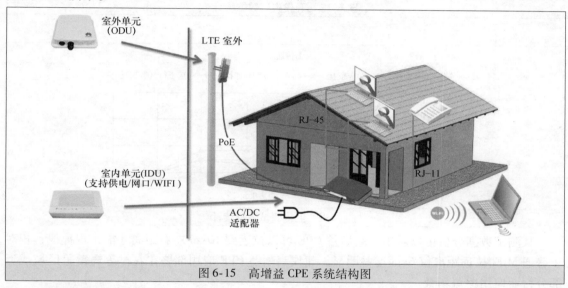

图 6-15 高增益 CPE 系统结构图

2. 测试分析

高增益 CPE 单站拉远测试的范围和测试小区配置如图 6-16 所示。

站名	站高/m	电下倾角/(°)	机械下倾角/(°)	CRS 功率/dBm	天线类型
北新店 2 小区	40	6	−4	15.2（−3/1）； 18.2（−3/1）	通宇

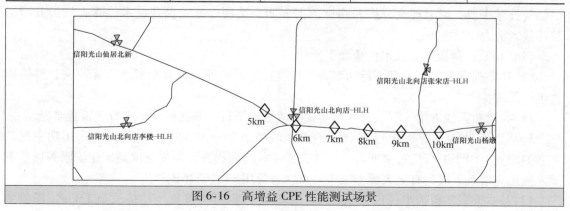

图 6-16 高增益 CPE 性能测试场景

高性能 CPE 外场传输速率测试结果如图 6-17 和图 6-18 所示。

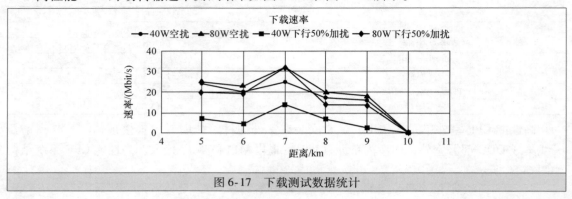

图 6-17 下载测试数据统计

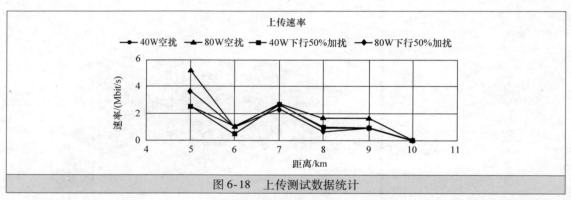

图 6-18 上传测试数据统计

从测试数据分析可以看出，高增益 CPE 可以拉远到 10km 左右距离才能出现掉线，相对于普通 MiFi 拉远距离仅 6km 增益明显。建议高增益 CPE 应用部署在农村等弱覆盖区域或者部分行业应用覆盖场景。

6.4 本章小结

在农村等广域区域建设 LTE 网络时，需要重点考虑如何提升系统覆盖能力，降低基站密度，提升整体网络覆盖能力。本章详细介绍了提升设备功率、16T16R、高增益天线、高增益 CPE 等技术手段，通过理论分析和测试数据表明，这些广覆盖提升技术能够有效提升网络整体接入能力。

（1）LTE 广覆盖增强技术优势如下所述：

1）功率提升方案：提升下行功率，下行覆盖半径延伸，但方案对上行无改善，整体覆盖半径无增益。

2）高增益天线方案：引入天线增益同时改善上下行，直接提升小区有效覆盖半径。

3）8T/16T16R 方案：上行 16 通道合并接收带来 3 ~ 4dB 增益，如果配合采用功率提升方案的配置，由于上行也带来增益，整体覆盖半径得到提升，但复杂度高，建议同等场景下优先应用高增益天线，有更大覆盖需求时再联合使用 8T/16T16R。

4）基本方案的覆盖半径仅为 2.6km，高增益 CPE 可将覆盖半径扩大至 13km，覆盖半径提升至 5 倍以上。

（2）引入建议

建议依据实际场景需求，因地制宜地选择 LTE 广域场景覆盖方案，以提高 LTE 网络覆盖的整体性能效果，降低工程建设复杂度及成本，旨在更好地指导 4G 无线网络的建设实践。广覆盖增强技术特征和引入建议如表 6-15 所示。

表 6-15　各技术方案应用建议

技术方案	优势	劣势	应用建议
导频功率提升	扩大下行覆盖半径，改善区域覆盖的性能，3dB 功率增益可提升下行覆盖半径 20%	吞吐量下降，且整体覆盖半径无增益	建议应用于直接利用 F 频段 8 通道宏基站进行覆盖
整体发射功率增强		可能由于重叠覆盖问题的加剧造成 SINR 下降，且整体覆盖半径无增益	对于基本方案已能实现连续覆盖的场景，若进行提升功率的配置，需同时进行其他网络优化
16T16R	提供上行增益，改善上行边缘，下行提升功率引入下行增益，配置与上行增益匹配的功率参数，小区覆盖半径最大可提升 30% 左右	每小区均需新增一套天馈及 RRU，投资及建设难度增加	功率参数基于 120W 进行优化（下行 4.7dB 增益，上行 4dB 增益）可以更好地实现上下行平衡
高增益天线	加宽加长方案：F 频段增益约提升 2.5dB，小区覆盖半径提升大于 20%	特性天线增加成本	综合考虑组网性能和产业支持度，推荐加宽加长方案
	上下排列方案：F 频段增益可达到 17dBi，小区覆盖半径提升 30%		
高增益 CPE	可大幅提升覆盖半径	用户通过 WiFi 接入网络，需要熟悉连接 WiFi 等操作	

参 考 文 献

[1] 田桂宾，姬刚，石朗昱，TD - LTE 无线网络广覆盖技术研究［J］. 邮电设计技术，2016（3）.

[2] 中国移动通信集团公司. 中国移动 2015 年 4G 无线网络规划建设案例库. 2015.

[3] 马庆. TD - LTE 无线网络覆盖规划关键技术探讨［J］. 通讯世界，2016（8）.

第7章 >>
LTE重叠覆盖优化

由于 LTE 采取同频组网策略，导致小区间的同频干扰比较严重。LTE 网络质量不仅与覆盖强度相关，而且取决于网络的重叠覆盖程度。在网络规划阶段，对 LTE 重叠覆盖区域进行合理控制将至关重要，直接影响后期网络开通、网络结构质量和客户感知。

7.1 背　　景

随着 LTE 迅猛发展，网络覆盖初具规模。在增强网络深度覆盖和广度覆盖的同时，密集区域重叠覆盖问题日益突出。如图 7-1 所示，所谓重叠覆盖区域，就是在 LTE 同频网络中，相邻小区覆盖电平 RSRP 与主服务小区覆盖电平 RSRP 差值在 6dB 以内，满足条件的相邻小区数量大于等于 3 个，同时最弱小区覆盖电平 RSRP 大于等于 −105dBm 为判断条件。

LTE 采用同频组网策略，全网小区使用相同频点。由于受到现场

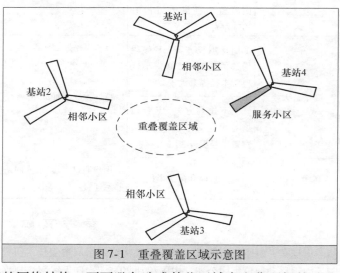

图 7-1　重叠覆盖区域示意图

安装条件的限制，很难获得绝对理想的网络结构，不可避免造成某些区域产生非理想的重叠覆盖区域。重叠覆盖是当前 LTE 网络建设和网络优化面临的主要挑战之一。在重叠覆盖影响严重的区域，服务小区内的终端用户都会受到来自其他相邻小区射频信号的同频干扰，造成终端用户的吞吐量下降，严重影响网络质量和客户感知。

7.2　重叠覆盖对 LTE 网络性能的影响

重叠覆盖对 LTE 的影响可以通过测试评估的方法分析。随着重叠覆盖小区逐渐增加，信号干扰噪声比（SINR）和用户吞吐量迅速下降。随着重叠覆盖的影响加剧，导致网络性能无法达到规划指标要求。通过现网中定点测试的统计结果表明，LTE 重叠小区每增加 1

个，将会导致终端用户的小区公共参考信道（Cell - specific Reference Signals，CRS）SINR 值下降 1.4 ~ 3dB，用户吞吐量随之下降 20% ~ 40%。定点测试重叠覆盖对网络性能影响的情况如图 7-2 所示，以片区拉网遍历测试结果统计如图 7-3 所示，两者测试结论基本一致。LTE 同频网络中的重叠覆盖对性能影响严重，需要严格控制重叠覆盖的程度和范围。因此，重叠覆盖区域的合理设置是 LTE 网络结构规划和优化的重点工作。

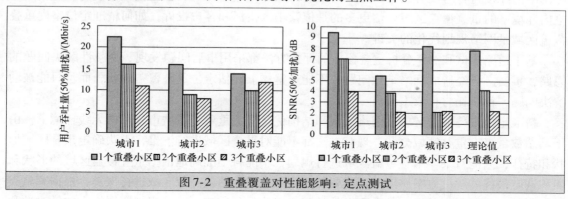

图 7-2　重叠覆盖对性能影响：定点测试

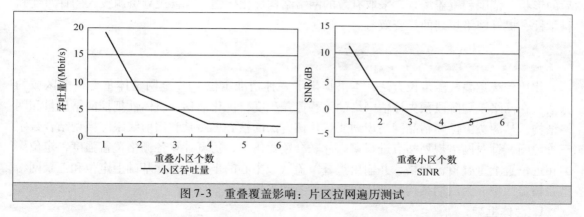

图 7-3　重叠覆盖影响：片区拉网遍历测试

7.3　定位重叠覆盖的方法

7.3.1　传统定位 LTE 重叠覆盖区域的方法 ★★★

目前，定位 LTE 重叠覆盖区域的方法包括全网遍历拉网测试、3G 相近频段扫频测试和基于 LTE 测量报告（MR）大数据分析等，定位准确性与遍历测试精细程度、频段间传播特性差异、LTE 用户发展规模等因素息息相关。

在 LTE 网络还未形成完善覆盖的情况下，无法通过遍历测试的方式评估网络重叠情况和对网络性能的影响程度。以 TD - LTE 为例，在与 TD - SCDMA 共站址的情况下，考虑到 TD - SCDMA 的 A 频段工作频点和 TD - LTE F 频段工作频点接近，可以认为两个系统的传播特性具有很强的相似性。通过 TD - SCDMA 现网遍历测试结果，预估 TD - LTE 网络的重叠覆盖状态。但该方法受限于 3G/4G 共站址或相同网络结构参数情况下的近似评估。

针对已经完成覆盖建设的 LTE 网络，重叠覆盖程度情况的排查分析可以通过全网遍历拉网测试的方式进行。对于通过道路测试或定点测试方案，仅能反映线状道路或有限定点的现状，评估区域非常有限，评估准确度受限于道路测试频次和道路测试数据量。

通过 MR 评估重叠覆盖的方案只适用于 LTE 用户发展到一定规模的情况，利用大数据统计的方法衡量重叠覆盖现状。该方法与 LTE 业务推广范围和用户分布相互关联，对于实际网络已经覆盖暂时没有或很少用户活动的区域，不能全面反映整网重叠覆盖现状。特别是室内环境下的重叠覆盖区域评估更多的是依赖小区指标和客户投诉，如何精准定位室内重叠覆盖区域是网络规划优化的关键。

基于道路测试和 MR 分析重叠覆盖的评估方法都采用事后问题发现、挽救性解决问题的思路，事实上已经造成网络结构问题，不能从整体上评估定位重叠覆盖现状，而且只能被动解决问题，耗时耗力，成本较高。

精准定位重叠覆盖区域对网络规划和结构优化至关重要。在城市复杂的无线环境下，由于基站数量多，重叠区域分散。现有方法都不能对重叠区域进行汇聚，无法确定重叠区域形状和特征，只能对某一重叠覆盖区域进行规划，不能科学准确地依据重叠覆盖区域的形状和面积选定最优的解决方案。因此，需要针对现网中重叠覆盖分散区域进行聚类，根据其聚类后的形状、范围和覆盖场景，采取有效的网络结构优化措施，改善规划资源投入的针对性和科学性，提升网络规划的投资效益。

7.3.2　重叠覆盖定位新方法★★★

相比传统重叠覆盖定位方法，本书提出了一种精准定位 LTE 全网整体重叠覆盖区域的方法。在网络规划阶段预先评估网络的重叠覆盖程度，优化前移，整体性把控网络质量和网络结构，从源头上保障精品网络规划质量。该方法的核心思路是利用射线跟踪模型结合数字三维地图，针对网络规划站点进行室内外联合覆盖仿真，仿真计算各栅格覆盖强度，定位聚类相近位置上重叠覆盖栅格，并输出重叠覆盖区域中心的坐标，在此基础上定位和汇聚网络重叠覆盖区域，为后期结构精细优化提供参考和支撑。

1. 总体框架

重叠覆盖定位新方法的技术方案总体框架如图7-4所示。

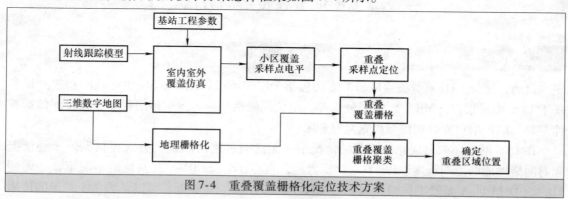

图 7-4　重叠覆盖栅格化定位技术方案

（1）覆盖仿真

首先针对 5m 数字地图进行三维建模。对数字地图中建筑物信息及地形信息（DEM）进行数字化处理，直接读入数据库中，并对建筑物中的点线面的位置信息和高度信息立体化，转换格式后进行立体渲染。通过对建筑物的三维处理，使得数字地图信息全方位立体仿真呈现。对待重点场景的三维建筑物，利用建筑物的 CAD 图纸，对每栋建筑物的墙体和室内结构进行三维建模。5m 数字地图包括地面高层数据（Height）、地面覆盖类型数据（Clutter）、线状矢量数据（Vector）、建筑物矢量数据（Buildings Vector）、描述建筑物的分布、外形轮廓及高度。如图 7-5 所示，通过对建筑物三维建模，利用射线跟踪模型，进行室内信号覆盖强度仿真。

图 7-5　室内立体覆盖仿真

（2）定位重叠覆盖区域

基于射线跟踪模型、小区工程数据（天线方位角、高度、载波功率、天线赋形）和三维数字地图，对全网小区覆盖做出精确预测，并对地图信息点上对应的覆盖小区进行统计。通过建模后的各类数据计算出各覆盖区域的电平，并在三维地图中呈现无线环境和周边建筑物分布。

2. 重叠覆盖栅格定位流程

（1）数字地图处理

通过读入电子地图信息，包括地形、建筑物、地类信息，对地图进行数字化地理矩阵处理。由于需要对城市覆盖做出精确预测，采用 5m 分辨率数字地图。如图 7-6 所示，通过数

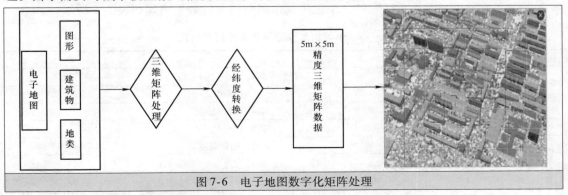

图 7-6　电子地图数字化矩阵处理

字化矩阵处理后使得地图区域构成一个 $5m \times 5m$ 的数字矩阵。将每个 $5m \times 5m$ 的矩阵点定义为一个地理信息点，将经纬度转成地球大地坐标，经度用 X 表示，维度用 Y 表示，高度用 Z 表示，形成 $5m \times 5m$ 的 X 轴和 Y 轴。

（2）小区覆盖预测

基于小区工程参数和三维数字地图，依据场景设定天线覆盖距离（城区 1000m，郊区、农村 1500m），利用射线跟踪模型对每个小区进行覆盖预测，生成每个小区的覆盖预测文件，预测仿真文件格式如下：

BEGIN_ DATA

561849.08（大地坐标 X）   2903906.21（大地坐标 Y） -109.62

561849.08（大地坐标 X）   2903911.21（大地坐标 Y） -109.01

561849.08（大地坐标 X）   2903916.21（大地坐标 Y） -108.34

小区覆盖仿真预测情况如图 7-7 所示。

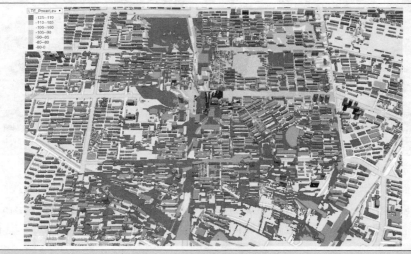

图 7-7　小区覆盖预测示意图

（3）覆盖仿真预测结果

对各小区的仿真预测覆盖文件进行数据库入库，依据数字地图矩阵对每个位置点上的覆盖进行小区汇总，获得每个地理信息点（$5m \times 5m$）上接收到的所有无线小区的信号，并按照电平强度进行排列无线小区顺序。小区仿真预测覆盖文件数据格式如表 7-1 所示。

表 7-1　小区仿真预测覆盖文件数据格式

字段名称	备注
ID	行数（每行表示一个位置点）
CI	小区名
Longitude	经度（5m 精度）
Latitude	维度（5m 精度）
Height	高度（地理高度）
RSRP	电平

每个小区都有一个数据文件，对应仿真覆盖预测数据。每个小区的仿真表都代表了以一

个小区天线为覆盖半径的仿真范围。依赖于网络密度和规模，在一个区域会有多个小区，每个小区对应一个仿真表，需要将每个仿真表入库。对同一个经纬度上的点进行合并，按照参考信号接收功率 RSRP 进行排序，生成该点三维空间内无线小区覆盖表，如表 7-2 中格式所示。

表 7-2　三维空间内无线小区覆盖仿真表

经度/维度/高度	CI1	CI2	CI3	CIn
	CI1_ RSRP	CI2_ RSRP	CI3_ RSRP	CIn_ RSRP

表 7-2 中内容表示在空间地理信息点（采样点）收到多个小区的信号电平，并按照场强大小强弱排列。小区电平排列如表 7-3 所示，对地理位置相同的点，进行小区电平排列，获得每个地理信息点上的无线信息。对评估区域的数据进行汇总后，可以得到每个位置点上（精度 5m，主要取决于地图精度）接收到的各小区的电平。

表 7-3　小区电平排列

X	Y	CI1	CI2	CI3	…	CIn
367645. 7	4302172. 49					
367645. 7	4302182. 49					
367645. 7	4302192. 49					
367645. 7	4302202. 49					
367645. 7	4302212. 49					
367645. 7	4302222. 49					
367645. 7	4302232. 49					
367645. 7	4302242. 49					
367645. 7	4302252. 49					
367645. 7	4302262. 49					
367645. 7	4302272. 49					

（4）重叠覆盖点判断

在同一位置、同一频段、覆盖小区弱于最强覆盖小区电平 CI1，同时覆盖小区覆盖门限高于系统要求门限，并且相差电平小于 XdB（可设置），小区数量大于等于 m 个（可设置），满足条件则被视作重叠覆盖点。在数据库中标记重叠覆盖点，并依据重叠覆盖小区数目的多少进行统计，如表 7-4 所示。

表 7-4　重叠覆盖小区统计表

ID	X	Y	CI1	CI2	CI3	…	CIn	重叠覆盖点	重叠小区数
1	367645. 7	4302172. 49						否	2
2	367645. 7	4302182. 49						是	3
3	367645. 7	4302192. 49							
4	367645. 7	4302202. 49							
5	367645. 7	4302212. 49							
6	367645. 7	4302222. 49						是	5
7	367645. 7	4302232. 49							
8	367645. 7	4302242. 49							
9	367645. 7	4302252. 49							
10	367645. 7	4302262. 49							
11	367645. 7	4302272. 49							

（5）重叠覆盖栅格定位流程

重叠覆盖栅格如图 7-8 所示，首先对地图进行栅格化，自定义栅格面积（100m×100m），接着依据重叠覆盖确认位置点是否属于重叠覆盖地理采样点，统计栅格区域内的重叠覆盖点。然后根据栅格内重叠覆盖采样点的比例，超过一定门限则视为重叠覆盖栅格。最后计算区域重叠覆盖情况，完成重叠覆盖栅格化定位。

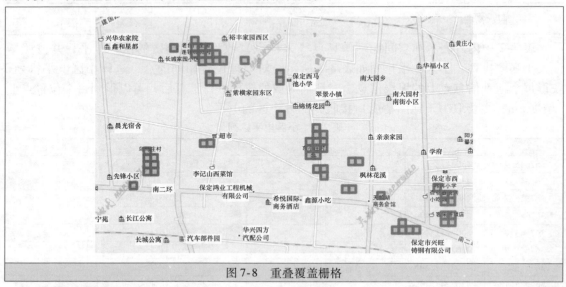

图 7-8　重叠覆盖栅格

3. 重叠覆盖区域聚类

重叠覆盖区域聚类如图 7-9 所示，其详细过程如下。

1）对网络进行初始栅格化：栅格大小根据规划区域自定义，默认栅格大小为 500m×500m。在初始化的栅格里面，进一步对栅格进行二次精细化栅格处理，栅格精度为 100m×100m。

2）对精细化处理后的栅格进行重叠覆盖计算，判断栅格是否为重叠覆盖栅格。

3）重叠覆盖栅格聚类，输出重叠覆盖区域的中心经纬度。如图 7-10 所示。

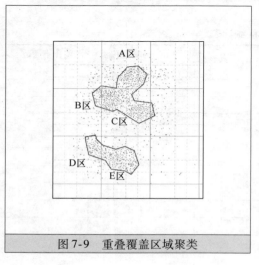

图 7-9　重叠覆盖区域聚类

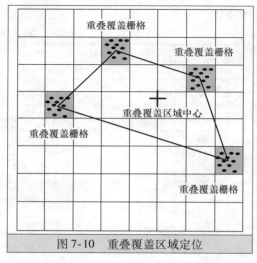

图 7-10　重叠覆盖区域定位

重叠覆盖聚类方法详细描述如下。

1）对网络进行初始栅格化：栅格大小根据规划区域自定义，默认栅格大小：500m ×
500m。在初始化的栅格里面，进一步对栅格进行二次精细化栅格处理，栅格精度为
100m × 100m。

2）对精细化处理后的栅格进行重叠覆盖计算，判断栅格是否为重叠覆盖栅格。

3）输出重叠覆盖栅格的中心经纬度。找出重叠覆盖栅格中心，对多个重叠覆盖栅格进
行中心连线。例如在500m × 500m 的初始栅格内存在以下三种情况。

一个栅格：计算单个栅格面积，以单个栅格点为中心。

两个栅格：计算两个栅格面积和，以两个栅格点的连线中心为中心。

多个栅格：对多个栅格的中心进行连线构成多边形，计算多边形重心，即可获得重叠覆
盖区域中心位置，如图 7-10 所示。

4. 小结

LTE 的网络质量主要取决于网络的重叠覆盖程度。在 4G 网络规划阶段，重叠覆盖区域
合理设置至关重要，直接影响后期的网络开通、网络结构质量和客户感知。本书提出利用射
线跟踪传播模型，结合三维数字地图，对全网小区进行覆盖预测，并对数字地图点上对应的
覆盖小区进行统计，对网络覆盖区域进行栅格化，输出重叠覆盖栅格中心位置，定位重叠覆
盖区域。通过对网络的重叠覆盖的分析和定位，实现规划阶段对网络质量和网络结构整体性
把控。

相比传统重叠覆盖定位方法，重叠覆盖定位新方法的技术优势如下。

1）借助于射线跟踪模型和三维数字地图，利用规划仿真的方法预测重叠覆盖栅格，聚
类重叠覆盖区域，有利于问题精准定位，降低优化成本，提升规划效果。

2）提出一种精准定位 LTE 全网整体重叠覆盖区域的方法，整体性把控网络质量和网络
结构。通过对网络结构进行预优化，提前预警 LTE 网络质量，保障全网客户感知。通过规
划阶段针对方案中重叠覆盖精准定位，在网络规划阶段预先评估网络的重叠覆盖程度，网络
结构优化前移，事前预判，为后期精品网络规划提供指导。

7.4 重叠覆盖解决方法

7.4.1 网络结构优化 ★★★

在 LTE 网络部署过程中，运营商为了节约投资成本，大多情况下利旧现网 2G/3G 站址
资源，达到快速建设目标，不可避免地造成了 LTE 弱覆盖、重叠覆盖等问题。究其根本，
与不合理的 LTE 网络结构存在关联。为满足 LTE 用户的数据业务需求，提供良好的高速数
据业务体验，在 LTE 建网初期就必须高度关注无线网络结构优化工作，尽量避免不合理的
重叠覆盖，降低同频干扰对网络质量的影响。

1. 影响因素

在 LTE 网络中，重叠覆盖源于不合理的网络结构。网络结构包括基站选址、天线高度、
站间距、天线方位角、下倾角、发射功率等，某些重叠覆盖是由某一因素引起的，而有些则
是由几个因素共同影响。

1）高站低下倾角：在密集城区，由于站点密集、平均站间距小、高站、低下倾角等因素造成较多重叠覆盖区域。

2）天线性能异常：天线老化或故障，导致天线旁瓣、后瓣信号泄漏严重，信号泄漏区域造成较多重叠覆盖。

3）宏基站覆盖室内，要保证室内连续覆盖，将会在道路上造成过多的重叠覆盖。

理想的蜂窝网络是在保证用户移动性的前提下，使小区间交叠区域处在一个较低水平。但当网络结构不合理时，如站间距过小、站址偏高，重叠覆盖影响范围势必难以控制，对网络造成较大影响。

2. 解决方案

（1）参数优化方法

解决思路是尽量突出主服务小区的覆盖，控制相邻小区的过覆盖、越区覆盖等情况，减小切换带，以控制每个小区的合理覆盖范围。

以某业务区 TD – LTE 为例，通过扫频测试发现重叠覆盖严重的区域。首先对此区域内的小区进行 CRS 功率参数健康性检查，记录区域内 CRS 功率设置过低或过高小区，对重叠覆盖区域的小区进行排列。然后针对重叠覆盖区域涉及的小区周边道路测试数据进行分析，重新规划重叠覆盖小区的覆盖范围。接着调整相关天馈功率参数（如 CRS 功率）等，进行天馈侧的基础网络优化。最后对调整前后的效果进行复测对比，如果一次优化达不到理想效果，可以进行二次优化。

（2）天线工程参数调整方法

通过调整天馈工程参数，降低重叠覆盖度。在工程调整过程中，可通过升降天线挂高、更换不同内置的下倾天线以控制覆盖，将楼顶安装天线的增高架或拉线抱杆整改为分离式扶墙抱杆以加大天线隔离度，实施美化罩或美化水桶整改以加大隔离度和天线可调整空间等特殊天馈调整手段，从而降低道路的重叠覆盖度。

1）基站天线高度不能过高或过矮，一般情况下高于 50m 和低于 15m 的都要重点勘测。另外，相对高度存在高站的也要尽量避免，天线高度相对周围建筑明显过高，周围道路收到该站的信号强度都较强，就会造成多处重叠覆盖路段。当高站建设不可避免时，建议使用大电下倾天线，存在美化罩的尽量使用大美化罩。

2）天线的空间隔离度不足，水平间隔小于 1m、垂直距离小于 0.5m。对基站附近道路的重叠覆盖度影响较为明显。规划建设时应尽量规避，已建成的基站需要整改天线位置。

3）多个小区距离楼边较远，存在楼面阻挡，站下道路覆盖情况一般。造成主覆盖小区不明确、重叠覆盖较为严重。沿楼顶边缘打扶墙抱杆，在增加天线隔离度的同时加强站下覆盖。

4）由于小尺寸天线美化罩、美化水桶或集束天线等天馈建设方式会导致天馈调整困难，无法按要求控制天线的覆盖范围，可以通过更换大尺寸美化罩或小尺寸天线，以增加天线的可调整空间，从而使天线方位角、俯仰角达到合理要求。

7.4.2　异频点插花★★★

在 LTE 基站站址过高、分布过密所造成的严重重叠覆盖区域，其他优化调整方法无法满足需求的情况下，在同一频段连续覆盖的重叠覆盖区域，可考虑通过更改频段的解决方法，即采用异频点室外插花的组网方式。如图 7-11 所示，F 频段连续覆盖区域内，重叠覆盖无法通过结构优化解决。可将重叠覆盖区域内的小区改为 D 频段，提升信噪比。值得注意的是，在重叠覆盖影响较大的区域，通常也是业务量需求潜力较大的区域。随着业务需求的迅速增加，后期需要建设多层混合网络，如 F/D 双层网。在 LTE 网络建设初期，业务量需求偏低，异频点插花仅作为临时的重叠覆盖的解决方法。

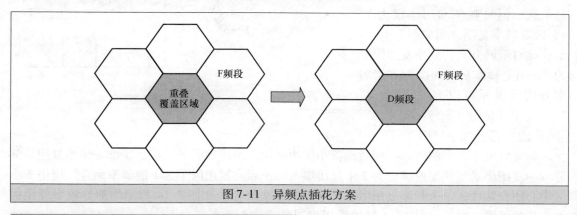

图 7-11　异频点插花方案

7.4.3　小区间干扰协调方法★★★

重叠覆盖问题产生原因多种多样，解决手段除优化调整工程参数外，还可以考虑开启 LTE 设备特有的抗干扰技术，如开启小区间干扰协调或干扰规避技术以对抗小区间的干扰。

在 LTE 网络建设中，同频组网具有频谱利用率高、部署灵活等优点。由于采用了 OFDM 等新技术，LTE 小区内部用户所占用子载波资源相互正交互不干扰，但在小区边缘，小区间用户的同频干扰问题严重影响了 LTE 网络同频部署效率。在 LTE 小蜂窝网络部署中，小区同频部署，小区间的干扰将严重影响小区的性能，尤其是在密集部署的场景下。小区间干扰协调（Inter – Cell Interference Coordination，ICIC）技术能够消除或减少小区间的干扰，提升小区性能，尤其是小区边缘用户的性能。当前的 ICIC 技术可以通过频域协调和时域协调的方法实现，频域协调又分为部分频率复用（Fraction Frequency Reuse，FFR）以及软频率复用（Soft Frequency Reuse，SFR）。

1. 频率复用方案

（1）同频组网

同频组网的组网方案如图7-12所示，所有小区都占用传输的全频带，所有小区使用相同的频带，频率复用因子为1，频带利用率也为1。使用该方法，小区中心用户 SINR 较好，小区边缘用户将受到其他小区严重的干扰。

（2）固定频率复用（Herrd Frequency Reuse，HFR）

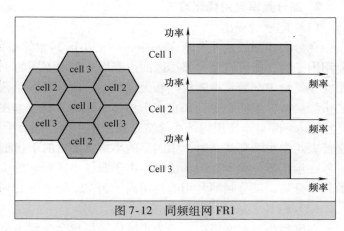

图 7-12　同频组网 FR1

固定频率复用也称为异频组网，频率复用因子为 n，将全频带分为 n 部分，每个小区使用全频带的一部分用于传输信号，相邻小区使用不同的频带，从而可以有效降低干扰，但是频带利用率仅为 $1/n$。固定频率复用方案如图 7-13 所示，此时组网方案的频率复用因子为 3，固定频率复用的组网方案频率复用因子 n 可以为 $\{1, 3, 4, 7, \cdots, i^2+ij+j^2 \mid i, j \in \mathbb{N}\}$。

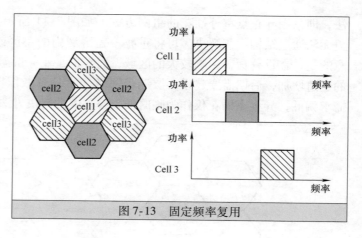

图 7-13　固定频率复用

（3）部分频率复用（FFR）

为提高频率复用的效率，同时改善小区边缘用户的信道质量，提出了部分频率复用。部分频率复用将系统频率资源分为 2 个复用集，一个频率复用因子为 1 的频率集合，应用于小区中心用户调度；一个频率复用因子大于 1 的频率集合（如图 7-14 所示为部分频率复用因子为 3 的组网方案），应用于小区边缘用户调度。

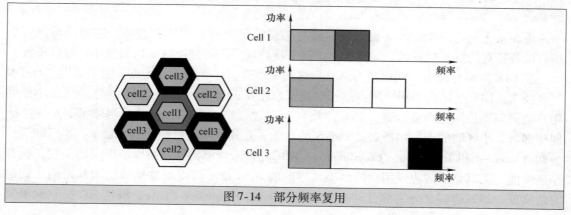

图 7-14　部分频率复用

2. 部分频率复用优化改进

（1）问题的提出

在分布规则的室外 LTE 基站中，一个小区其相邻小区位置关系很容易划分，部分频率复用因子为 3 即可满足相邻小区的边缘用户采用不同的子频带。通常情况下，室内小蜂窝基站在建筑物中部署具有随机性和无规则性，信号可以穿透相邻楼层传播。在一个小蜂窝基站的边缘区域，可能会受到来自多个相邻小区的干扰。如图 7-15 所示，在建筑物同一层部署 4 个基站，除对本楼层内的小蜂窝基站产生干扰，还会干扰相邻层小蜂窝基站。当上下层分别部署 4 个小蜂窝基站时，中间层的小蜂窝基站的干扰小区达到了 11 个。

在运用部分频率复用算法时，由于服务小区和它的 11 个干扰小区的边缘部分采用不同的频率分量，部分频率复用的复用因子为 12，将严重影响部分频率复用的频谱效率。

（2）FFR 方法改进与优化

在密集小蜂窝网络中，一个小区边缘用户会受到多个相邻小区的干扰，根据用户接收到

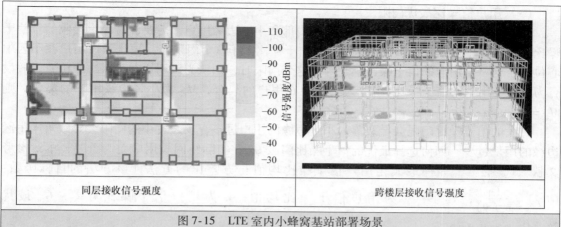

同层接收信号强度	跨楼层接收信号强度

图 7-15　LTE 室内小蜂窝基站部署场景

的有用信号与干扰信号的差值（RSRP），假设一个位于小区边缘的用户可以接收到 M 个不同小蜂窝基站的信号，假设 Q_s 为用户接收到的来自服务小区的有用信号的强度，$Q_i,(i=1,2,\cdots,M-1)$ 为用户接收到的来自其他干扰小区的信号强度，可以将上述 M 个小蜂窝基站划分为 L 个干扰小区组，$G=\{g_1,\cdots,g_L\}$ 为干扰小区组的集合，其中，$g_l,(l=1,\cdots,L)$ 是一个干扰小区组，组内的小蜂窝基站间存在相互干扰，且 g_1 组内的小蜂窝基站满足：

$$T_{l-1} < Q_s - Q_i \leqslant T_l(i=1,2,\cdots,M-1)$$

其中 T_l（dB）为第 1 组小蜂窝基站的分组阈值。

基于上述干扰小区组的划分，本书提出了一种改进的部分频率复用算法。该算法根据小区组内干扰强度的大小，为小区组内的中心用户分配大小不同的中心频率，从而决定不同小区组部分频率复用的复用因子，每个小区组都使用全频段，干扰强的小区组采用较低的频率复用因子；干扰弱的小区组采用较高的频率复用因子，从而提高网络部分频率复用因子的灵活性。

图 7-16 为上述分组算法在部分频率复用中的一个实例，假设一个小蜂窝基站被划分为 3 个虚拟的组合（组合 1、组合 2、组合 3），每个组内有 3 个相互干扰的小蜂窝基站（对应 Cell1、Cell2、Cell3），组合 1 的干扰最强，组合 3 的干扰最弱。全频带被划分为 4 等份，组合 1 中心频率占全频段的 1/4，边缘频率占全频段的 3/4，组合 2 中心频率占全频段的 1/2，边缘频率占全频段的 1/2，组合 3 占中心频率的 3/4，边缘频率占全频段的 1/4。采用图7-16 中部分频率复用算法，其中组合 1 的频率复用率为 1/2，组合 2 的频率复用率为 2/3，组合 3 内的频率复用率为 5/6。因此，系统整体频率复用率介于 1/2 与 5/6 之间。当然，如果有更多的干扰小区组划分，或者每个干扰小区组内有更多的相互干扰的小蜂窝基站，系统将采用不同的频率复用因子和不同的频段划分方法。

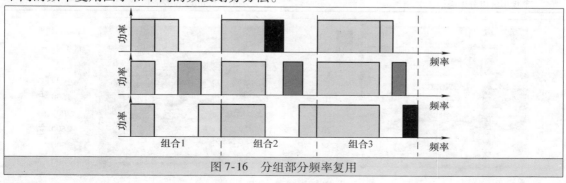

图 7-16　分组部分频率复用

（3）用户信噪比最优门限

在部分频率复用方案中，为区分小区内部和小区边缘用户，需要设置一个接收信号信干噪比（SINR）的门限 G_{th}，当一个用户的信干噪比大于这个门限时，被认为该用户在小区中心位置，当一个用户的信干噪比小于等于这个门限时，则认为该用户在小区边缘位置。假设 γ_k 为第 k 个用户的信干噪比，M_c 为小区中心用户的集合，M_E 为小区边缘用户的集合，则 $M_c = \{k: \gamma_k > G_{th}\}$，$M_E = \{k: \gamma_k \leqslant G_{th}\}$

过大的信干噪比门限会导致落入小区边缘的用户过多，反之过小的门限会导致落入小区边缘的用户过少，如何选择最优的信干噪比门限 G_{th} 在实际组网应用中尤为重要，本章参考文献［1］提出了一种最大化用户信干噪比均值与方差比的方法，该方法的目标函数：$G(\gamma) = \dfrac{\bar{\gamma}(\gamma)}{v_\gamma(\gamma)}$，其中，$\bar{\gamma}$ 为用户信干噪比均值；V 为用户信干噪比方差，G_{th} 最优解，$G_{th} = \max_\gamma G(\gamma)$。

（4）仿真验证

基于室内小蜂窝网络规划工具对某市 9 层大楼规划 LTE 小蜂窝基站进行仿真验证。其中，每层部署 4 个小蜂窝基站，仿真参数如表 7-5 所示。分别利用传统部分频率复用算法与改进的分组部分频率复用方法进行仿真分析。仿真结果如图 7-17 和图 7-18 所示，无论在小区边缘还是在小区中心，改进的分组部分频率复用方法的确明显提升了 SINR、小区频谱效率和网络吞吐量性能指标，对于改善小区间干扰具有实际指导意义。

表 7-5　仿真参数表

参数	取值
小区数	36
建筑面积	9600m²
传播模型	iBuildNet RRPS
阴影衰落	正态分布阴影模型，LOS 标准差 3dB，NLOS 标准差 4dB
带宽	2GHz，10MHz
资源块数	50
基站功率	8dBm
基站和用户天线增益	0dBi
用户噪声指数	5dB
下行调度算法	轮询
用户个数	每小区 25 个
用户传输模式	Full Buffer
用户信噪比最优门限	6.5dB
干扰小区组分组阈值	1dB，2.5dB，6dB

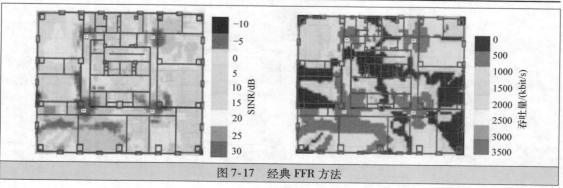

图 7-17　经典 FFR 方法

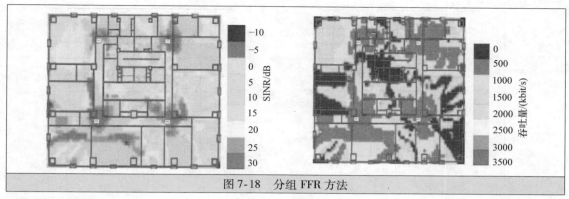

图 7-18 分组 FFR 方法

3. 小结

干扰协调是 LTE 同频组网中规避同频干扰的重要方法。针对室内 LTE 小蜂窝网络部署场景，本章提出一种改进的分组部分频率复用的干扰协调机制。通过理论和仿真效果分析，与传统频率复用规避干扰方法相比，该方法明显提高小区边缘和中心 SINR、小区频谱效率和网络吞吐量等网络性能指标。

7.4.4 小区合并的重叠覆盖解决方法 ★★★

1. 背景

目前，LTE 采用主流的 20MHz 系统带宽同频组网方式。由于子载波之间的正交特性，小区内干扰可以忽略，而小区间干扰成为影响网络质量的主要矛盾。在小区中心区域，由于距离服务小区较近，而与同频的邻区距离较远，SINR 相对较好，可以获得更高的数据传输速率和更好的服务质量。但是位于小区边缘的用户，往往处于重叠覆盖区域，由于距离服务小区较远，相邻小区占用同样载波资源的用户对其干扰比较大，SINR 相对较差，导致小区边缘的用户服务质量较差，吞吐量较低，严重的甚至影响用户的接入性能。因此，在 LTE 建网初期的组网方案中，如何进行 LTE 小区间的干扰抑制，改善小区边缘重叠覆盖区域的同频干扰，提高 LTE 系统的网络性能，已成为重点研究课题之一。

2. 小区合并技术

在 LTE 网络发展初期，容量和下载速率要求不高情况下，可以采用小区合并规划技术抑制小区间干扰。通过观察小区间的干扰强度和小区间的位置拓扑关系，如果存在两两小区间或多个小区之间干扰比较强烈而位置又相互靠近的情况，则将这些场景的小区合并为一个逻辑小区（Logical Cell），并选择其中一个小区作为种子小区（Seed Cell），将种子小区的参数配置给属于这个逻辑小区的两个或多个物理小区，配置参数包括小区的系统广播消息、CI、TAC、PCI 等标识。在空中接口处，配置了相同参数的物理小区合并为一个逻辑小区，如图 7-19 所示。

目前，小区合并规划方法主要通过人工判断、手工合并完成，不足之处如下：

1）依靠优化工程师的优化经验，人工判断小区间的干扰强度，主观性强，难以保证小区合并规划的效果。

2）工作量大、耗时耗力，需要反复进行路测、验证合并效果。

3）基于传统道路测试和扫频方式，由于采样数据量有限，不能充分评估判断小区之间干扰，难以保证网络中的干扰值最小。

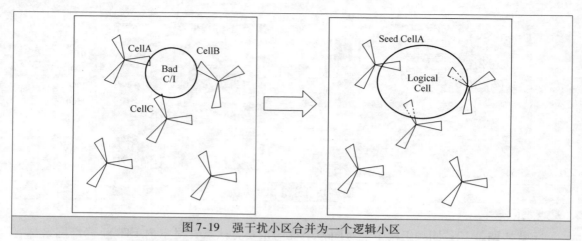

图 7-19　强干扰小区合并为一个逻辑小区

3. 基于自动小区合并的网络规划方法

针对传统的小区合并规划方法的不足，本书提出了一种基于自动小区合并的网络规划方法。利用反向覆盖测试数据进行网络性能评估，针对每个小区合并规划方案的网络性能，通过迭代自动运算，搜索使网络性能最佳的小区合并规划方案。该方法彻底避免了人工分析、合并、反复道路测试等大量的工作，节省优化成本，保证网络的性能整体最优。

以 TD – LTE 为例，基于自动小区合并的网络规划方法主要包括原理、方法流程和功能实现。

（1）NES

NES（Network Emulation System）又称之为反向覆盖测试系统。利用 TD – LTE 系统的室分双工（TDD）特性，在指定的频点、上行时隙利用 NES 终端发射信号，实现 eNodeB 基站专用反向覆盖测量功能。由于基站接受灵敏度高，因此 NES 终端的信号能够被远距离的基站收到。在网络闲时，NES 终端沿测试路线以固定功率发射上行信号，所有基站对该信号进行测量，获取信号接收电平等测量数据，对所有上报的测量数据，eNodeB 基站按小区 ID 为索引进行汇总和存储。"单发多收"的特性使得 NES 可以获取现网海量的测试数据，大约 10 倍于普通道路测试数据量，充分体现了测试数据的完备性。

（2）自动小区合并规划的原理

1）NES 数据解析。

由于 TD – LTE 系统上下行传播特性的一致性，上行路径损耗等效为下行路径损耗。根据 eNodeB 的发射功率，可以相应地计算出在每个测试点各个小区的下行 RSRP 值。下行 RSRP 的计算公式如下：

$$\text{RSRP}_i = \text{RE 发射功率} + \text{测试点天线增益} - \text{基站到测试点下行的路损}（等效为 NES 测试终端到基站的上行路损）（i = 1, 2, \cdots, n，其中 n 为测试点）\tag{7-1}$$

NES 数据解析的格式如表 7-6 所示。

2）小区间干扰/网络性能评估计算。

首先根据 NES 数据解析结果，计算优化区域内两两小区之间的干扰。并针对某一个小区 A，计算周围所有相邻小区对它的干扰总和。

① 小区间干扰通过小区之间的干扰模型 C/I 计算得到。C/I 的定义如下：

$$C/I_{AB} = \text{RSRP}_A - \text{RSRP}_B \tag{7-2}$$

（A 为服务小区，即测试点 i 处 RSRP 值最大的小区，RSRP 值相等则取离测试点距离最

近的小区，B 为相邻小区）

表7-6　NES 数据的解析

采样点	经度	纬度	eNodeB	CELLID	UE RSRP
1	123	67	2	101	−60
1	123	67	2	102	−68
…	…	…	…	…	…
2	100	68	2	101	−65
2	100	68	2	102	−70

② 根据 NES 测量数据可以统计出 C/I 的值，如表 7-7 所示。

表7-7　小区 C/I 统计

服务小区 A	C/I≤−30 个数	C/I=−29 个数	…	C/I=3 个数	…	C/I≥30 个数
与邻区 1 统计	Count_1_1	Count_1_2	…	Count_1_35	…	Count_1_61
与邻区 2 统计	Count_2_1	Count_2_2	…	Count_2_35	…	Count_1_61
⋮	⋮	⋮	⋮	⋮		Count_1_61
与邻区 B 统计	Count_B_1	Count_B_2	…	Count_B_35	…	Count_1_61

③ 表 7-7 中计算的电平差 C/I 是按照（−30）、（−29）…（30）区间统计个数的，事实上，小区的 C/I 是连续分布的。因此，根据 C/I 的直方图，利用正态分布函数来拟合上述电平差 C/I 在这些区间中的统计，得到服务小区与某邻区电平差 C/I 分布的连续正态分布函数，如图 7-20 所示。

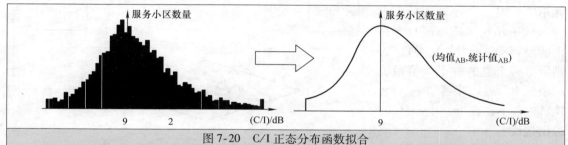

图 7-20　C/I 正态分布函数拟合

注：均值$_{AB}$表示 A 小区与 B 小区间干扰关系模型 C/I 值的统计平均值；统计值$_{AB}$表示表 7-7 中小区 C/I 统计值，表示 A 小区与 B 小区间干扰关系模型的 C/I 值，计算公式：$C/I_{AB} = RSRP_A − RSRP_B$。

④ 小区 A 和小区 B 的干扰关系可以通过图 7-20 正态分布函数的累计函数求得，即求 C/I＜9（9 定义为 TD−LTE 系统小区间干扰门限，根据网络实际情况可以调整）的面积。

$$IAB = NORMDIST(9,MEANAB,STDAB,1) \tag{7-3}$$

⑤ 计算小区 A 周围所有邻区对它的干扰总和，即

$$IA\_TOTAL = \sum (IAB) \tag{7-4}$$

⑥ 计算两两小区之间距离关系，过滤干扰值（距离门限之外的都被过滤掉），并计算当前优化区域内网络性能评价值，记为 Eva_cost。为了使小区合并以后，能够满足 TD−LTE 网络的性能指标，建立了网络性能评估函数 Eva_cost。Eva_cost 评估函数定义

$$Eva\_cost(x) = \alpha \times RRSRP(x) + \beta \times RRSRQ(x) \tag{7-5}$$

式中，x 为迭代轮数；$RRSRP(x)$ 为 RSRP 覆盖率，$RRSRP(x)$＝接收 RSRP 大于阈值的测试点数/所有测试点数，RSRP 的计算方法参见式（7-1）。$RRSRQ(x)$ 为 RSRQ 覆盖率，$RRSRQ(x)$＝接收 RSRQ 大于阈值的测试点数/所有测试点数；α，β（$\alpha+\beta=1$）作为对应评估函数各项的权值，取决于运营商对于网络的综合要求。

RSRQ 的计算公式

$$RSRQ_i = RSRP_i/RSSI \tag{7-6}$$

$$RSSI = 主小区的\ RSRP + 相邻小区的\ RSRP + 底噪 \tag{7-7}$$

即

$$RSSI = \sum_{j=1}^{n} RSRP_j/10 + TH/10 \tag{7-8}$$

TH（底噪）= 热噪声功率密度 + 10Log10（W）+ 噪声系数，W 为单个用户分配的带宽。

3）小区合并规划迭代运算。

小区合并规划迭代运算如图 7-21 所示。

① 迭代开始，将两两小区干扰从大到小进行排序，取出总的被干扰值最大的小区 A；

② 若 A 不是被合并小区（被合并小区：该小区已经被合并到其他小区上），且合并到 A 上的相邻小区数未达到合并小区上限，则 A 作为种子小区（种子小区：该小区只允许别的小区合并到它上面），否则取下一个总的被干扰值最大的小区 B，返回步骤②将 B 替换 A，若不存在下一个小区 B，退出迭代。

③ 从小区间两两的干扰关系中找出对 A 干扰最大的小区

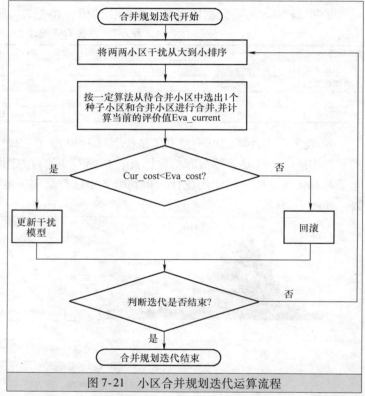

图 7-21　小区合并规划迭代运算流程

A1，作为 A 的被合并小区（A1 合并到 A 上），A1 需要满足条件：A1 还未进行过合并操作。若不满足条件，查找下一个对 A 干扰最大的小区 B1，并用 B1 替换 A1。若 B1 不存在，将下一个总的被干扰值最大的小区 B 替换 A，跳回步骤②。

④ 将 A1 小区合并到 A 上，并重新对网络性能值进行评估。

⑤ 若网络性能指标提升，保存当前方案，更新 A 和 A1 的干扰值为 0，并判断迭代次数是否达到，如是则迭代结束。否则重新计算每个小区总的被干扰值，并按从大到小排序，跳回步骤①。

⑥ 若网络性能指标下降，则回滚到合并之前的状态。并判断迭代次数是否达到，如是则迭代结束。否则取下一个被干扰最大的小区做为小区 A，若 A 存在，跳回步骤②，否则迭代结束。

（3）小区合并规划实现的功能模块

TD－LTE 网络无线小区自动合并规划方法的主要模块和功能说明如表 7-8 所示。

各功能模块之间的关系如图 7-22 所示。

表 7-8　功能模块说明

序号	模块	主要功能
1	数据处理功能模块	实现小区站址数据的输入、NES数据的输入、NES数据解析
2	网络干扰计算功能模块	实现小区间干扰评估的计算、网络性能评估的计算
3	强干扰小区合并规划模块	实现强干扰小区合并规划方案的搜索、输出小区合并规划方案，并通过地理化显示，在地图上清楚地呈现被合并的小区分布、种子小区和逻辑小区

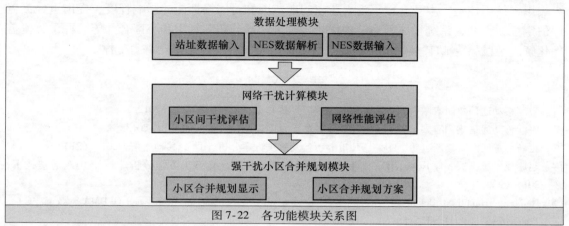

图 7-22　各功能模块关系图

（4）小区合并规划实现流程

小区合并规划方法的实现流程如图 7-23 所示。

首先，导入小区站址（经纬度、方位角）、数字地图、NES 数据，并对 NES 数据进行解析。

其次，计算两两小区间的干扰评价，并根据距离门限将干扰关系过滤后，计算网络的性能评价值。

然后，设置合并规划限制条件（合并小区数门限），选择强干扰小区进行合并规划（自动迭代、选到合适方案后自动停止）。

最后，输出小区合并规划方案。

4. 小结

在 TD－LTE 建网初期，基于 NES 测试的 TD－LTE 小区合并规划方法可以有效规避重叠覆盖区域 TD－LTE 的小区间干扰，达到提升小区边缘网络性能的目标。通过自动迭代运算，搜索使网络性能最佳的小区合并规

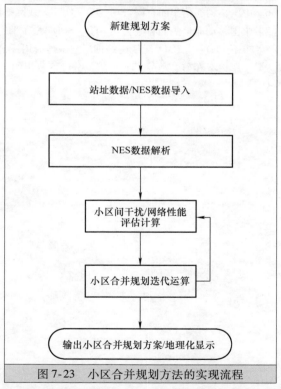

图 7-23　小区合并规划方法的实现流程

划方案，保证小区合并规划方案整体性能最优。该规划方案适用的场景主要包括建网初期市区覆盖和铁路、公路、河道等容量要求不高的线状覆盖区域。

7.5　本 章 小 结

对于同频组网的 LTE 系统，重叠覆盖问题是影响网络性能指标的因素之一。在重叠覆盖严重的区域，终端用户的吞吐量性能受到严重影响，甚至无法达到网络建设的规划指标，影响用户使用体验。本章介绍了重叠覆盖问题成因和对网络性能的影响程度，提出重叠覆盖评估定位新方法，系统描述网络结构优化、改进的部分频率复用和小区合并等几种重叠覆盖优化解决手段，为 LTE 规划优化阶段重叠覆盖区域的合理控制提供有力支撑。

参 考 文 献

[1] 中国移动通信集团有限公司. TD – LTE 多邻区干扰和重叠覆盖测试总结. 2012.

[2] 中国移动通信集团有限公司. TD – LTE 重叠覆盖及网络结构关键问题分析. 2013.

[3] 崔航，王四海，李新，等. TD – LTE 重叠覆盖及解决方案分析 [J]. 移动通信, 2013 (21).

[4] 赵康成，王国梁，李凤花. TD – LTE 无线网络中重叠覆盖优化解决方案分析 [J]. 山东通信技术, 2014 (9).

[5] Najjar A，Hamdi N，Bouallegue A. Efficient Frequency Reuse Scheme for Multi – cell OFDMA Systems [C]. Proceedings of the IEEE Symposium on Computers and Communications：2009：261 – 265.

[6] 中国移动通信集团有限公司. TD – LTE 无线网络性能测试规范. 2011.

[7] 中国移动通信集团有限公司. TD – SCDMA 和 TD – LTE 联合优化专题测试规范. 2012.

[8] 李军. TD – SCDMA 无线网络创新技术与应用 [M]. 北京：电子工业出版社，2012.

[9] 李军，秦春霞. 一种 LTE 分组部分频率复用的干扰协调方法 [J]. 电信技术，2014.

第8章

VoLTE高清语音深度覆盖规划

VoLTE是LTE时代运营商语音及语音漫游的主流解决方案，可以提供高质量音视频业务体验，为用户提供更为丰富的业务体验。良好的网络覆盖是运营商开展业务的基础，VoLTE高清语音深度覆盖规划是目前运营商网络建设的焦点之一。

8.1　LTE 语音解决方案

3GPP在制定4G通信标准过程中，在LTE系统架构中只保留了PS域（分组域），主要面向高速数据业务。长期以来，语音业务是移动运营商最主要的收入来源。目前LTE主要通过以下4种方式提供语音业务。

1. 双待机方式

终端双模双待，通过两路无线连接并行，数据承载在LTE网络，语音承载在2/3G网络中。作为IMS部署之前的过渡方案，对网络改造量小，需要运营商定制非标准终端，在终端实现有一定难度，耗电量较大，支持国际漫游出现问题。

2. OTT 模式

LTE具备高带宽、低时延、永远在线、全IP等优良特性，为OTT的发展带来便利。但依赖OTT应用提供语音服务时，与普通数据业务一样，采用依靠尽最大努力交付（Best Effort）相同的调度方式，语音承载没有QoS保障，在一定程度上影响用户感知。

3. CSFB 回落方式

终端附着在LTE，当语音通话时回落到2/3G网络。用户注册在LTE网络，当用户发起CS业务时，LTE网络指示从2/3G网络发起CS业务。CSFB可以快速部署，改造工作量小，能够重用2/3G网络覆盖，是目前LTE语音业务过渡方案。

4. VoLTE 方式

VoLTE即Voice over LTE，通过IP数据传输语音技术，无需2G/3G网，数据与语音全部业务承载于4G网络上，实现在同一网络下的统一。VoLTE语音业务承载在IMS上，通过LTE网络支持切换或漫游到2/3G网络。基于IMS的VoLTE是最终理想的语音解决方案，经历了几年的发展，基于IMS的VoLTE语音解决方案已趋于成熟，被3GPP、GSMA确定为移动语音的标准架构。IMS是IP多媒体子系统（IP Multimedia Subsystem），基于IP承载网，以SIP（Session Initiation Protocol）作为核心控制协议，提供与接入无关的IP多媒体业务控制能力。3GPP在标准制定过程中，逐步对IMS的架构和功能进行完善，R8、R9版本在多种接入网间提供业务连续性和业务一致性，提出LTE语音解决方案（基于IMS的

VoLTE）、支持 SRVCC 等特性，3GPP 各版本 VoLTE 架构主要特性如表 8-1 所示。

表 8-1　3GPP 各版本 VoLTE 架构主要特性

版本	特性	功能描述
R8	SRVCC	LTE 到 2G/3G CS 域切换
	CSFB	LTE 回落到 2G/3G CS 域提供语音
	SAE/LTE	EPC 架构，以及 LTE 支持半永久调度等 VoLTE 优化
	ICS	IMS 集中控制，可解决业务一致性
R9	Emergency Call	VoLTE 中承载层的紧急呼叫处理
	SRVCC4E – call	紧急呼叫的 SRVCC
R10	eSRVCC	SRVCC 性能提升
R11	RAVEL	IMS 漫游架构，解决国际漫游
	rSRVCC	CS 切换到 LTE

　　VoLTE 出现和发展受三大动力驱动：1）应对 OTT 的竞争；2）高清语音、高清视频通话和更快的呼叫接续为用户提供良好的体验；3）LTE 承载语音时频谱利用效率是传统 CS 语音的 4 倍以上。特别是 VoLTE 视频电话标清分辨率可达到 480×640（VGA），高清达到 720P，全高清甚至达到 1080P。VoLTE 高清视频通话服务为个人用户提供面对面的交流体验，也为企业用户带来更方便、更有效的沟通方式。

8.2　VoLTE 系统架构

　　在完成 IMS 核心网和接入网的设备改造之后，VoLTE 语音业务功能才得以顺利实现：

1）在全新网络架构（EPC + IMS）下，全面迁移原有 CS 业务；

2）用户在 2G/3G 网络下享受部分 4G 业务；

3）语音质量得到提升；

4）用户移出 LTE 覆盖区域情况下，可以保持语音业务的连续性；

5）引入新业务 RCS 和可视电话会议。

　　VoLTE 系统架构如图 8-1 所示，语音业务的引入涉及无线网、核心网、信令网、承载网、用户终端等端到端网络改造。

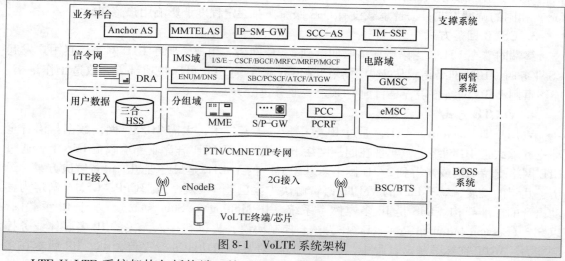

图 8-1　VoLTE 系统架构

　　LTE VoLTE 系统架构包括终端、接入层、分组域、电路域、IMS 域、业务平台和支撑系统，如表8-2所示。

表8-2　VoLTE 系统架构功能分层

功能层	功能说明	备注
终端	手机、数据卡＋软终端、CPE 等	VoLTE 智能手机同时支持 CSFB 功能
接入层	主要进行空口无线资源管理、无线链路维护	
分组域	LTE 用户通过 EPC 接入 IMS，引入 PCRF 做 QoS 控制	
电路域	当手机终端移出 LTE 覆盖区域，可平滑切换至 GSM 接入。MSC Server 升级为支持 eSRVCC/CSFB 功能的 eMSC	
IMS 域	实现会话控制实体 CSCF 和承载控制实体 MGCF 在功能上的分离 管理 IMS 网络的用户鉴权、IMS 承载面 QoS、与其他网络实体配合进行 SIP 会话的控制，以及业务协商和资源分配等	
业务平台	提供各类多媒体业务功能	
支撑系统	提供业务发放、计费和网管功能	

8.2.1　VoLTE 语音业务特征 ★★★

相比传统 2G/3G 网络，VoLTE 语音业务质量有了质的飞跃，并且频谱效率大幅提升，VoLTE 语音业务与 2G/3G 制式对比如表8-3所示。

表8-3　VoLTE 语音业务与 2/3G 语音业务对比

对比项	VoLTE	2G/3G
呼叫时延	0.5 ~2s	5 ~8s
视频质量	典型分辨率：480×640 同时支持 720P/1080P 高清视频	分辨率：176×144
语音质量	频率：50 ~7000Hz 编解码：最高支持 AMR－WB 23.85kbit/s	频率：300 ~3400Hz 编解码：最高支持 AMR－NB 12.2kbit/s
频谱效率	同样承载 AMR 语音，LTE 的频谱效率可达 WCDMA 的 3 倍以上	

8.2.2　VoLTE 语音业务类型 ★★★

VoLTE 语音分为标清（AMR－NB 8 种）和高清（AMR－WB 9 种），其中标清12.2kbit/s 语音速率（标清最高速率）与 2G/3G 语音速率一致，高清语音（12.65kbit/s ~ 23.85kbit/s）相比 2G/3G 而言，在语音质量上获得了质的飞跃。

VoLTE 语音频率范围如图8-2所示，AMR－NB（窄带语音）语音带宽范围为300 ~3400Hz，采用8kHz 采样频率。AMR－WB（宽带语音，也叫高清语音）语音带宽范围为50 ~7000Hz，

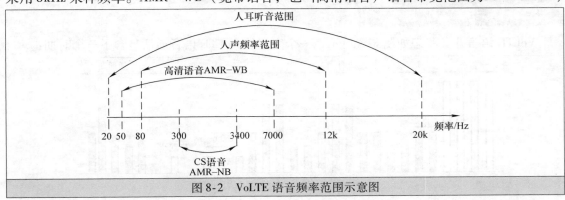

图8-2　VoLTE 语音频率范围示意图

采用16kHz采样频率，因此与窄带语音相比，AMR-WB具有更清晰的语音信号，以及更高的自然度、表现力、舒适度、清晰度和临场感。无论语音编码如何，考虑语音的短时相关性，每帧长度均为20ms，即1s发送50个语音包。

8.2.3 VoLTE 语音业务承载与 QoS 管理 ★★★

LTE不同业务QoS等级（QCI）的定义如表8-4所示。VoLTE中SIP信令采用QCI=5的Non-GBR业务策略进行默认承载，该默认承载是实现永久在线的关键。VoLTE语音采用QCI=1的GBR业务策略进行专用承载，这些QoS管理策略可以通过参数进行控制。通过上述承载与QoS管理方案，确保了优秀的VoLTE语音业务体验质量。而普通的LTE数据业务采用QCI=9的Non-GBR业务承载策略，资源调度优先级小于VoLTE SIP信令和语音业务。

表8-4　LTE 不同业务 QCI 等级的 QoS 的定义

QCI 等级	资源类型	优先级	数据包时延	数据包丢失率	典型业务
1	GBR 保证比特速率	2	100ms	10^{-2}	会话语音
2		4	150ms	10^{-2}	会话视频（直播流媒体）
3		3	50ms	10^{-2}	实时游戏
4		5	300ms	10^{-2}	非会话视频（缓冲流媒体）
5	Non-GBR 非保证比特速率	1	100ms	10^{-6}	IMS 信令
6		6	300ms	10^{-6}	视频（缓冲流媒体） 基于 TCP 的业务（如 www \ e-mail \ chat \ ftp \ p2p 文件共享 \ 逐行扫描视频）
7		7	100ms	10^{-3}	语音 视频（直播流媒体） 互动游戏
8		8	300ms	10^{-6}	视频（缓冲流媒体）
9		9			基于 TCP 的业务（如 www \ e-mail \ chat \ ftp \ p2p 文件共享 \ 逐行扫描视频）

8.3　VoLTE 无线关键技术

在部署VoLTE的过程中，无线侧eNB支持相关基本功能外，可以根据实际需求，进一步考虑引入VoLTE覆盖增强功能，优化方案性能，提升整体覆盖质量，改善用户体验。

8.3.1 半静态调度 ★★★

VoLTE语言业务状态如图8-3所示，一个完整的VoLTE语音通话包含了三个时期：

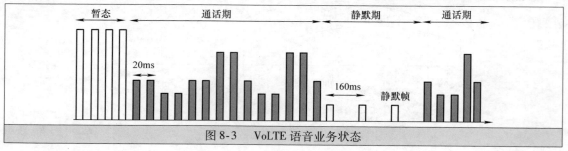

图8-3　VoLTE 语音业务状态

1）暂态：暂态是指每次业务建立初期尚未稳定的状态，此状态下的数据包较大；

2）通话期：通话期是指对应用户正在通话的状态，在通话状态下，每20ms传送一次数据，通话期的语音数据包大小取决于当前采用的编码速率；

3）静默期：静默期对应用户通话停顿的状态，每间隔160ms发一个很短的SID帧，SID帧是为了提升用户感受而发送的噪音帧。

在通话期间，为了减小处理语音小包业务时减少L1/L2控制信令开销，进行半静态调度，即通过PDCCH指示UE使用的资源（MCS和RB），在未接受到新的资源调度前，UE一直占用已分配的资源，从而节省PDCCH资源。

暂态、静默期采用动态调度，会消耗较多PDCCH资源，但信道适应性较好。

半静态调度可减少控制信令开销，节省PDCCH资源，在控制信道受限的情况下，提高系统容量。但在现网3:1时隙配比下，因采用了保守调度算法（MCS不得高于15），可能导致系统容量受限于PUSCH而有所下降，故暂不开启该功能。

8.3.2　头压缩 ★★★

VoLTE业务分组报文的报头太长，往往等于甚至大于净荷。报文的报头中，很多字段的作用是确保端到端连接的正确性。对于某一段链路来说，这种字段不起具体作用，且每个报文中都相同，属于冗余内容。冗余内容可以不用每次均发送，而采取在链路的另一段进行还原出来的办法。因此，VoLTE采用头压缩功能（RoHC），减少开销，节省带宽资源。

RoHC的压缩效率是变化的，根据RoHC工作模式以及应用层报文头动态域的变化规律不同，RoHC压缩的报文大小不同。最高可以将报文头压缩到1个字节，有效地减少VoIP报文大小和调度所需的RB资源。其原理如下8-4所示。

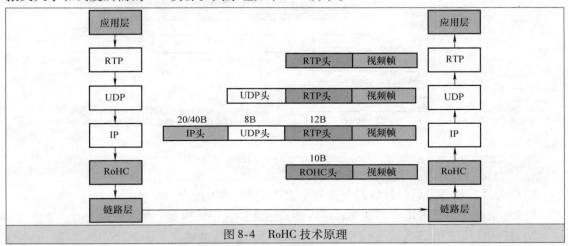

图 8-4　RoHC技术原理

对于IPv4，AMR12.2k语音编码速率，净荷为263bit，即33B，考虑RoHC头压缩，共39B，考虑PDCP、RLC和MAC头开销后，共43B，即344bit。不考虑RoHC头压缩，应用层RTP开销占12B，UDP头开销占8B，IP层的IP头开销占20B，头部共40B，加上净荷及空口头部共77B，RoHC节省了约34B。

对于IPv6，IPv6不包含IP标识字段（IPv4该字段可以程序自定义），实际上压缩优于IPV4。IP头部约60B，RoHC压缩后约4B，节省资源更大。

8.3.3 TTI Bundling ★★★

TTI Bundling 是一项 VoLTE 上行覆盖增强技术。在小区边缘存在瞬时传输速率较高、上行功率受限等情况时，会导致上行覆盖受限，一个 TTI 内终端可能无法满足数据发送误块率（BLER）要求，TTI Bundling 使用 4 个连续 TTI 传输同一个数据包的四个副本，增大了传输成功率，从而提高数据解调成功率，对上行覆盖范围有一定的改善，但增加了传输时延。

理论上，TTI Bundling 可获得 6dB 的覆盖增益。但目前只有配比 0、1、6 支持 TTI Bundling，其他配比的上行子帧数太少，不适合做绑定处理。对于上下行时隙配置 1:3 的组网情况，无法使用 TTI Bundling 提升 VoLTE 业务覆盖。

8.3.4 RLC 分片 ★★★

RLC 层会根据底层上报信息，如 UE 所分配的无线资源的数据承载能力，对 PDCP PDU 进行分段形成比较小的 RLC PDU，以适应所分配的无线资源的大小，从而减小数据包的大小，提高接收端的可靠性（等效于增强覆盖），RLC 层分片技术原理如图 8-5 所示。

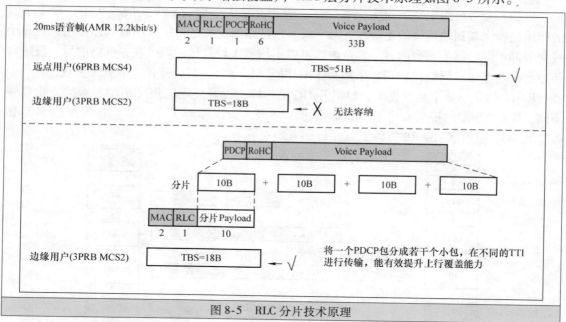

图 8-5　RLC 分片技术原理

RLC 分片默认开启后，对数据业务的传输产生如下影响：

1）开销增大导致占用资源变多，接入用户数变小，限制容量；

2）HARQ 反馈错误造成丢包率变高，ACK/NACK 反馈增多，ACK/NACK 本身出错的概率会增大，导致丢包率变高。

8.3.5 HARQ 重传 ★★★

考虑到语音业务 QoS 对丢包率和时延的要求，VoLTE 采用 HARQ 重传机制保证语音包接收的可靠性。理论上，两次重传能够获得 3dB 的重传增益，重传次数越多，增益就越大。但考虑每次重传的时间间隔最小为 10ms 和 QoS 时延要求，重传次数不会无限大。因此重传的效果与时隙配置、时延要求有很大的关系。

重传增益大致可以通过下式估算：

第 *M* 次传输较第 *N* 次传输增益大致为 $10\lg(M/N)$

$M = 2, 3, 4, 5, \cdots\cdots;$

$N = 1, 2, \cdots\cdots, M-1$。

8.4　VoLTE 语音业务质量评估

传统的通过道路测试的方式评估语音质量需要考虑的因素较多，并且不能直接反映语音质量的优劣。所以需要通过对语音业务的直接测试，获得语音质量的平均意见值（MOS 评分），才能达到客观评估语音质量的目标。

8.4.1　MOS 值的评估方法 ★★★

常用的 MOS 评价方法包括主观 MOS 评价和客观 MOS 评价。

主观 MOS 分采用 ITU－T P. 800 和 P. 830 建议书，由不同的人分别对原始语料和经过系统处理后有衰退的语料进行主观感觉对比，得出 MOS 评分，最后求出平均值。而客观 MOS 评价则采用 ITU－T P. 862 建议书提供的 PESQ 方法或者采用 ITU－T P. 863 建议书提供的 POLQA 方法由专门的仪器进行测试。

PESQ 算法在许多情况下有缺陷。它应用于 CDMA 编码（如 EVRC）时不够准确并且在特定的 GSM/WCDMA 网络条件下过于敏感，此外，PESQ 不能处理超宽带语音信号。而 POLQA 则克服了这些缺陷，而且它可以覆盖最新的语音编码，它在用于 3G、4G/LTE 和 VoIP 网络时具有更高的准确性，并且支持传输高质量语音的网络。

因此 POLQA（即 ITU－T P. 863）已被 ITU 确定为标准的下一代语音测试方法，作为 PESQ（即 ITU－T P. 862）的替代。

POLQA 通过将参考信号和最终获得的信号进行对比，获得 MOS 值，其工作模型如图 8-6所示。

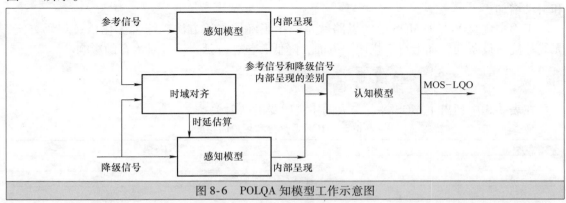

图 8-6　POLQA 知模型工作示意图

POLQA 方法还包括 NB 和 SWB 两种模式，NB 模式可用于评估窄带语音编码的 MOS 值，SWB 模式可以评估宽带，也可以评估窄带语音编码。一般外场通过专门的路测仪器（如 ASCOM、Probe、鼎立）来测试客观 MOS 值。

8.4.2 MOS值的影响因素 ★★★

如图8-7所示，影响VoLTE用户语音质量（MOS值）的因素主要包括语音编码、端到端时延、抖动和丢包率等。

（1）影响端到端时延的主要因素

1）终端的语音编解码时延：指的是终端从话筒采集语音到编码成AMR-NB或AMR-WB等码流，或者从AMR-NB或AMR-WB码流解码成语音并从听筒播放的处理时延。

2）空口的传输时延：eNodeB的调度等待时延、空口误包重传以及分段均会影响空口的传输时延。

3）核心网的处理时延：包括对语音包的转发时延，以及可能存在的语音编解码转换时延（主被叫终端的语音编解码方式不同，需经过媒体网关转换）。

4）传输网传输时延：语音IP报文在传输网设备和链路上的传输时延。

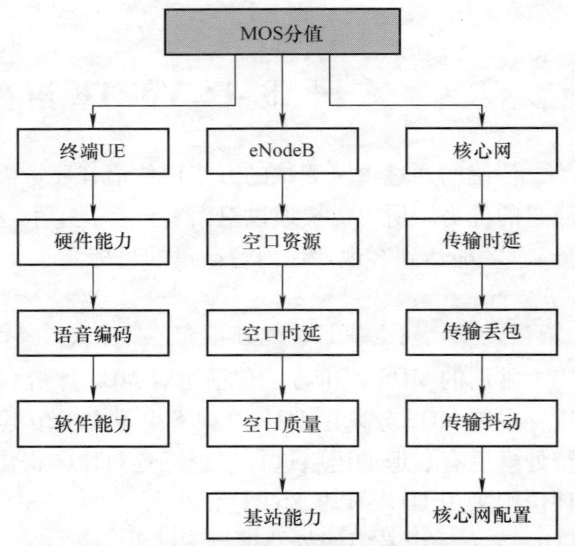

图8-7 影响VoLTE语音质量MOS值的主要因素

（2）影响丢包和抖动的主要因素

1）空口信号质量：空口信号质量差可能导致误包增加，过多的重传和分段会造成丢包和抖动增加。

2）eNodeB的负载过高，当eNodeB上负载较重时，包括CPU占有率偏高或者高优先级业务的PRB占用率偏高，可能导致部分用户的语音包不能及时调度，从而造成超时丢包或者抖动增加。

3）传输网络丢包或者抖动，传输网络上丢包或者存在抖动，会造成端到端丢包率上升和抖动增加。

工程中优化VoLTE MOS值的思路就是采用正确的测试方法，综合优化语音编码方案、无线环境、设备问题和上行干扰四个方面，降低丢包、时延、误码对语音的影响。

8.4.3 MOS值的评估标准 ★★★

在表8-5中列出了MOS评分与人的主观感受的映射关系。

表8-5 MOS评分分和用户满意度

MOS分数	质量	收听注意力等级
5	优	完全放松，不需要注意力
4	良	需要注意力，但不明显
3	满意	中等程度的注意力
2	差	需要集中注意力
1	劣	即使努力去听，也很难听懂

一般情况下，MOS值大于等于4被认为是优质的语音质量，大于等于3被认为是可接受的语

音质量。对于高清语音，建议取3.0作为基本满意的 MOS 值，取3.5作为比较满意的 MOS 值。

8.5 VoLTE 覆盖规划理论分析

8.5.1 覆盖影响因素 ★★★

VoLTE 的覆盖估算可以通过链路预算的方法进行计算。在链路预算中，涉及的关键参数分类如下：

1）设备相关的参数：发射功率、接收机灵敏度、器件及线缆损耗、天线增益。

2）无线环境相关参数：慢衰落余量、穿透损耗、人体损耗、站高、终端高度、信道类型、环境、传播模型。

3）TD–LTE 技术相关参数：时隙配比、CP 长度、系统负载、硬切换增益、MCS、MIMO。

上述参数均是影响 LTE 覆盖能力的关键因素。除此之外，VoLTE 特有的关键技术或特征影响语音业务覆盖能力主要体现在如下几个方面：

1）TTI Bundling：开启后理论上获取 6dB 的覆盖能力，但如果采用上下行时隙配比 2 方案（1:3），则无法开启 TTI Bundling 功能，故无法获得该增益。

2）RLC 分片：RLC 分片数目越多，TBS 就越小，数据包就越能够容易被解调，从而增强了覆盖。

3）RoHC：头压缩技术降低开销，减小了 TBS 的大小，数据包容易被解调，从而增强了覆盖。

4）HARQ 重传：按照 QoS 要求，VoLTE 允许一定的时延，重传能够带来一定的重传增益（理论上，一次重传增益是 3dB），具体表现为对解调性能的要求降低，覆盖能力增强。

5）时隙配比：上行子帧数目越多，在用户感知允许的时延要求下，可以重传的次数就越多，覆盖能力就越强。

8.5.2 覆盖规划指标分析 ★★★

VoLTE 语音业务覆盖评估指标以 RSRP 和 SINR 为关键指标，链路预算过程详见表 8-6。

表 8-6 VoLTE 链路预算过程

项目	单位	序号	说明
终端发射功率	dBm	A	/
终端损耗	dB	B	/
人体损耗	dB	C	/
穿透损耗	dB	D	/
阴影衰落余量	dB	E	/
空间传输损耗	dB	F	F = C + D + E
上行干扰余量	dB	G	/
热噪声功率	dBm	H	/
基站噪声系数	dB	I	/
基站 SINR 解调门限	dB	J	/
HARQ 重传增益	dB	K	/
基站 IRC 合并增益	dB	L	/
基站接收灵敏度	dBm	M	M = H + I + J

(续)

项目	单位	序号	说明
基站天线增益	dBi	N	/
基站馈线损耗	dB	Q	/
上行路径损耗	dBm	X	$X = A - B - F - M - G + N + K + L - Q$
基站发射功率	dBm	P	/
移动台接收电平	dBm	R	$R = P - Q + N - E - X$

由于上行链路场强在网络规划和优化中没有标准化的数据采集和表征手段，而 TD - LTE 系统传播损耗是上下行对称的，可以用下行 RSRP 表征上行链路场强。

上行链路 MAPL（最大可用路径损耗）＝UE 最大发射功率 - 接收机灵敏度 + 增益 - 损耗 - 余量

下行 RSRP：使上下行路损相等，根据下行每个子载波发射功率和路损，结合阴影衰落余量计算出小区边缘的 RSRP 门限。

RS - SINR：根据小区边缘终端的 RSRP，结合终端的噪声功率及下行干扰余量，计算出小区边缘的 RS - SINR 门限。

8.5.3 理论计算 ★★★

针对 AMR 12.2kbit/s 语音编码，计算结果：RSRP > -117dBm，SINR > -6dB

针对 AMR 23.85kbit/s 语音编码，计算结果：RSRP > -115dBm，SINR > -4dB

以上通过理论计算得出小区边缘的 RSRP 和 SINR 取值，确保语音业务正常进行。但由于实际网络环境复杂，理论分析大多基于理想条件，存在诸多偏差。通过现网测试和理论分析，在保障语音用户体验的前提下，共同确定保证良好语音业务覆盖能力，获得满足实际网络规划部署要求的边缘 RSRP 和 SINR 指标门限值。

8.6　VoLTE 覆盖规划测试验证

8.6.1 测试要求 ★★★

本次测试终端锁频到 F 频段，即在室内测试室外站的深度覆盖情况，观测语音业务 MOS 值随无线质量变化趋势，通过拐点确定深度覆盖边缘 RSRP 和 SINR 的临界值。测试采用 VoLTE 终端、MOS 盒和测试软件，进行 VoLTE 23.85kbit/s 高清语音质量测试。

8.6.2 场景要求 ★★★

选取市区室内不同场景，如多栋高层、独栋高层、中层、低层等各种场景楼宇，进行室内遍历测试，遍布楼道、走廊、楼梯、楼梯外围等。市区室内场景分类与测试楼层要求见表 8-7。

表 8-7　市区室内场景分类与测试楼层要求

场景名称	场景特征	测试楼层要求
多栋高层	成群的 20 层以上楼宇	楼内至少测试 9 层，按总层数均分，楼外室外绕楼测试一周
独栋高层	独立的 20 层以上楼宇	楼内至少测试 9 层，按总层数均分，楼外室外绕楼测试一周
中层	8 ~ 20 层小区或写字楼	楼内至少测试 6 层，按总层数均分，楼外室外绕楼测试一周
低层	8 层以下小区、写字楼、商场	楼内至少测试 3 层，按总层数均分，楼外室外绕楼测试一周

8.6.3　参数要求 ★★★

在测试中，网络侧参数设置见表8-8。

表8-8　参数设置

参数名称	设置情况
eSRVCC 功能开关	关闭
RoHC 功能开关	打开
SPS 功能开关	关闭
TTI Bundling 功能开关	关闭

8.6.4　测试点选择 ★★★

选取某市区室内场景作为评估分析试点，测试区域包括社区、小区、商场、酒店、写字楼等类型，总共30座楼宇。具体测试点位置信息如表8-9所示。

表8-9　市区室内场景测试位置信息

场景类型	场景名称	类型	测试楼层
多栋高层	小岗刘新城 1 号楼	社区	1、4、7、10、13、16、19、22、25、28、31
	美丽源 5 号楼 2 单元	小区	1、4、7、10、14、17、20、24、27
	康桥华城	小区	1、4、7、10、13、16、19、22、25、27
独栋高层	裕达国贸	酒店	1、5、8、19、22、26、29、32、36
	中原新城 8 号楼	小区	1、5、8、12、15、18、25
	龙源新城 9 号楼	小区	1、4、7、10、13、16、19、22、25、27
	金帝大厦	写字楼	1、9、11、13、15、17、19、21
中层	帝湖花园西王府	大型小区	1、2、3、18、19、20
	嵩阳饭店	酒店	1、3、5、7、9、11
	中都饭店	酒店	1、3、5、7、9、11、13、15
	泰隆大厦	商场	1、3、6、9、13、16、20
	天龙大厦	商场	1、4、6、9、12、15、18
	白鸽新苑 1 期	小区	1、5、7、10、13、15
	博雅西城 1 号楼	小区	1、3、8、13、18
	鑫苑国际花园 38 号楼 2 单元	小区	1、3、5、7、9、11、13、15、17
	长城花园 7 号楼	小区	1、3、7、10、13、16
	省交通厅家属院	小区	1、2、4、6、8、10、12、14、17
	富华花苑 11 号楼	小区	1、3、5、7、9、11、13、15、17
	郑大信息工程学院 10 号楼	校园	1
低层	帝湖花园米兰城	大型小区	1、2、3
	帝湖花园东王府 306 号楼	大型小区	1、2、3、4、5、6
	西工房社区 1 号楼	社区	1、3、5
	西工房社区 3 号楼	社区	1、3、7
	亚星盛世悦都 1 号楼	小区	1、2、3、4、5、6
	绿云小区 2 号楼	小区	1、3、6
	白鸽新苑 2 期	小区	1、2、4
	富华花苑 4 号楼 2 单元	小区	1、3、5
	富华花苑 6 号楼 1 单元	小区	1、3、5
	郑大国际教育学院	校园	1
	公积金中心	写字楼	1、3、5

8.6.5　测试分析 ★★★

1. 多栋高层场景测试分析

多栋高层场景测试分楼层数据统计结果如表 8-10 所示。

表 8-10　多栋高层场景测试分楼层数据统计

场景名称	楼层	高度/m	平均 RSRP/dBm	CDF 95% RSRP/dBm	平均 RS－SINR/dB	CDF 95% RS－SINR/dB	平均 MOS
康桥华城	27	81	－115.15	－126.5	－6.93	－12	1.73
	25	75	－113.83	－121.63	－6.87	－10	1.97
	22	66	－110.91	－119.63	－6.53	－12	2.92
	19	57	－117.34	－125.88	－6.55	－13	1.99
	16	48	－115.12	－123	－4.51	－9	2.55
	13	39	－116.48	－123	－3.62	－9	2.81
	10	30	－112.40	－121.13	0.16	－6	3.76
	7	21	－118.61	－126.13	－1.96	－7	3.16
	4	12	－114.78	－125.38	－3.16	－11	3.38
	1	3	－121.02	－127.13	－5.69	－9	2.49
	室外绕楼	0	－103.45	－108.88	－1.48	－7	3.48
美丽源5号楼2单元	27	81	－113.98	－121.63	－5.43	－10	2.65
	24	72	－116.01	－124.63	－2.53	－7	2.65
	20	60	－109.31	－119.63	－0.60	－5	3.07
	17	51	－115.62	－125.5	0.58	－5	3.33
	14	42	－111.49	－122.63	3.02	－5	3.60
	10	30	－106.99	－115.5	6.21	－2	3.73
	7	21	－105.02	－114.25	3.56	－2	3.57
	4	12	－122.54	－130.13	－2.86	－10	2.99
	1	3	－101.51	－119.75	15.07	4	3.74
	室外绕楼	0	－77.70	－87.38	16.15	1	3.88
小岗刘新城1号楼	31	93	－118.66	－126.63	－3.35	－7	2.36
	28	84	－121.07	－127.88	－4.28	－7	1.93
	25	75	－117.35	－126.25	－3.56	－7	2.18
	22	66	－122.23	－128.75	－5.82	－10	1.80
	19	57	－120.95	－126.25	－5.73	－8	3.13
	16	48	－115.73	－127.63	－5.13	－10	2.48
	13	39	－116.19	－128.38	－4.30	－8	2.52
	10	30	－117.14	－124.38	－7.70	－11	1.88
	7	21	－112.96	－125.63	－4.50	－10	2.64
	4	12	－106.02	－110.25	4.57	－2	3.85
	1	3	－110.58	－125	6.36	－7	3.34
	室外绕楼	0	－96.32	－107.13	7.11	－5	3.64

从测试结果可以看出，室外站点对多栋高层场景的室内进行深度覆盖时，室内 RSRP 均值 ＝ －114.56dBm，SINR 均值 ＝ －2.07dB 时，MOS 均值达到 2.81。楼层越高，则 RSRP、SINR 和 MOS 评分越差。

（1）RSRP 与 MOS 关联分析

将采样点依据 RSRP 按照 1dBm 为单位进行汇聚，计算对应的 MOS 平均值，进行分析。RSRP 与 MOS 评分关联分析数据统计如表 8-11 所示。

表 8-11　多栋高层场景测试 RSRP 与 MOS 评分关联分析数据

RSRP/dBm	MOS 评分	RSRP/dBm	MOS 评分	RSRP/dBm	MOS 评分
-66	3.99	-101	3.99	-121	2.35
-67	4.00	-102	3.79	-122	2.29
-69	3.94	-103	3.49	-123	2.14
-71	3.50	-104	3.56	-124	1.99
-76	4.00	-105	3.48	-125	2.02
-79	3.99	-106	3.47	-126	2.14
-80	3.97	-107	3.28	-127	1.90
-81	4.01	-108	3.40	-128	1.27
-82	3.97	-109	3.51	-129	1.02
-83	3.84	-110	3.26	-130	3.14
-86	3.93	-111	3.14		
-88	3.93	-112	3.27		
-91	3.87	-113	2.98		
-92	3.75	-114	2.79		
-93	3.92	-115	3.34		
-95	4.07	-116	2.98		
-96	3.68	-117	3.20		
-97	3.73	-118	2.92		
-99	3.29	-119	2.55		
-100	3.69	-120	2.59		

关联分析结果如图 8-8 所示。

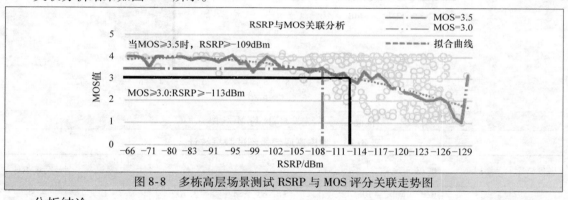

图 8-8　多栋高层场景测试 RSRP 与 MOS 评分关联走势图

分析结论：

MOS 评分≥3.5 时边缘覆盖规划指标：RSRP≥-109dBm；

MOS 评分≥3.0 时边缘覆盖规划指标：RSRP≥-113dBm。

（2）SINR 与 MOS 关联分析

将采样点依据 SINR 按照 1dB 为单位进行汇聚，计算对应 MOS 平均值，SINR 与 MOS 评分关联分析数据统计如表 8-12 所示。

关联分析结果如图 8-9 所示。

分析结论：

MOS 评分≥3.5 时边缘覆盖规划指标：SINR≥-0dB。

MOS 评分≥3.0 时边缘覆盖规划指标：SINR≥-3dB。

2. 独栋高层场景测试分析

独栋高层场景测试分楼层数据统计结果如表 8-13 所示。

表8-12　多栋高层场景测试 SINR 与 MOS 评分关联分析数据

SINR/dB	MOS 评分	SINR/dB	MOS 评分	SINR/dB	MOS 评分
25	3.97	9	3.97	−6	2.41
24	3.21	8	3.89	−7	2.44
23	3.33	7	2.84	−8	2.23
22	4.01	6	3.88	−9	1.56
21	3.99	5	3.68	−10	1.54
20	3.97	4	3.81	−11	2.28
19	3.98	3	3.58	−12	1.28
18	3.93	2	3.44		
17	3.71	1	3.52		
16	3.97	0	3.73		
15	3.88	−1	2.88		
13	3.97	−2	3.18		
12	3.74	−3	3.10		
11	3.93	−4	2.79		
10	3.75	−5	2.25		

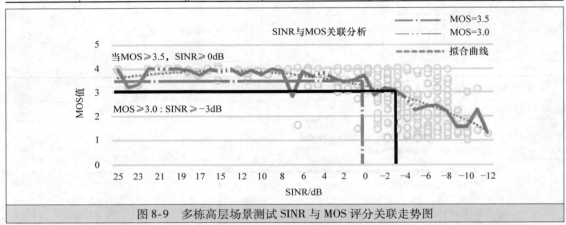

图8-9　多栋高层场景测试 SINR 与 MOS 评分关联走势图

表8-13　独栋高层场景测试数据统计

场景名称	楼层	高度/m	平均 RSRP/dBm	CDF 95% RSRP/dBm	平均 RS−SINR/dB	CDF 95% RS−SINR/dB	平均 MOS
	21	63	−106.42	−111.63	−3.70	−12	2.58
	19	57	−106.61	−116.88	−0.17	−10	3.28
	17	51	−103.78	−105.38	0.89	0	3.79
	15	45	−106.62	−113.5	−4.18	−10	2.83
金帝大厦	13	39	−100.76	−111	3.23	−7	3.17
	11	33	−104.66	−110.5	−1.59	−7	1.29
	9	27	−102.43	−112	3.00	−6	2.61
	1	3	−118.12	−130.88	−3.92	−11	2.77
	室外绕楼	0	−96.21	−100.25	3.31	−1	3.62
	27	81	−119.94	−127.5	−8.15	−12	1.46
	25	75	−111.37	−127.5	−1.49	−12	2.19
龙源新城9号楼	22	66	−118.08	−125.75	−5.91	−11	1.82
	19	57	−119.91	−126.88	−5.96	−10	1.64
	16	48	−121.93	−125.75	−4.37	−10	1.75
	13	39	−121.55	−124.5	−5.85	−9	2.16

（续）

场景名称	楼层	高度/m	平均 RSRP/dBm	CDF 95% RSRP/dBm	平均 RS－SINR/dB	CDF 95% RS－SINR/dB	平均 MOS
龙源新城 9 号楼	10	30	－122.71	－126.63	－2.96	－6	3.07
	7	21	－112.51	－118.75	6.85	2	3.87
	4	12	－108.82	－116.75	9.41	3	3.75
	1	3	－109.63	－110.63	10.55	6	3.91
	室外绕楼	0	－105.92	－109.25	8.69	5	3.75
裕达国贸	36	108	－114.05	－117.75	－6.93	－10	1.86
	32	96	－115.31	－122.75	－5.64	－13	2.43
	29	87	－116.86	－122	－7.14	－20	1.46
	26	78	－118.30	－126.88	－8.14	－19	2.42
	22	66	－111.35	－118.38	－4.80	－6	2.48
	19	57	－111.83	－116.75	－3.12	－11	2.79
	8	24	－103.39	－115.38	1.80	－3	3.75
	5	15	－109.45	－113.5	4.17	1	3.76
	1	3	－107.44	－110.13	2.85	－2	3.74
	室外绕楼	0	－92.27	－111	4.49	－3	3.18
中原新城 8 号楼	25	75	－109.09	－117.75	－4.48	－9	1.54
	18	54	－115.96	－120.88	－4.59	－8	1.81
	15	45	－105.32	－114.88	2.40	－3	3.03
	12	36	－113.45	－123.5	0.56	－9	2.58
	8	24	－117.79	－110.75	－2.00	－5	3.19
	5	15	－119.33	－122.63	－1.01	－3	3.45
	1	3	－117.83	－120.38	－5.77	－7	2.46
	室外绕楼	0	－103.29	－115	0.02	－6	3.64

从测试结果可以看出，室外站点对独栋高层场景的室内进行深度覆盖时，室内 RSRP 均值 =－112.43dBm，SINR 均值 =－1.65dB，MOS 均值 =2.67。大部分楼宇的楼层越高，RSRP、SINR 和 MOS 评分越差，部分整座楼宇都较差。整体来看，MOS 评分与 RSRP、SINR 相关。

（1）RSRP 与 MOS 关联分析

将采样点依据 RSRP 按照 1dBm 为单位进行汇聚，计算对应 MOS 平均值。RSRP 与 MOS 评分关联分析数据统计如表 8-14 所示。

表 8-14　独栋高层场景测试 RSRP 与 MOS 评分关联分析数据

RSRP/dBm	MOS 评分	RSRP/dBm	MOS 评分	RSRP/dBm	MOS 评分
－77	3.26	－100	3.75	－116	2.85
－79	3.58	－101	3.43	－117	3.02
－82	3.05	－102	3.68	－118	2.75
－85	3.08	－103	3.73	－119	2.74
－86	3.36	－104	3.51	－120	1.71
－88	3.23	－105	3.89	－121	2.16
－89	3.55	－106	3.49	－122	1.92
－91	3.47	－107	3.21	－123	2.08
－92	3.50	－108	3.00	－124	2.62
－93	3.67	－109	2.76	－125	1.47
－94	3.49	－110	3.54	－126	2.61
－95	3.66	－111	2.52	－128	2.04
－96	3.69	－112	2.41	－130	1.19
－97	3.68	－113	2.89	－133	1.32
－98	3.30	－114	2.64		
－99	3.56	－115	2.32		

关联分析结果如图 8-10 所示。

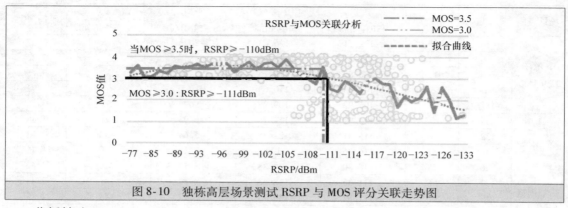

图 8-10　独栋高层场景测试 RSRP 与 MOS 评分关联走势图

分析结论：

MOS 评分≥3.5 时边缘覆盖规划指标：RSRP≥-110dBm。

MOS 评分≥3.0 时边缘覆盖规划指标：RSRP≥-111dBm。

（2）SINR 与 MOS 关联分析

将采样点依据 SINR 按照 1dB 为单位进行汇聚，计算对应的 MOS 平均值。SINR 与 MOS 评分关联分析数据统计如表 8-15 所示。

表 8-15　独栋高层场景测试 SINR 与 MOS 评分关联分析数据

SINR/dB	MOS 评分	SINR/dB	MOS 评分	SINR/dB	MOS 评分
15	4.07	4	3.75	-6	2.38
13	3.80	3	3.52	-7	2.11
12	4.00	2	3.65	-8	1.70
11	3.56	1	3.61	-9	2.13
10	3.91	0	3.61	-10	1.48
9	3.35	-1	3.52	-11	1.16
8	3.90	-2	3.11	-12	2.18
7	3.80	-3	2.23	-13	1.25
6	3.64	-4	2.44	-14	2.40
5	3.51	-5	2.05	-15	2.04

关联分析如图 8-11 所示：

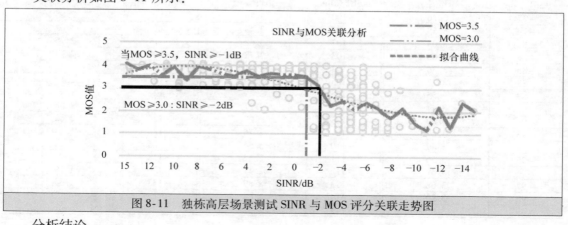

图 8-11　独栋高层场景测试 SINR 与 MOS 评分关联走势图

分析结论：

MOS 评分≥3.5 时边缘覆盖规划指标：SINR≥ −1dB。

MOS 评分≥3.0 时边缘覆盖规划指标：SINR≥ −2dB。

3. 中层场景测试分析

中层场景测试分楼层测试数据统计结果如表8-16 所示：

表 8-16　中层场景分楼层测试数据统计

场景名称	楼层	高度/m	平均 RSRP/dBm	CDF 95% RSRP/dBm	平均 RS − SINR/dB	CDF 95% RS − SINR/dB	平均 MOS
白鸽新苑1期	15	45	−105.07	−110.63	0.49	−4	3.72
	13	39	−103.85	−115.88	−3.62	−8	2.79
	10	30	−102.00	−116.38	0.57	−6	3.58
	7	21	−116.02	−121.25	−2.12	−6	2.88
	5	15	−117.85	−126.13	−4.20	−8	2.71
	1	3	−123.44	−126.13	−2.10	−6	2.29
	室外绕楼	0	−116.33	−118.75	−6.01	−8	3.08
博雅西城1号楼	18	54	−106.19	−117.88	−1.33	−9	2.89
	13	39	−98.69	−119.63	−1.02	−9	3.18
	8	24	−112.64	−117	0.37	−4	2.57
	3	9	−109.11	−118.38	1.32	−6	3.29
	1	3	−104.28	−107.75	11.02	4	3.54
	室外绕楼	0	−102.26	−106	2.70	−2	2.96
帝湖花园西王府	20	60	−100.42	−124.5	8.71	−8	2.80
	19	57	−104.05	−122.75	7.13	−5	3.24
	18	54	−102.18	−110.75	9.64	6	1.54
	3	9	−118.31	−129.13	−1.97	−9	3.21
	2	6	−118.75	−131.88	−3.51	−13	2.46
	1	3	−113.13	−122.13	−0.40	−8	2.99
	室外绕楼	0	−88.47	−97.75	1.49	−6	1.85
富华花苑11号楼	17	51	−117.96	−120.88	−2.11	−6	2.76
	15	45	−118.00	−120.63	−2.07	−5	3.40
	13	39	−112.53	−118.25	0.38	−5	3.38
	11	33	−115.82	−121.75	−1.39	−6	3.24
	9	27	−113.97	−120.88	−0.27	−5	3.35
	7	21	−119.76	−122.63	−4.12	−7	3.16
	5	15	−114.39	−117.5	5.45	3	3.78
	3	9	−111.24	−116.13	8.09	4	3.96
	1	3	−116.86	−120.75	2.27	−1	3.48
	室外绕楼	0	−105.66	−110.88	2.62	−3	3.73
省交通厅家属院	17	51	−107.35	−120.13	−6.31	−9	3.29
	14	42	−111.91	−120.5	−3.11	−7	2.51
	12	36	−108.23	−114.13	−3.86	−7	3.08
	10	30	−111.24	−117.13	−1.17	−5	3.28
	8	24	−101.14	−112.5	4.01	−1	3.60
	6	18	−109.04	−116.38	3.69	0	3.75
	4	12	−105.45	−113.38	4.98	−2	3.68
	2	6	−113.74	−128	2.06	−7	1.55
	1	3	−106.52	−113.13	9.54	3	3.28
	室外绕楼	0	−87.14	−93.13	10.07	2	4.00
嵩阳饭店	11	33	−108.64	−119.38	−3.65	−10	3.05
	9	27	−104.56	−111.75	−2.32	−10	3.31
	7	21	−109.15	−116.25	−2.83	−8	3.20
	5	15	−111.77	−117.88	−2.90	−6	3.10

（续）

场景名称	楼层	高度/m	平均 RSRP/dBm	CDF 95% RSRP/dBm	平均 RS－SINR/dB	CDF 95% RS－SINR/dB	平均 MOS
嵩阳饭店	3	9	－116.12	－120	－1.95	－4	3.66
	1	3	－113.59	－116.13	0.30	－2	3.52
	室外绕楼	0	－93.33	－98	2.24	－2	3.63
泰隆大厦	20	60	－114.40	－116.88	－3.14	－5	2.61
	16	48	－113.74	－118.25	－1.81	－6	2.92
	13	39	－118.52	－123.75	－4.61	－10	2.83
	9	27	－107.86	－113.13	0.02	－4	3.29
	6	18	－104.33	－110.25	2.15	－9	3.33
	3	9	－120.80	－126.25	－4.40	－10	2.84
	1	3	－105.26	－124.25	2.82	－7	2.94
	室外绕楼	0	－80.49	－85.25	8.62	3	3.54
天龙大厦	18	54	－105.20	－110.38	2.96	6	3.57
	15	45	－104.26	－106.88	4.40	2	3.88
	12	36	－106.51	－114.13	3.97	0	3.42
	9	27	－104.03	－113.75	－0.02	－10	2.94
	6	18	－100.53	－104.63	5.20	1	3.70
	4	12	－108.58	－115.25	2.70	0	3.68
	1	3	－105.73	－113.88	7.23	2	3.59
	室外绕楼	0	－80.26	－94.25	14.49	5	3.91
鑫苑国际花园38号楼2单元	17	51	－113.83	－121.38	－2.60	－11	2.56
	15	45	－111.42	－119.13	－1.85	－6	2.72
	13	39	－111.64	－120.25	－1.83	－5	2.11
	11	33	－107.40	－114.25	－1.25	－4	3.36
	9	27	－108.13	－115.88	－0.01	－3	2.87
	7	21	－107.09	－117.38	－0.62	－3	3.62
	5	15	－102.47	－114.13	3.45	－3	3.46
	3	9	－111.25	－120.5	0.17	－18	3.19
	1	3	－111.54	－121.63	1.52	－5	3.28
	室外绕楼	0	－86.11	－93.25	10.62	5	3.80
长城花园7号楼	16	48	－107.69	－114	1.78	－2	3.45
	13	39	－95.56	－104	8.19	3	3.89
	10	30	－102.80	－111.88	－0.05	－9	3.81
	7	21	－103.31	－112.5	3.68	－2	3.59
	4	12	－113.68	－122.25	－3.00	－7	2.79
	3	9	－118.42	－123.88	－1.93	－5	2.90
	1	3	－114.60	－122.38	－2.58	－5	3.40
	室外绕楼	0	－98.81	－101.38	2.75	－2	3.74
郑大信息工程学院10号教学楼	整体测试	－	－85.41	－99.25	14.81	1	2.44
中都饭店	15	45	－109.76	－111.88	－2.84	－4	3.60
	13	39	－110.74	－113.75	0.00	－5	3.52
	11	33	－104.07	－109	1.50	－4	3.93
	9	27	－98.87	－109.5	－1.10	－6	3.63
	7	21	－108.77	－110.63	－1.79	－5	3.02
	5	15	－99.75	－101	－1.65	－4	3.97
	3	9	－94.51	－99.13	11.02	8	3.92
	1	3	－82.91	－85.88	22.04	17	3.66
	室外绕楼	0	－79.03	－90.13	14.51	1	3.72

从测试结果可以看出，室外站点对中层场景的室内进行深度覆盖时，室内 RSRP 均值 = −108.62dBm，SINR 均值 = 2.07dB，MOS 均值 = 3.2。一部分楼宇的楼层越高，RSRP、SINR 和 MOS 评分越差，另一部分楼宇的楼层越高，RSRP、SINR 和 MOS 评分越优。从整体来看，MOS 评分与 RSRP、SINR 相关。

（1）RSRP 与 MOS 关联分析

将采样点依据 RSRP 按照 1dBm 为单位进行汇聚，计算对应 MOS 平均值。RSRP 与 MOS 评分关联分析数据统计如表 8-17 所示。

表 8-17　中层场景测试 RSRP 与 MOS 评分关联分析数据

RSRP/dBm	MOS 评分	RSRP/dBm	MOS 评分	RSRP/dBm	MOS 评分
−68	3.07	−90	3.82	−110	3.45
−70	3.95	−91	3.96	−111	3.24
−71	4.00	−92	3.72	−112	3.37
−72	3.80	−93	3.37	−113	3.21
−73	3.97	−94	3.72	−114	3.04
−74	3.92	−95	3.37	−115	2.86
−76	3.82	−96	3.88	−116	2.97
−77	3.61	−97	3.87	−117	2.78
−78	3.92	−98	3.66	−118	2.94
−79	3.79	−99	3.75	−119	2.76
−80	3.83	−100	3.66	−120	2.76
−81	3.86	−101	3.70	−121	2.62
−82	3.81	−102	3.81	−122	3.09
−83	3.77	−103	3.71	−123	2.19
−84	3.77	−104	3.73	−124	2.50
−85	3.90	−105	3.67	−125	1.96
−86	3.76	−106	3.61	−126	3.30
−87	3.93	−107	3.60	−127	1.59
−88	4.00	−108	3.59	−128	2.13
−89	3.93	−109	3.64	−131	1.14

关联分析如图 8-12 所示。

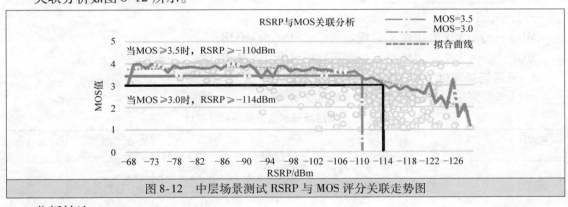

图 8-12　中层场景测试 RSRP 与 MOS 评分关联走势图

分析结论：

MOS 评分≥3.5 时边缘覆盖规划指标：RSRP≥ −110dBm。

MOS 评分≥3.0 时边缘覆盖规划指标：RSRP≥ −114dBm。

（2）SINR 与 MOS 关联分析

将采样点依据 SINR 按照 1dB 为单位进行汇聚，计算对应 MOS 平均值。SINR 与 MOS 评分关联分析数据统计如表 8-18 所示。

表 8-18　中层场景测试 SINR 与 MOS 评分关联分析数据

SINR/dB	MOS 评分	SINR/dB	MOS 评分	SINR/dB	MOS 评分
27	3.07	12	3.87	−2	3.04
25	3.90	11	3.80	−3	2.99
24	4.00	10	3.91	−4	2.78
23	3.80	9	3.80	−5	3.01
22	3.95	8	3.67	−6	2.63
21	3.96	7	3.82	−7	2.90
20	3.96	6	3.74	−8	2.67
19	3.65	5	3.74	−9	2.62
18	3.75	4	3.70	−10	2.25
17	3.90	3	3.70	−12	2.56
16	3.87	2	3.63	−13	2.09
15	3.96	1	3.44	−20	2.88
14	4.03	0	3.46		
13	3.87	−1	3.26		

关联分析如图 8-13 所示。

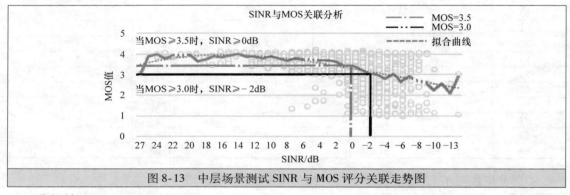

图 8-13　中层场景测试 SINR 与 MOS 评分关联走势图

分析结论：

MOS 评分 ≥3.5 时边缘覆盖规划指标：SINR ≥ −0dB。

MOS 评分 ≥3.0 时边缘覆盖规划指标：SINR ≥ −2dB。

4. 低层场景测试分析

低层场景测试分楼层数据统计结果如表 8-19 所示。

表 8-19　低层场景测试分楼层数据统计

场景名称	楼层	高度/m	平均 RSRP/dBm	CDF 95% RSRP/dBm	平均 RS − SINR/dB	CDF 95% RS − SINR/dB	平均 MOS
白鸽新苑 2 期	4	12	−96.88	−99.75	10.79	8	3.89
	2	6	−101.54	−105	7.27	4	3.70
	1	3	−92.73	−95	12.59	10	3.87
	室外绕楼	—	−89.74	−94.75	14.91	11	3.89
帝湖花园	6	18	−118.81	−129.88	−1.19	−11	3.31
东王府 306 号楼	5	15	−118.48	−125	−5.14	−14	1.30
	4	12	−115.63	−126.13	0.33	−10	1.54

（续）

场景名称	楼层	高度/m	平均 RSRP/dBm	CDF 95% RSRP/dBm	平均 RS – SINR/dB	CDF 95% RS – SINR/dB	平均 MOS
帝湖花园东王府306号楼	3	9	− 115.59	− 129	− 2.64	− 11	2.67
	2	6	− 122.82	− 129.5	− 3.67	− 9	1.88
	1	3	− 87.23	− 125.38	15.81	− 4	3.60
	室外绕楼	—	− 85.85	− 100.5	7.98	− 4	3.88
帝湖花园米兰城	3	9	− 108.06	− 113.5	7.57	0	3.87
	2	6	− 110.99	− 116.63	5.04	− 3	3.97
	1	3	− 112.57	− 117.5	5.33	2	3.89
	室外绕楼	—	− 98.18	− 109.88	5.48	− 6	3.88
富华花苑4号楼2单元	5	15	− 102.43	− 104.38	15.79	14	3.94
	3	9	− 100.73	− 103.13	17.97	16	3.90
	1	3	− 97.72	− 101.5	22.14	20	3.95
	室外绕楼	—	− 88.31	− 97.5	13.83	4	3.76
	5	15	− 103.50	− 105.63	8.47	6	3.88
	3	9	− 99.39	− 102	13.46	9	3.84
	1	3	− 100.89	− 108.88	14.10	11	3.87
	室外绕楼	—	− 88.80	− 94.13	15.87	10	3.78
公积金中心	5	15	− 108.77	− 121	2.98	− 4	1.22
	3	9	− 115.54	− 121.88	0.50	− 6	1.41
	1	3	− 90.66	− 92.75	3.41	2	3.96
	室外绕楼	—	− 74.52	− 81.5	7.28	4	2.47
绿云小区2号楼	6	18	− 107.43	− 108.25	2.67	0	3.62
	3	9	− 102.33	− 112.38	6.08	0	3.89
	1	3	− 112.04	− 115.25	− 0.77	− 3	3.52
	室外绕楼	—	− 111.97	− 115.13	− 2.86	− 6	3.00
西工房社区1号楼	5	15	− 89.83	− 97.38	14.47	10	3.04
	3	9	− 93.42	− 97.88	13.88	10	2.60
	1	3	− 92.88	− 98.38	15.07	10	3.36
	室外绕楼	—	− 82.11	− 92.5	12.91	6	3.02
	7	21	− 65.30	− 82.25	29.51	25	3.45
	3	9	− 88.80	− 93.5	23.89	21	3.77
	1	3	− 90.59	− 95.5	21.78	20	3.85
	室外绕楼	—	− 84.70	− 90.13	16.07	9	3.76
亚星盛世悦都1号楼	6	18	− 104.90	− 116.25	9.72	4	3.83
	5	15	− 105.82	− 119	5.18	− 9	2.69
	4	12	− 103.59	− 116.75	7.46	− 3	4.04
	3	9	− 100.45	− 116.88	9.85	− 3	3.59
	2	6	− 105.64	− 121	9.43	− 4	3.79
	1	3	− 109.70	− 123.25	3.61	− 7	3.45
	室外绕楼		− 96.36	− 100.25	4.89	0	3.70
郑大老校区国际教育学院	整体测试	—	− 89.60	− 95.50	8.13	1	3.60

　　从测试结果可以看出，室外站点对低层场景的室内进行深度覆盖时，室内 RSRP 均值 = − 102.25dBm，SINR 均值 = 8.94dB，MOS 均值 = 3.34。大部分楼宇的楼层越高，RSRP、SINR 和 MOS 评分越差。从整体上分析，MOS 评分与 RSRP、SINR 相关。

（1）RSRP 与 MOS 关联分析

将采样点依据 RSRP 按照 1dBm 为单位进行汇聚，计算对应 MOS 平均值。RSRP 与 MOS 评分关联分析数据统计如表 8-20 所示。

表 8-20　低层场景测试 RSRP 与 MOS 评分关联分析数据

RSRP/dBm	MOS 评分	RSRP/dBm	MOS 评分	RSRP/dBm	MOS 评分
−61	4.01	−84	3.68	−105	3.95
−62	3.80	−85	3.74	−106	3.96
−63	3.87	−86	3.78	−107	3.71
−64	3.97	−87	3.77	−108	3.78
−67	3.47	−88	3.80	−109	3.73
−68	3.32	−89	3.83	−110	3.67
−69	3.53	−90	3.82	−111	3.28
−70	3.50	−91	3.78	−112	3.17
−71	3.74	−92	3.69	−113	2.95
−72	3.74	−93	3.75	−114	2.54
−73	3.50	−94	3.90	−115	2.68
−74	3.71	−95	3.63	−116	4.01
−75	3.73	−96	3.83	−117	1.24
−76	3.51	−97	3.85	−118	1.81
−77	3.49	−98	3.85	−119	1.18
−78	3.57	−99	3.99	−120	1.32
−79	3.80	−100	3.85	−121	1.65
−80	3.72	−101	3.92	−122	2.53
−81	3.61	−102	3.82	−123	1.12
−82	3.58	−103	3.86	−125	1.54
−83	3.72	−104	3.92	−127	1.92

关联分析如图 8-14 所示。

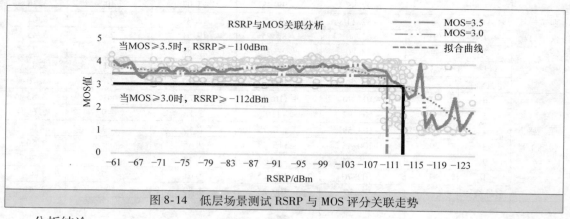

图 8-14　低层场景测试 RSRP 与 MOS 评分关联走势

分析结论：

MOS 评分≥3.5 时边缘覆盖规划指标：RSRP≥−110dBm。

MOS 评分≥3.0 时边缘覆盖规划指标：RSRP≥−112dBm。

（2）SINR 与 MOS 关联分析

将采样点依据 SINR 按照 1dB 为单位进行汇聚，计算对应 MOS 平均值。SINR 与 MOS 评分关联分析数据统计如表 8-21 所示。

表 8-21 低层场景测试 SINR 与 MOS 评分关联分析数据

SINR/dB	MOS 评分	SINR/dB	MOS 评分	SINR/dB	MOS 评分
30	3.87	15	3.78	1	3.34
28	3.96	14	3.74	0	3.19
27	3.90	13	3.79	−1	3.10
26	3.91	12	3.76	−2	2.65
25	3.73	11	3.82	−3	3.14
24	3.84	10	3.86	−4	3.12
23	3.70	9	3.77	−5	2.59
22	3.76	8	3.79	−6	2.48
21	3.64	7	3.74	−7	2.66
20	3.51	6	3.80	−8	3.14
19	3.60	5	3.45	−9	1.09
18	3.64	4	3.87	−11	1.72
17	3.64	3	3.46		
16	3.66	2	3.42		

关联分析如图 8-15 所示。

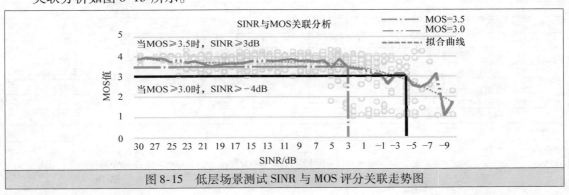

图 8-15 低层场景测试 SINR 与 MOS 评分关联走势图

分析结论：

MOS 评分≥3.5 时边缘覆盖规划指标：SINR≥3dB。

MOS 评分≥3.0 时边缘覆盖规划指标：SINR≥ −4dB。

5. 市区室内场景验证测试综合分析

综合全部市区室内场景测试数据，进行联合分析。

（1）RSRP 与 MOS 关联分析

将采样点依据 RSRP 按照 1dBm 为单位进行汇聚，计算对应 MOS 平均值。RSRP 与 MOS 评分关联分析数据统计如表 8-22 所示。

关联分析如图 8-16 所示。

分析结论：

MOS 评分≥3.5 时边缘覆盖规划指标：RSRP≥ −110dBm。

MOS 评分≥3.0 时边缘覆盖规划指标：RSRP≥ −113dBm。

（2）SINR 与 MOS 关联分析

将采样点依据 SINR 按照 1dB 为单位进行汇聚，计算对应 MOS 平均值。SINR 与 MOS 评分关联分析数据统计如表 8-23 所示。

表 8-22 市区室内场景 RSRP 与 MOS 评分关联分析数据

RSRP/dBm	MOS 评分	RSRP/dBm	MOS 评分	RSRP/dBm	MOS 评分
−61	4.01	−86	3.75	−110	3.48
−62	3.80	−87	3.81	−111	3.16
−63	3.87	−88	3.78	−112	3.17
−64	3.97	−89	3.83	−113	3.07
−66	3.99	−90	3.82	−114	2.89
−67	3.67	−91	3.77	−115	2.92
−68	3.26	−92	3.69	−116	2.97
−69	3.60	−93	3.65	−117	2.88
−70	3.65	−94	3.78	−118	2.76
−71	3.79	−95	3.60	−119	2.69
−72	3.75	−96	3.81	−120	2.43
−73	3.69	−97	3.81	−121	2.32
−74	3.83	−98	3.73	−122	2.51
−75	3.73	−99	3.73	−123	2.08
−76	3.65	−100	3.71	−124	2.25
−77	3.49	−101	3.82	−125	1.86
−78	3.74	−102	3.80	−126	2.40
−79	3.79	−103	3.71	−127	1.87
−80	3.77	−104	3.70	−128	1.83
−81	3.66	−105	3.70	−129	1.02
−82	3.63	−106	3.59	−130	2.17
−83	3.77	−107	3.54	−131	1.14
−84	3.71	−108	3.49	−133	1.32
−85	3.76	−109	3.46		

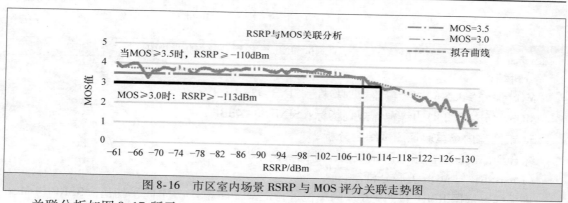

图 8-16 市区室内场景 RSRP 与 MOS 评分关联走势图

关联分析如图 8-17 所示。

分析结论:

MOS 评分≥3.5 时边缘覆盖规划指标: SINR≥0dB。

MOS 评分≥3.0 时边缘覆盖规划指标: SINR≥−2dB。

6. 验证测试总结

通过以上分析,各个场景覆盖情况(室外宏基站对室内或车内深度覆盖)及保证良好语音感知质量的边缘 RSRP 与 SINR 门限如表 8-24 所示。

对于市区室内场景,不同场景中 VoLTE 高清语音对边缘覆盖指标 RSRP 门限大致相当,SINR 门限稍有差异,其中当 MOS 评分要求较高时,低层建筑深度覆盖对 SINR 值要求相对较高。

表 8-23　市区室内场景 SINR 与 MOS 评分关联分析数据

SINR/dB	MOS 评分	SINR/dB	MOS 评分	SINR/dB	MOS 评分
30	3.87	13	3.83	-3	2.93
28	3.96	12	3.80	-4	2.73
27	3.80	11	3.80	-5	2.56
26	3.91	10	3.88	-6	2.48
25	3.80	9	3.75	-7	2.59
24	3.83	8	3.76	-8	2.30
23	3.68	7	3.75	-9	2.00
22	3.80	6	3.76	-10	1.64
21	3.75	5	3.64	-11	1.64
20	3.72	4	3.78	-12	2.08
19	3.67	3	3.59	-13	1.81
18	3.70	2	3.56	-14	2.40
17	3.68	1	3.48	-15	2.04
16	3.73	0	3.45	-20	2.88
15	3.82	-1	3.22		
14	3.76	-2	3.04		

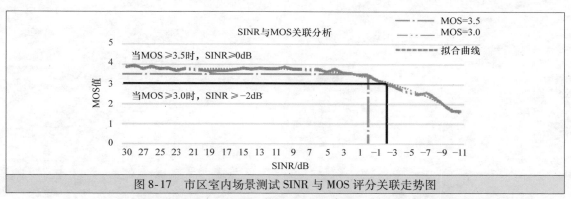

图 8-17　市区室内场景测试 SINR 与 MOS 评分关联走势图

表 8-24　分场景覆盖情况及保证良好语音感知质量的边缘 RSRP 与 SINR 门限

场景名称	测试情况			MOS≥3.5		MOS≥3.0	
	RSRP 均值/dBm	SINR 均值/dB	MOS 均值	RSRP 门限/dBm	SINR 门限/dB	RSRP 门限/dBm	SINR 门限/dB
多栋高层	-114.56	-2.07	2.81	-109	0	-113	-3
独栋高层	-112.43	-1.65	2.67	-110	-1	-111	-2
中层	-108.62	2.07	3.20	-110	0	-114	-2
低层	-102.25	8.94	3.34	-110	3	-112	-4

8.7　VoLTE 覆盖规划指导原则

为保障 VoLTE 高清语音用户业务体验，依据现网分场景遍历实测数据，结合理论分析，提出如下 VoLTE 深度覆盖规划指导建议：

1）针对一般场景，如一般市区、校园等场景，需达到 MOS 值≥3.0，建议支持 VoLTE 深度覆盖规划指标基准值设定为 RSRP≥-113dBm 且 SINR≥-2，覆盖率要求大于 95%。

2）针对重点场景，如政府单位、VIP 客户等场景，需达到 MOS 值≥3.5，建议支持

VoLTE 深度覆盖规划指标基准值设定为 RSRP $\geqslant -110$dBm 且 SINR $\geqslant 0$，覆盖率要求大于 95%。

8.8　本章小结

本章主要介绍 VoLTE 系统架构、原理和关键技术，在保障客户感知的情况下，从理论上分析了 VoLTE 深度覆盖要求，结合 LTE 网络测试数据验证，提出 VoLTE 深度覆盖规划指导原则，为 VoLTE 深度覆盖精准规划提供有力支撑。

参 考 文 献

［1］华为技术有限公司. VoLTE 业条部署与优化专题. 2016.

［2］江林华. LTE 语音业条及 VoLTE 技术详解［M］. 北京：电子工业出版社，2016.

［3］王映民，孙韶辉. TD – LTE 技术原理与系统设计［M］. 北京：人民邮电出版社，2010.

［4］蒋远，汤利民. TD – LTE 原理与网络规划设计［M］. 北京：人民邮电出版社，2012.

第9章 »
LTE覆盖评估手段和方法

9.1 基于 MR 的深度覆盖评估

9.1.1 深度覆盖评估新模式探索 ★★★

当前，运营商 LTE 网络建设的主题聚焦在面向市场，增强深度覆盖，做广、做深、做厚 LTE 网络。随着 LTE 广覆盖目标的基本完成，市区主城区道路测试指标良好。传统分析手段无法全面、真实地反映覆盖现状，不能有效解决深度覆盖问题。呼叫质量拨打测试（Call Quality Test，CQT）无法做到对所有用户的场景进行测试，即使在某场景进行 CQT，也只是针对公共区域进行，而对用户私密区域内网络质量评估却无能为力。线状测试（DT）针对检查道路覆盖有效，但由于客观因素，无法快速遍历所有道路，成本较高；对室外公共场所、室内场景无能为力。传统的"点"状 CQT 遍历测试和"线"状 DT 道路测试方法由于自身缺陷，评估手段不全面、效率低、投入高，不能真实反映室内深度覆盖情况。针对室内弱覆盖区域的评估规划，业界缺乏 4G 深度覆盖评估方法和有效手段，不能全方位评估深度覆盖情况。因此，需要立足于客户视角，探索研发更有效的深度覆盖评估系统，创建 4G 深度覆盖评估体系，开发精细规划支撑工具，引导资源精准投放。从"点""线""面"全方位、全视角综合分析网络深度覆盖问题，实现深度覆盖区域精确定位，精准指导网络规划和资源投放，从根本上解决 LTE 深度覆盖难题。

LTE 覆盖评估模式比较如图 9-1 所示，鉴于传统覆盖评估模式的不足，探索覆盖评估新模式，基于信令大数据分析的先进理念，利用反映客户实际分布的测量报告（MR）数据，自主开发一套基于 MR 的深度覆盖评估和规划系统，深度透视定位当前普遍存在的 4G 弱覆盖问题，精准规划基站站址，支持后期 4G 无线网络规划和精细优化工作。

9.1.2 深度覆盖评估总体思路 ★★★

根据 MR、工程参数及数字地图，将 MR 覆盖信息地理化，并基于用户行为特征，识别室内外 MR 数据，进而实现室外、室内深度覆盖问题的精准定位，再根据流量栅格化分析，区分价值区域，支撑 LTE 精细规划。总体思路和实现过程如图 9-2 所示。

1）MR/工程参数等基础数据收集。

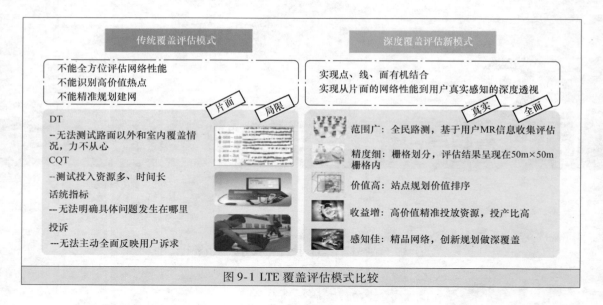

图9-1 LTE覆盖评估模式比较

2）基于MR数据分析，研发深度覆盖评估工具。从用户真实感知出发，建立用户行为特征库，MR定位和地理化，精确定位室内外覆盖。

3）在工具中输入MR数据、工程参数、电子地图等基础数据，识别室内外MR，50m×50m栅格地理化呈现覆盖指标，评估深度覆盖问题。

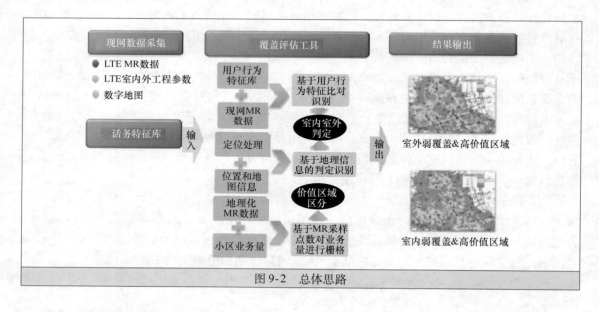

图9-2 总体思路

MR数据栅格地理化的过程如图9-3所示。首先通过仿真将现网地理信息栅格化，将MR数据通过定位技术匹配到栅格内，实现MR数据的栅格化GIS显示。利用MR携带的RSRP关键信息仿真评估现网覆盖情况，实现MR覆盖数据在GIS模块中的栅格化显示，达到覆盖评估的目标。

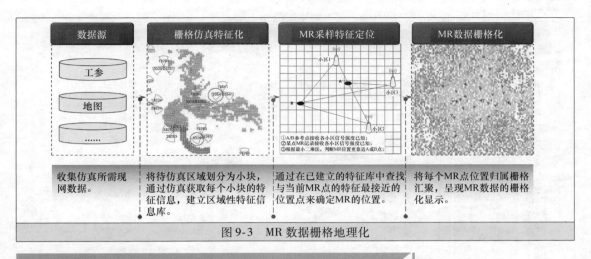

数据源	栅格仿真特征化	MR采样特征定位	MR数据栅格化
工参 地图 ……		①A/B参考点接收各小区信号强度已知； ②某点MR记录接收各小区信号强度已知； ③根据最小二乘法，判断MR位置更靠近A或B点。	
收集仿真所需现网数据。	将待仿真区域划分为小块，通过仿真获取每个小块的特征信息，建立区域性特征信息库。	通过在已建立的特征库中查找与当前MR点的特征最接近的位置点来确定MR的位置。	将每个MR点位置归属栅格汇聚，呈现MR数据的栅格化显示。

图 9-3　MR 数据栅格地理化

9.1.3　基于 MR 深度覆盖评估的关键算法　★★★

（1）基于"指纹库"的 MR 定位算法

指纹库算法技术原理如图 9-4 所示，就是通过 MR 数据中小区信号强度和指纹库的最小二乘法（LSQ）拟合方式来匹配最"相似"的栅格，然后通过模式匹配算法——K 最邻近（K Nearest Neighborhood，KNN）算法，从待选区域的所有可能 50m×50m 栅格，通过匹配找到 K 个最小的 LSQ，这 K 个栅格的中心坐标就定义为 MR 的位置（如果是 NN 算法，$K=1$）。

由于采集范围的局限性，例如 DT 只能在道路上进行，CQT 受限于测试样本多少，不能保证所有区域都有指纹库。可以利用传播模型训练算法对局部指纹库进行训练，获得最逼近真实无线环境的传播模型，然后利用该模型计算所有 50×50 栅格里面各小区的强度。

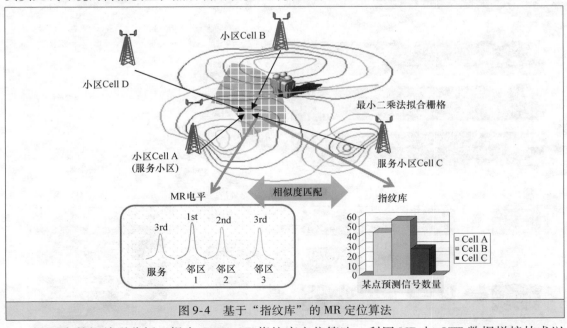

图 9-4　基于"指纹库"的 MR 定位算法

基于大数据关联分析，提出 OTT＋3D 指纹库定位算法，利用 MR 与 OTT 数据拼接技术以及三维指纹库技术，将 MR 打上位置标签，实现 MR 数据的精准立体定位，如图 9-5 所示。

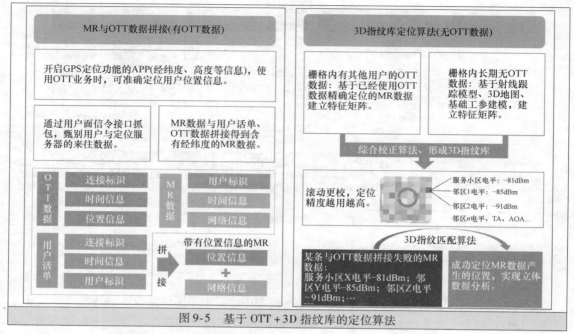

图9-5　基于OTT+3D指纹库的定位算法

（2）基于用户行为特征的室内外业务识别

室内外业务识别如图9-6所示，通过MR数据深度挖掘，获取用户的电平特征、邻区特征、切换特征等多维度信息，建立室内用户模型，准确区分室内外业务。通过对空口数据多维度进行长时间统计分析，判断用户MR多维度的网络信息，结合建筑物室内外话务模型，通过特征比对，实现室内外业务区分。

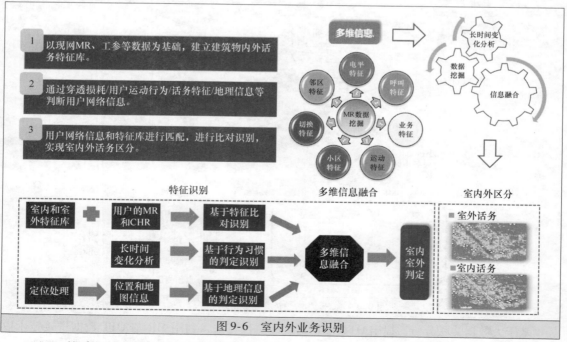

图9-6　室内外业务识别

（3）构建"二八三"精确选站方法

在基站站址的规划过程中，将市场需求与网络需求的八个维度结合分析，综合考虑网络覆盖需求与市场价值。联合分析覆盖质量、业务量、业务价值、用户和终端等多维数据，实现高价值热点选站。图 9-7 从价值分析、场景分析及弱覆盖分析三个角度，综合确定室内覆盖需求，提升网络建设的效率。

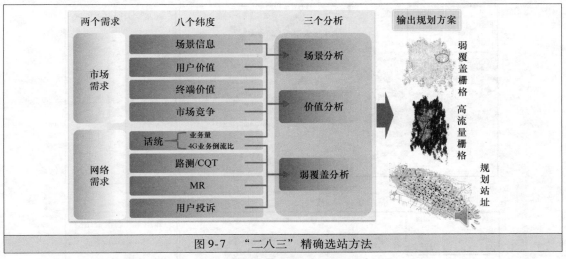

图 9-7 "二八三"精确选站方法

（4）利用流量栅格化进行价值区域分析和指导资源投放

数据流量栅格化如图 9-8 所示，通过 MR 数据实现流量栅格化，进而进行多维度联动分析，识别价值栅格和 TOP 栅格，指导后续市场资源投入和维护优化。通过基于 MR 的流量、速率、覆盖等指标关联分析，识别出高价值用户所在的价值栅格和 TOP 栅格，为后期的网络规划和优化工作提供指导意义。

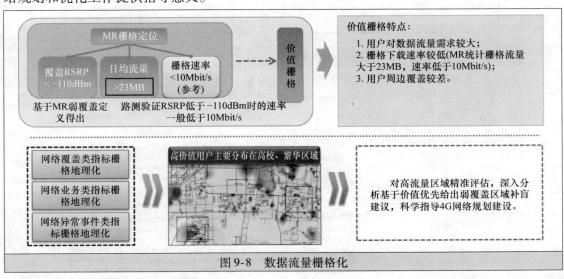

图 9-8 数据流量栅格化

9.1.4 系统验证 ★★★

通过对某城区 TD – LTE 现网进行实际测试评估，LTE 深度覆盖评估与精准规划系统在覆盖定位、价值定位方面与实际情况高度吻合，效果显著。

通过应用 MR 深度覆盖评估系统，定位某城区弱覆盖栅格分布情况。如图 9-9 所示，在刘庄、龙源世纪花园等区域，主城区室内外都存在部分弱覆盖区域，室内深度覆盖劣化栅格较室外多，且相对集中。

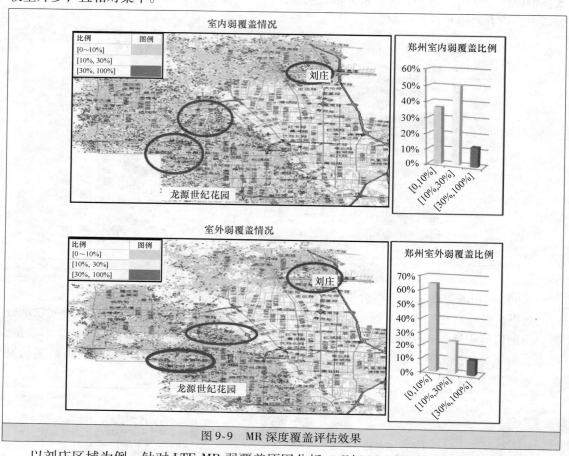

图 9-9　MR 深度覆盖评估效果

以刘庄区域为例，针对 LTE MR 弱覆盖原因分析，现场 DT 验证情况如图 9-10 所示。

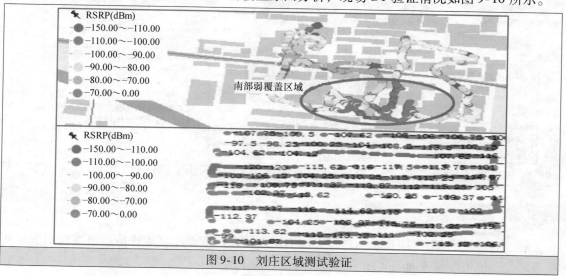

图 9-10　刘庄区域测试验证

评估结果表明，刘庄城中村区域弱覆盖相对集中。由于南部楼房楼间距过小，阻挡与穿损较大，室内弱覆盖区域主要集中在南部。北部区域楼间距较为适中，相对弱覆盖区域较小，整个刘庄小区弱覆盖比例在30%以上。实测表明，南部小区的弱覆盖比例为36%，评估结果与实际测试相对吻合。

以龙子湖15所高校区域为例，在覆盖分析和价值评估中，LTE深度覆盖评估系统准确率达到80%以上，如图9-11所示。

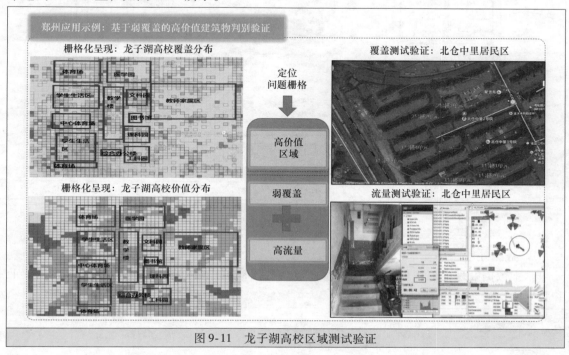

图9-11　龙子湖高校区域测试验证

9.2　LTE室内立体深度覆盖评估

9.2.1　背景★★

随着LTE网络规模快速增长，大部分LTE数据业务发生在室内区域，室内深度覆盖、网络质量评估和网络规划优化工作面临挑战，而业界一直缺乏有效的手段全面评估室内无线网络覆盖情况。传统的基于网管指标规划优化，最小粒度为小区级，无法准确定位问题的地理位置。室分小区覆盖范围较大，一个小区常常覆盖几层楼，甚至十几层楼，不同的楼层网络质量各不相同，如何发现立体维度的网络质量问题？将传统平面模糊规划优化升级至立体精准规划优化，通过室内立体覆盖评估系统，精准定位覆盖问题短板的具体地理位置，开展针对性的规划优化，提升室内用户感知。

9.2.2　平台架构★★★

在4G网络快速建设阶段，给无线规划、优化人员带来巨大压力，需要精准高效的支撑系统助力。搭建LTE室内立体覆盖评估系统，利用三维定位算法、网络指纹库算法精准定位室内网络覆盖、室内网络质量、室内网络容量，进行精确网络质量评估、网络优化、规划工作。如图9-12所示，平台可以支撑多厂家环境，与现有系统无缝对接，包括立体覆盖评估、优化支撑模块，规划支撑模块。

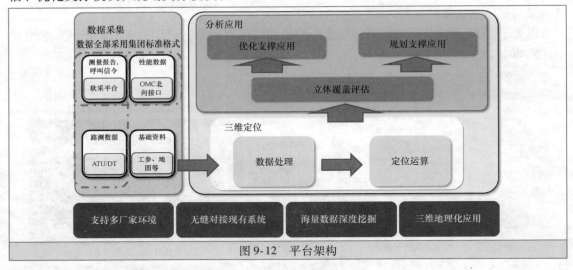

图9-12　平台架构

9.2.3　核心算法 ★★★

1. 数据处理

基本数据处理的流程如图9-13所示，包括数据来源、数据解析、数据组合、数据校正和数据输出。

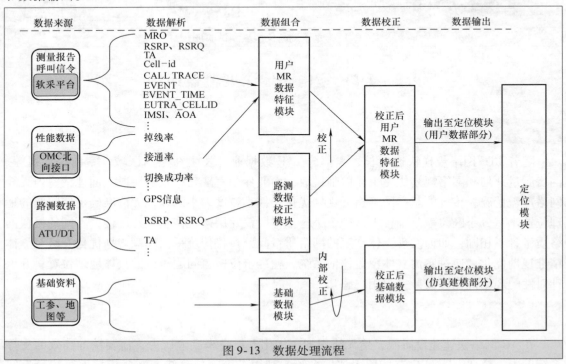

图9-13　数据处理流程

2. 立体定位

立体栅格和基于指纹库 MR 定位算法优于常规的 TA + AOA 定位算法。立体定位模块如图 9-14 所示，由于二维栅格显示只是 MR 垂直叠加投影，无法正确甄别层内用户的感受，无法正确区分楼内楼外用户。三维栅格显示的是 MR 分层叠加投影，能甄别出 12m 以内层高内用户的感受，能正确区分楼层内外用户。立体定位模块包括定位运算模块、用户数据库、网络指纹库，采用特征矩阵模糊匹配算法，形成立体覆盖评估数据，输出优化和规划支撑模块。通过立体定位流程，最终达到将最贴近用户感知、数据量最大的 MR 数据定位在真实发生的位置，准确反映可区分室内外、可区分立体维度的网络质量，利用评估数据达到有力支撑网络规划、网络优化的目的。

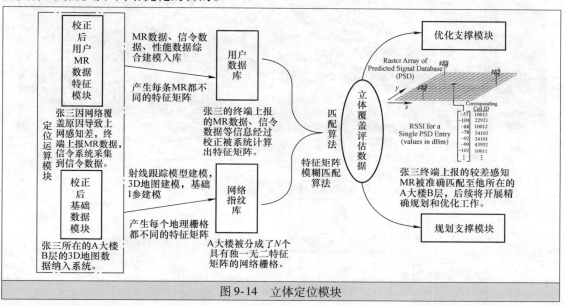

图 9-14　立体定位模块

9.2.4　应用案例★★★

珠江新城测试区域包括建筑物 1279 座（100m 以上的 309 座 970 座），300m 以上楼宇数量全国第一，整体区域高楼密集，无线信号传播环境极复杂，网络覆盖分布也更加立体化，传统的平面二维地理定位网络分析技术已经不能有效反映网络的实际情况。珠江新城立体覆盖如图 9-15 所示。

1. 优化工作支撑

优化工作支撑应用思路如图 9-16 所示，采用立体覆盖评估系统可以实现室内无线网络优化工作的有效开展。

LTE 立体覆盖评估系统优势：

1）体现出"先于客户发现问题，先于投诉解决问题"的技术优势。传统无线优化，发现问题采用 DT、KPI 指标联合判断的方式，效率低下，通过立体覆盖评估系统优化模块可先于客户发现问题。

2）DT 无法发现室内覆盖问题，CQT 无法遍历，KPI 小区覆盖范围过大。即使发现问题，但如何准确定位也是困扰一线优化人员最大的问题。通过立体覆盖评估系统优化模块，可准确定位室内深度覆盖问题。

	−120<=Value<−110
	−110<=Value<−100
	−100<=Value<−90
	−90<=Value<−80
	−80<=Value<−70
	−70<=Value<−61

图 9-15　珠江新城立体覆盖

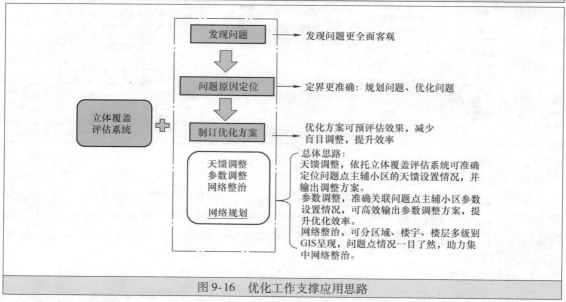

图 9-16　优化工作支撑应用思路

3）发现网络问题后，解决问题往往需收集大量数据，如：室分小区覆盖表，室分小区指标表，室分小区参数设置表，室外小区覆盖室内小区情况，才能确定优化手段。通过立体覆盖评估系统优化模块，基于多数据源匹配输出优化方案。

以珠江新城中明悦大厦弱覆盖优化为例。高层室内存在弱覆盖，网管指标掉话率为0.21%，MR弱覆盖占比为3.1%，没有手段发现第24层存在弱覆盖问题，严重影响客户感知。这是由于传统室内覆盖评估手段都是较大粒度的"小区级"性能评估，室分小区覆盖范围较大，通常弱覆盖问题仅能依靠投诉发现。通过立体覆盖评估系统的优化步骤如图9-17所示。

弱覆盖优化案例如图9-18所示。

由此可知，通过准确的立体覆盖评估、立体质量评估和针对性的优化措施，明悦大厦室内高层的弱覆盖问题得到解决。针对楼宇级、楼层进行覆盖和质量情况统计输出，针对性优化，提升优化效率，可作为网管指标输出后更准确定位分析的辅助。

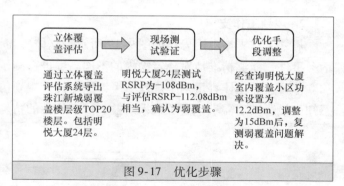

图 9-17 优化步骤

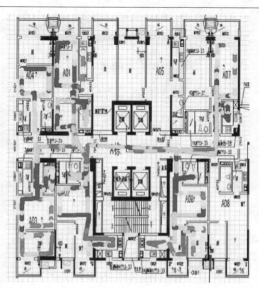

优化调整前

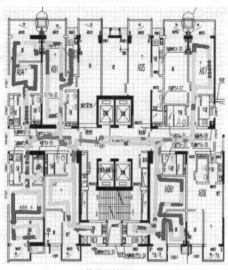

优化调整后

图 9-18 弱覆盖优化案例

2. 规划工作支撑

规划工作支撑应用思路如图9-19所示，立体覆盖评估系统能使用大数据量测量报告和话务事件，能够精准地对建筑物内的不同高度进行测量报告定位，从而在传统规划手段上增加立体覆盖、立体容量两个规划参考维度，提升规划仿真准确度，提升规划效率，提升客户感知。最终实现需求、资源投入效益、可实施性的精确权衡的精细化规划。

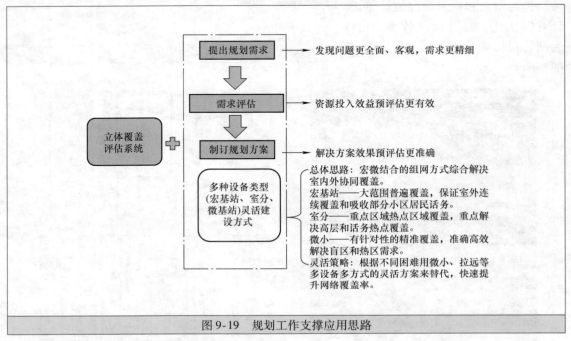

图9-19　规划工作支撑应用思路

立体覆盖评估系统支撑规划的优势：

1）传统规划使用平面仿真和人工测试，费时费力且无法精确评估室内的覆盖和质量情况。立体覆盖系统能使用大数据测量报告和话务事件，能够精准地对建筑物内的不同高度进行测量报告定位，从而在传统规划手段上增加立体覆盖、立体容量两个规划参考维度。

2）提升规划仿真准确度。增加立体覆盖、立体容量两个规划参考维度，提升规划精细程度和准确度，提升客户感知。

3）通过对网络弱覆盖区域、质差区域、高话务量区域的精确立体评估，制定精确的立体规划方案。

以珠江新城中嘉裕公馆为例，应用立体覆盖评估系统，准确定位弱覆盖和质差问题。结合现网的建设方案，制订增加灯杆型小基站规划方案，最终解决弱覆盖难题。

嘉裕公馆弱覆盖如图9-20所示，嘉裕公馆由于周边高楼林立，阻挡严重，存在弱覆盖。传统室内规划使用室分天线覆盖结合室外天线向室内打的方式。在高档住宅区，因房间进深大，室分天线覆盖深度有限，室外天线由于高楼遮挡，覆盖效果也受影响，是目前高档住宅区规划面临的主要问题。灯杆型小基站建设前后效果对比如图9-21所示，使用立体覆盖系统精确评估规划需求位置，结合微小站灵活建设，较好解决高档住宅区室内覆盖困局。增加灯杆型小基站后，弱覆盖问题明显改善。

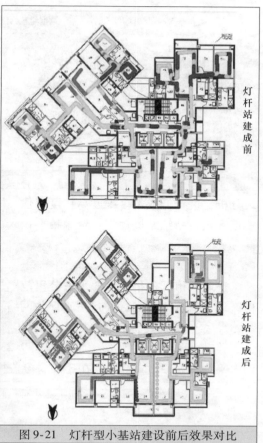

灯杆站建成前

灯杆站建成后

图 9-21 灯杆型小基站建设前后效果对比

图 9-20 嘉裕公馆弱覆盖

9.3 基于 MR 的多运营商覆盖评估

9.3.1 背景 ★★★

LTE 包括 TD – LTE 与 FDD LTE 两种制式。对运营商而言，深入了解竞争对手的网络覆盖情况，与自身网络覆盖的评估相比较，知己知彼，有助于提升网络质量和品牌形象，打造市场竞争力。网络评估需要多方面开展，低成本，高效率、全方位网络覆盖和质量评估至关重要。需要从网络品牌、网络运维、用户体验和投资效益等多方面探索"三网竞对"创新评估手段，打造基于 MR 的多运营商覆盖评估有力支撑网络规划建设。

9.3.2 技术原理 ★★★

技术原理如图 9-22 所示，开启 MR 异频测量，移动基站下发终端针对不同运营商网络的测量控制，包括不同运营商的测量频点，终端用户上报不同运营商 LTE 网络的测量报告。针对移动/联通等多运营商覆盖数据进行采集、解析、定位、栅格化、运营商信息识别，比对覆盖差异区域，定位短板，实现不同运营商网络覆盖全面评估，指导精确规划和优化。

基于 MR 的多运营商覆盖评估系统规避了传统规划方案的不足。基于海量 MR 数据栅格

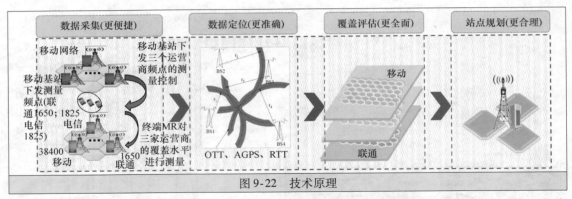

图9-22　技术原理

级分析，进行低成本多维度高精度评估，同时支持片区定制覆盖评估。根据覆盖评估，定位短板区域，精细站址规划，资源精准投入。

9.3.3　试点效果验证 ★★★

选取某市区密集区域3平方公里范围进行覆盖性能评估。根据评估结果，针对弱覆盖栅格区域进行网络规划，通过仿真评估网络覆盖质量改善情况。

1. 多运营商覆盖评估

移动 LTE 网络总体覆盖情况如图 9-23 所示，目前移动 LTE 网络总体覆盖良好，MR 平均电平为 -94.2dBm，但存在 3 个弱覆盖集中区域。

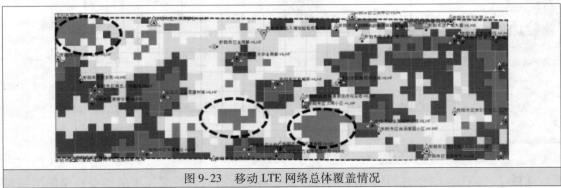

图 9-23　移动 LTE 网络总体覆盖情况

联通 LTE 网络总体覆盖情况如图 9-24 所示，联通 LTE 网络总体覆盖一般，较多栅格电平低于 -99.4dBm，存在 6 个弱覆盖集中区域。

图 9-24　联通 LTE 网络总体覆盖情况

2. 评估结论

移动和联通覆盖的差异性可以通过差值 RSRP（中移动）－ RSRP（中联通）进行比对。覆盖对比如图 9-25 所示。

1）移动弱覆盖且落后的栅格占比约 4.86%，急需解决覆盖问题，在规划中重点考虑。

2）移动覆盖正常且落后的栅格占比约 17.97%，但此部分栅格覆盖并非影响用户体验的首要因素，优先级低于弱覆盖。

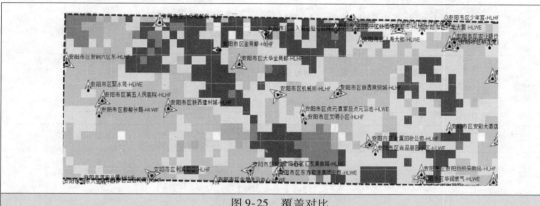

图 9-25　覆盖对比

总体评估结论见表 9-1。

表 9-1　总体评估结论表

	运营商	MR 平均电平/dBm	弱覆盖栅格/个	覆盖落后栅格/个	覆盖领先栅格/个	宏站间距/m
总体评估	移动	−94.03	100	324	581	367.4
	联通	−99.52	199	581	324	—

3. 参考评估结果专项规划

参考多运营商覆盖对比评估结论，在试点区域新增规划 17 个基站。根据网络实际情况，深度评估质量提升情况。移动规划前后覆盖效果改善如图 9-26 所示，通过规划仿真，该区域内弱覆盖栅格、覆盖落后栅数量明显减少，网络覆盖性能得到大幅度提升，进一步拉大与竞争对手网络覆盖的领先优势。

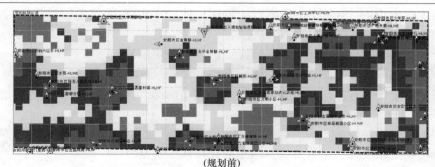

（规划前）

图 9-26　移动规划前后覆盖效果改善

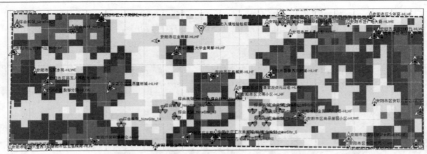

（规划后）

	阶段	问题 栅格数量	弱覆盖 栅格数量	覆盖落后 栅格数量	覆盖领先 栅格数量	覆盖达 标率(%)	平均宏基站 间距/m	平均覆盖 电平/dBm
规划 效果统计	规划前	85	85	277	521	—	367.4	−94.28
	规划后	11	11	186	647	87.06	340.6	−93.42
	增益(%)	74	73	91	126	87.06		0.86

图 9-26　移动规划前后覆盖效果改善（续）

9.4　VoLTE 语音质量在线实时评估

9.4.1　背景　★★★

优秀的用户体验是网络的核心竞争力，而 VoLTE 是引领 4G + 体验的核心业务，实现 VoLTE 精品网络质量与运维能力的双提升是打造核心竞争力的关键。运营商关注的焦点在于提升 VoLTE 端到端网络质量，改善 VoLTE 客户感知。针对业内传统的 VoLTE 语音质量评估普遍采用人工道路拉网 MOS（Mean Optnion Score，平均主观意见分）（衡量语音质量的重要指标）测试分析方式，耗费大量人力物力，且测试范围仅局限在道路区域，只能通过个别测试终端片面反映局部网络问题。

通过创新开发完成的 VoLTE 语音质量实时在线评估系统，针对全网区域 VoLTE 用户语音质量进行实时评估，关联分析弱覆盖、干扰、速率、容量等多维度指标，快速定位影响 VoLTE 语音质量的深层次原因，帮助维护优化人员制定针对性解决措施提升 VoLTE 用户感知。通过深入研究 VoLTE 语音的评估手段、影响因素和问题定位方法，开发反映真实用户感知的 VoLTE 评估支撑系统，支撑规划优化工作前移，消除 VoLTE 体验黑点，实现资源精准投放，实现打造 4G + 网络核心竞争力的目标。针对 VoLTE 端到端质量进行冲刺提升工作，势必领跑 4G + 业务体验，抢占市场先机。

9.4.2　现有 VoLTE 语音质量评估方案　★★★

当前语音质量评估方法包括主观测量和客观测量两类，在业界具有统一的标准。

1. 主观测量方法

由不同的人分别对原始语音片段和结果语音片段进行主观感觉对比，得出 MOS 评分，最后求取平均值。虽然评估结果真实，但难以在现网中实施。

2. 客观测量方法

业界客观测量方法采用 PESQ 方法或者采用 POLQA 方法，在主观测量方法的基础上，使用专用仪器代替人工进行评估。

9.4.3　基于 VQI 的 VoLTE 语音质量评估方案　★★★

VoLTE 语音质量评估方法 VQI（Voice Quality Identity，语音质量识别）不直接通过对语音信号的比对，而是通过网络运行数据的分析间接对语音质量进行评估，具有全量用户语音质量的评估能力。传统的主观测量方法和客观测量方法只能抽样检测语音质量，无法在现网进行大规模的用户语音质量评估。

1. 影响 VoLTE 语音质量的因素

VoLTE 语音业务涉及终端、空口、基站、传输、核心网等端到端流程。任何环节出现问题，都会造成用户感知质量变差。

（1）核心网（EPC/IMS）

1）对语音包的转发、语音编解码转换时延；

2）业务相关的策略，如编码策略，影响端到端质量；

3）信令处理流程及问题应对机制，影响端到端质量。

（2）传输网

1）语音 IP 报文在传输网设备和链路上的传输时延；

2）由于传输网络上的丢包或者存在抖动，会造成端到端丢包率上升和抖动增加。

（3）无线网

1）覆盖差、干扰大可能造成丢包和抖动增加；

2）资源不足时调度受限，空口质量受限；

3）eNodeB 设备能力有限，导致调度时延，并且负载较重时，不能及时调度部分用户的语音包，造成超时丢包或者抖动增加。

（4）终端

终端从话筒采集语音到编码成 AMR – NB 或 AMR – WB 等码流，或者码流解码成语音并从听筒播放，这个过程中存在时延或设备软硬件问题导致数据丢失。

其中空口环节包括无线网到终端，涉及场景多、情况复杂，存在问题概率更大，比如干扰、弱覆盖、乒乓切换等都是影响 VoLTE 语音质量的重点因素。

2. VQI 评估方法基本原理

VQI 关注影响 VoLTE 感知的主要环节，包括空口质量，对上下行误码率、误帧率、最长连续删帧、编码类型、切换标志等信息进行分析，并通过算法拟合评估出当前通话用户的语音质量，最终得出语音通话的 VQI 评分，从而准确量化语音质量，使得我们能够在不直接测量用户终端感受的情况下，监视网络的语音质量，支撑精准评估。VQI 与传统评估方法对比的优势如图 9-27 所示。

对于一次评估，VQI = Function（BER，BLER，LFE，Codec，……），其中关键因子含义如下：

1）BLER（误块率）：引起 VQI 下降的首要因素；

2）BER（误码率）：引起 VQI 下降的次要因素；

3）Codec（语音编码）：与编码速率相关，决定了 VQI 的最高值；

4）LFE（连续删帧长度）：和 BLER 存在非线性关系；

5）Handover（切换）：可以引起用户听觉体验的下降，在 VQI 中考虑了切换的影响。

通过计算后，VQI 分数取值范围为［0，5］，等效于 MOS 分的［0，5］，VQI 模型特点：

1）在 MOS 分基础上，增加语音质量检测手段，丰富了 VoLTE 网络指标体系，特别对空口质量的检测更加准确；

2）从网络侧、小区、载波全面监控语音质量，弥补用路测手段测试 MOS 分的局限性，可以做到全网实时全量评估；

3）采用软件处理自动上报的话统数据，无需大量的测试工作就可以对语音质量进行分析，降低了运维成本，提升了工作效率。

对比	传统评估方法–PESQ、POLQA	创新评估方法–VQI
成本	✗ 专用测试仪表、测试人员、测试车辆，耗时耗力，成本高。	✓ 基于真实网络，无需测试人员和仪表，仅需软件功能，成本低。
范围	✗ 仅在道路测试，通过个别终端片面反映局部网络问题。	✓ 全民路测，反映现网全量 VoLTE 用户的真实感。
时效	✗ 实时性差，效率低下，耗费大量人力进行测试数据后期分析。	✓ 实时在线评估，随时随地进行全网语音质量测量，覆盖每个小区、每个栅格。
准确度	✗ 评估结果仅代表测试终端的语音质量，而非普通的商务用户，非常片面。	✓ 立体式VoLTE语音质量评估：语音丢包率、时延、抖动、切换，接通率、掉话率、弱覆盖等指标综合栅格价值计算。

图 9-27　VQI 与传统评估方法对比的优势

3. VQI 评估方法技术优势

（1）满足实时在线、全网全量、准确可靠的 VoLTE 语音质量评估需求

一方面，通过全网小区海量上报数据在线收集，只要有通话存在，VQI 评估都会进行实时统计计算；另一方面，VQI 专注空口，空口是影响语音质量的首要因素，是我们主要的研究对象，更贴切实际需求。VQI 计算评估过程如图 9-28 所示，VQI 评估方法满足实时在线、全网全量、准确可靠的 VoLTE 语音质量评估需求。

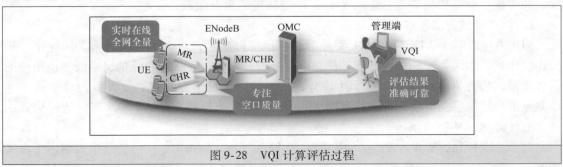

图 9-28　VQI 计算评估过程

（2）满足精确地理定位、区分室内外场景的 VoLTE 语音质量评估需求

如图 9-29 所示，VQI 关键数据来源为 CHR（Call History Report，呼叫历史记录），可通过关键字段与 MR 关联，将 VoLTE 语音质量评估定位至栅格及区分室内外场景，提升评估的精细程度。

VoLTE 用户 MR 特征库定位原理如图 9-30 所示，首先根据工参、地图数据建立特征库，然后进行匹配定位，并依据 MR 中的 Rx-TxTD 和 AOA 信息、前一组 MR 集的定位结果构建约束圆，进一步修正定位结果，实现 50m × 50m 栅格定位。

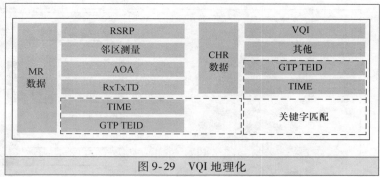

图 9-29　VQI 地理化

通过对室内用户的电平，呼叫及运动等特征进行分析，结合用户定位算法，基于 MR、CHR 及特征识别和多维数据融合，实现 VoLTE 业务室内外区分。

（3）满足快速定位问题类型的 VoLTE 语音质量评估需求

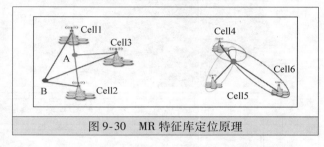

图 9-30　MR 特征库定位原理

VoLTE 问题原因定位必须从弱覆盖、重叠覆盖、网络容量、速率体验等多视角进行相互印证，才能实时快速定位 VoLTE 语音质量短板及相关问题区域。

1）VoLTE 深度覆盖评估：基于地理化定位和室内外业务区分，实时对栅格内用户 RSRP 覆盖情况进行 GIS 呈现，从网络弱覆盖的角度发现问题区域，支撑覆盖精确规划工作。

2）VoLTE 网络容量评估：基于感知的负荷门限分析，定制扩容标准，识别容量风险和资源瓶颈，并通过地理化实时监控，从网络容量的视角发现问题区域，支撑扩容规划工作。

3）VoLTE 感知速率评估：以单用户速率体验作为评估指标，找到体验差的栅格，进而分析问题根本原因，从单用户性能体验的视角发现问题区域，支撑精细规划工作。

VQI 评估使用的数据源与网络覆盖、容量、感知速率等评估使用的数据源具有关联性，可支撑多维数据联合分析，实现多手段定位、组合拳解决 VoLTE 语音质量问题。

9.4.4　VoLTE 语音质量在线评估系统开发与验证　★★★

1. 核心思路

以 VoLTE 高清语音体验评估作为核心，以 VoLTE 语音质量、覆盖、容量、速率评估作为主要功能点，开发 VoLTE 语音质量评估系统，实现全网全量实时在线评估，支撑 VoLTE 日常滚动规划工作，及时指导 VoLTE 精确规划。VoLTE 语言质量评估系统开发核心设计思路如图 9-31 所示。

2. 系统架构

VoLTE 语言质量评估系统架构如图 9-32 所示，搭建 VoLTE 实时在线评估服务器，与 OMC 及 MR/CHR 采集服务器对接，实时采集工参、性能、MR、CHR 等关键数据，并完成解析分析，以 Web 客户端呈现分析结果，支撑随时随地规划工作。

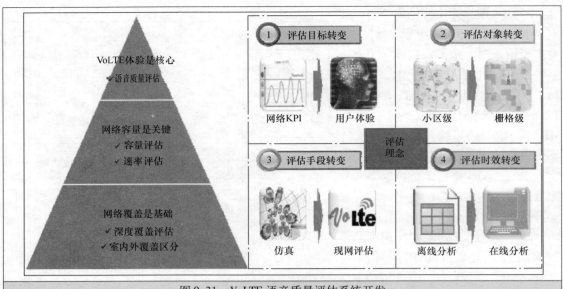

图 9-31　VoLTE 语音质量评估系统开发

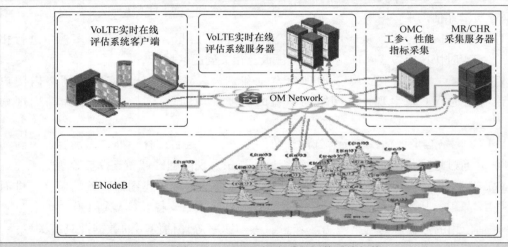

图 9-32　VoLTE 语音质量评估系统架构

主要实体及功能：

1）ENodeB：接入网管，实现全量实时数据采集，上报给 OMC 和 MR/CHR 采集服务器；

2）OMC：实现工参、性能等数据实时在线采集；

3）MR/CHR 采集服务器：实现 MR、CHR 等数据实时在线采集；

4）VoLTE 实时在线评估系统服务器：实时在线完成数据解析及结果呈现，支持多用户；

5）VoLTE 实时在线评估系统客户端：客户端以 Web 页面呈现，随时随地评估。

9.4.5　系统功能　★★★

1. 实时 VoLTE 业务体验评估

实时 VoLTE 业务体验评估如图 9-33 所示，VoLTE 实时在线评估系统依托在线服务器、

VQI 语音质量在线评估、MR 栅格定位算法，实时在线评估全网 VoLTE 用户语音业务体验。实时 VoLTE 业务体验评估不仅仅单独针对语音质量感知进行评估，而且通过用户感知到关键指标再到信令流程的映射关系，实现接入性感知评估和保持性感知评估，实现从用户拨出号码到用户挂机全流程的感知评估。通过以上一系列高精度评估定位全网语音体验黑点，进而指导 VoLTE 高质量网络规划和优化。

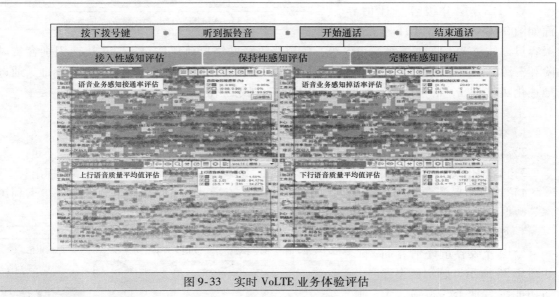

图 9-33　实时 VoLTE 业务体验评估

主要模块及功能：

1）语音业务感知接通率评估：语音接通率的栅格化分析评估；

2）语音业务感知掉话率评估：语音掉话率的栅格化分析评估；

3）上行语音质量评估：上行语音质量的栅格化、室内外区分分析及评估；

4）下行语音质量评估：下行语音质量的栅格化、室内外区分分析及评估；

5）平均语音质量评估：综合语音质量的栅格化、室内外区分分析及评估。

2. 深度覆盖评估

VoLTE 深度覆盖评估界面如图 9-34 所示，深度覆盖评估功能基于地理化定位和室内外业务区分，实时对栅格内用户 RSRP 进行 GIS 呈现，全网深度覆盖评估，自动识别覆盖问题区域，进行弱覆盖区域自动汇聚，支撑覆盖精确规划工作。

主要模块及功能：

1）覆盖电平评估：栅格化平均 RSRP 的地理化评估，可区分全网、室内、室外场景；

2）弱覆盖占比评估：栅格化弱覆盖占比的地理化评估，弱覆盖门限可自定义设置，并可区分全网、室内、室外场景，便于评估弱覆盖栅格区域；

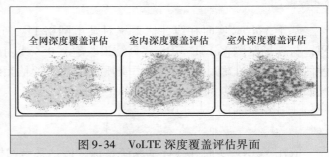

图 9-34　VoLTE 深度覆盖评估界面

3）栅格与小区关联分析：实现小区覆盖栅格范围分析、栅格关联小区群分析，进而分析无主覆盖和重叠覆盖情况。

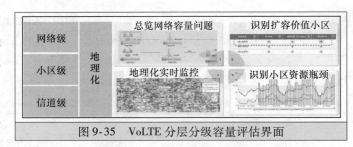

图9-35　VoLTE分层分级容量评估界面

3. VoLTE分层分级容量评估

VoLTE分层分级容量评估界面如图9-35所示，VoLTE分层分级容量评估从VoLTE网络级、小区级、信道级进行网络负荷评估，实时、快速识别容量风险和资源瓶颈，并进行全网基于感知的负荷门限分析，定制网络和区域级的扩容标准，通过地理化实时监控，准确反映容量问题，指导扩容规划工作。

主要模块及功能：

1）总览网络容量：总览负荷为低/中/高/紧急的小区数量；

2）扩容价值分析：对各个基站的软件、硬件资源进行监控，避免因故障导致资源不足；

3）地理化实时监控：实现小区级GIS呈现，需要扩容小区直接以自定义颜色标出；

4）识别小区资源瓶颈：针对小区的每E-RAB流量、上下行控制信道和业务信道利用率等数据，识别小区用户类型，并呈现哪类资源出现瓶颈，便于进行业务均衡。

4. 随时随地感知速率评估

分层分级容量评估界面如图9-36所示，感知速率评估功能综合业务、覆盖、干扰等信息，以单用户速率体验作为评估指标，高效直观地找到体验差的栅格，进而分析问题的根本原因，指导精准网络建设。

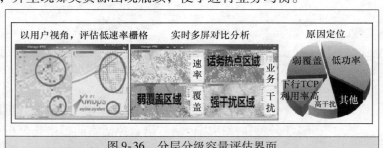

图9-36　分层分级容量评估界面

主要模块及功能：

1）速率能力评估：根据栅格的覆盖、干扰、用户、业务等情况评估栅格所能达到的最高速率，便于发现速率低的问题区域；

2）实际速率评估：根据栅格内的业务及用户，评估指定时间段内的栅格平均速率。

9.4.6　系统功能验证 ★★★

基于VoLTE实时在线评估系统对某市网格11进行VoLTE语音质量评估。分析结果表明，与现场路测VoLTE MOS评分结果匹配率95%以上，实际MOS分值相差在0.1分以内，评估系统可以准确反映VoLTE语音质量现状。评估系统与实际路测对比情况和功能验证情况如图9-37～图9-40所示。

9.4.7　应用案例 ★★★

依托VoLTE实时在线评估系统，深度评估某市网格11/10/14 VoLTE语音质量，共定位VoLTE语音质差栅格159个。

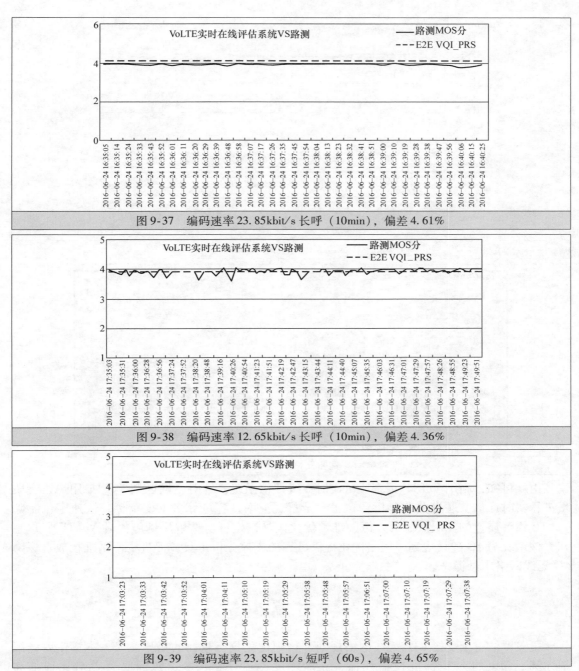

图 9-37　编码速率 23.85kbit/s 长呼（10min），偏差 4.61%

图 9-38　编码速率 12.65kbit/s 长呼（10min），偏差 4.36%

图 9-39　编码速率 23.85kbit/s 短呼（60s），偏差 4.65%

网格 11/10/14 评估试点如图 9-41 所示，试点区域内室内外语音质差栅格分别为 139 个和 20 个，通过与覆盖关联分析，室内外因弱覆盖引起的语音质差栅格分别为 2 个和 36 个。发现室外弱覆盖区域 5 处，室内深度覆盖不足区域 12 处，包括居民区、工业区、校园、商业区、机关单位等场景。通过系统的逐个问题原因分析，造成语音质差的主要原因为弱覆盖（24%）、重叠覆盖（16%）与参数配置（15%）问题，此外还有 33% 的问题原因涉及核心网和终端差异性。基于评估结果，指导规划宏基站 3 个、小基站 8 个、室分系统 6 套。通过现场测试验证，问题定位准确率达到 70% 以上，有效提升规划和优化工作效率。

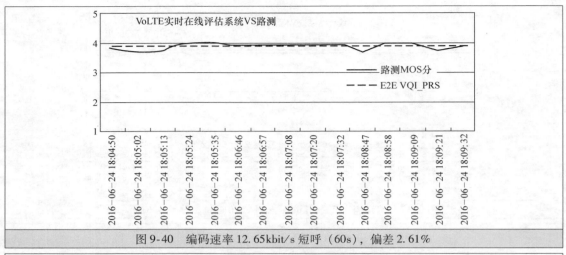

图9-40　编码速率12.65kbit/s短呼（60s），偏差2.61%

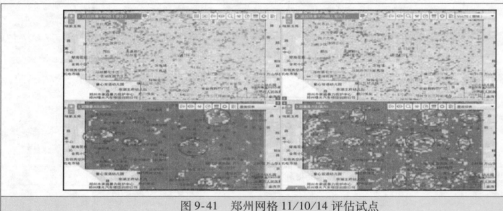

图9-41　郑州网格11/10/14评估试点

由此可知，利用VoLTE语音质量实时在线评估系统，针对全网区域VoLTE用户语音质量进行实时评估。通过关联分析弱覆盖、干扰、速率、容量等多维度指标，快速定位影响VoLTE语音质量的深层次原因，帮助维护优化人员制定针对性解决措施提升VoLTE用户感知。该系统为4G建设规划、网络优化提供可靠的支撑分析工具，促进资源精准投放，保障4G无线网络质量提升。

9.5　本章小结

覆盖评估对于支撑LTE无线网络规划和精细优化具有重要的指导意义。本章主要详细描述基于MR的LTE深度覆盖评估、立体深度覆盖评估、多运营商间覆盖对比评估和VoLTE语音质量实时在线评估技术手段和方法，深度透视和定位当前LTE覆盖短板和痛点问题，以达到LTE精准规划和优化的目标。

参 考 文 献

［1］河南移动公司网优中心. 4G深度覆盖评估与精准规划. 2016.

［2］华为技术有限公司. 多运营商覆盖评估及ASP规划. 2015.

［3］中国移动通信集团公司广东有限移动公司. 立体覆盖项目进展汇报. 2015.

第 10 章 >>
LTE覆盖新技术演进

随着 LTE 大规模建设和商用加速，用户业务需求与日俱增，业界针对 LTE 后续关键技术演进、网络支撑能力增强的研究从未止步，LTE – Advanced 和 5G 成为移动通信技术发展的主流。

10.1 载波聚合

LTE – Advanced 在低移动性下峰值传输速率达到 1Gbit/s，高移动性下峰值传输速率达到 100Mbit/s。为了支持极速的峰值传输速率，需要更大的系统带宽。对运营商而言，频谱永远是稀缺的宝贵资源。LTE 在带来频段灵活性的同时，运营商也不得不面对由于频谱的过于分散，整体频谱利用率偏低的问题。为了解决这个问题，载波聚合（CA）技术应运而生。作为 LTE – Advanced 的重要技术之一，载波聚合可以将离散的频谱资源整合在一起，获取类似连续频谱最大的频谱利用率。在未来载波聚合将发挥两方面重要作用，一方面是为用户提供高速带宽解决方案，满足未来用户对高速数据带宽的需求。从另一方面来看，在运营商连续频谱资源紧缺的情况下，载波聚合将整合多段不连续带宽，应对日益严重的无线频谱"碎片化"的问题挑战。

10.1.1 原理介绍 ★★★

载波聚合技术是 3GPP LTE – Advanced Release 10 标准中的代表性技术。通过将多个 LTE 载波聚合起来形成更大的系统带宽，增强空中接口网络传输能力，实现上下行峰值传输速率和边缘传输速率成倍提高。载波聚合的核心设计思想是支持载波聚合的终端在多个成员载波上同时进行数据收发。载波聚合原理如图 10-1 所示，通过汇聚最高 100MHz 频谱（即 5 个 20MHz 载波），实现超过 1Gbit/s 的单用户下行峰值传输速率。

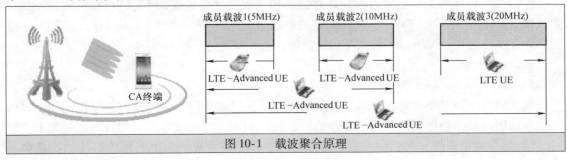

图 10-1 载波聚合原理

载波聚合是 LTE – Advanced 中最重要的特性，包括连续载波聚合和非连续载波聚合：

1）连续载波聚合：将相邻的数个较窄载波整合成一个较宽载波。

2）非连续载波聚合：将离散的多载波聚合起来，当作一个较宽的频带使用，通过统一的基带处理实现离散频带同时传输。

载波聚合典型频谱场景如图 10-2 所示，包括频段内连续载波聚合、频段内非连续载波聚合和频带间载波聚合。

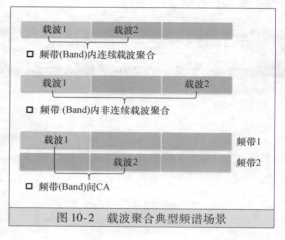

图 10-2　载波聚合典型频谱场景

在开启载波聚合的小区中，包括主服务小区和从服务小区。所谓主服务小区（Pcell）：当 LTE – Advanced 的 UE 初次建立 RRC 连接时，只配置一个服务小区，即 Pcell。此服务小区中的载波称为主成分载波（PCC）。从服务小区（Scell）是根据负载、QoS 需求等考虑，配置多个额外服务小区，即 Scell。此服务小区中的载波称为第二成分载波（SCC）、第三成分载波（SCC）等。

R10 版本终端 UE 可支持载波聚合，同时从多个载波单元接收数据，以及向多个载波单元发送数据。简单地说，没有配置载波聚合的 UE 只能与一个小区进行收发数据的操作。当配置了载波聚合之后，UE 能够同时与多个小区进行收发数据的操作，因此能够提高 UE 的吞吐量。

R12 在 R10 的基础上定义了下行三载波聚合和上行两载波聚合，需要增加 MFBI（Multiple Frequency Band Indicator，多频段指示）功能实现，以支持目前的设备进行三载波聚合。3GPP 36. 101 定义了 E – UTRAN 某些频率属于多个频带。例如，频率 2570～2620MHz 既属于 Band38，也属于 Band41。

对于小区的工作频率属于多个频带这种情况，如果网络的频段号与 UE 的支持能力不一致，则会导致 UE 无法接入网络。3GPP 因此提出了在系统消息中增加 MFBI 字段，用于标识小区是否支持多频带。MFBI 是指某些系统消息中，用于指示小区是否为多频带小区，以及对应的主频带、从频带等字段。SIB1 和 SIB2 消息中的 MFBI 用于 UE 进行多频带小区选择。SIB5 和 SIB6 消息中的 MFBI（即 Multiple Frequency Band Indicator 信元）用于 UE 进行多频带小区重选。MFBI 功能的引入能满足更多种频带的 UE 接入和切换。当小区的工作频率属于多个频带，并且 SIB 消息中含有 MFBI 字段时，该小区可支持这些频带的 UE 进行接入。当邻区的工作频率属于多个频带时，该邻区可用于支持这些频段的 UE 进行小区重选、切换测量和切换驻留。例如，Band38 的 10MHz 的频谱带宽配置为 Band38 和 Band41 的多频带小区后，既可以满足 Band38 的 UE 接入和切换驻留，也可以满足 Band41 的 UE 接入和切换驻留。

10.1.2　技术优势 ★★★

载波聚合主要竞争优势在于提升性能和体验。通过对不同带宽的载波的聚合利用，可以有效地利用离散的频谱资源，提高有限的频谱资源利用率。载波聚合主要技术优势如下：

1）整合频谱资源：运营商可以将分散的较小频谱结合成更大更有用的区块，扩展单一载波的带宽。

2）改善速率体验：获得载波调度增益和负载均衡，显著提升系统性能和单用户速率体验。

3）边缘体验：边缘用户资源保障，节约网络建设的成本，提升用户的感知体验。

4）平衡网络负载：通过实时的网络数据智能且动态地平衡负载。

5）增强竞争优势：针对 TDD 运营商而言，开启载波聚合可以应对 FDD 竞争，补齐 TDD 上行资源短板，提升运营商竞争力。

10.1.3　载波聚合技术演进 ★★★

LTE 大规模部署带来了业务需求猛增，网络支撑能力随之需要提升。为了在 LTE – Advanced 商用过程中能够有效利用大带宽载波，即保证 LTE 终端能够接入 LTE – Advanced 系统，载波聚合的技术方案不断增强演进。载波聚合演进过程如图 10-3 所示。

第一步：下行 2 载波聚合，载波聚合调度；

第二步：下行 2 载波智能聚合，多个载波中选择配置 2 个载波；

第三步：上行 2 载波聚合，下行 3 或 4 载波聚合；

第四步：TDD + FDD 载波聚合。

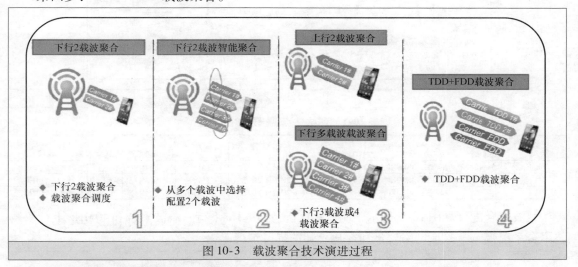

图 10-3　载波聚合技术演进过程

10.1.4　载波聚合技术挑战 ★★★

目前，在系统侧，主流厂商都已经推出相应的解决方案。运营商无线网络通过软件升级就能够支持载波聚合功能。然而在终端侧支持载波聚合方面，还存在技术难点。尤其是对于频段（Band）间或 LTE 制式间多载波聚合方面，终端需要多套射频模块同时工作，或者多种制式同时工作，对于芯片性能和功耗要求较高。目前全球分配给 LTE 的频谱有 40 多个，要做到任意频谱两两载波聚合的挑战非常大。主要技术挑战如下：

1）不同频带相差的传播损耗不同，频率高的路径损耗大。

2）不同频带多普勒频移和相干时间相差很大。

3）功率控制。

4）终端复杂度的问题。

5）小区边缘接收问题。

10.1.5 测试分析 ★★★

选取某市黄河路与大庆路周边为试点区域，包含企事业单位、居民区、学校和商业区等密集场景。试点选取三载波站点共 15 个，组网方式包括 B41＋B41＋B39（2D＋F）、B41＋B41＋B41（3D）和 B38＋B38＋B38（3E）三种场景。如图 10-4 和表 10-1 所示。

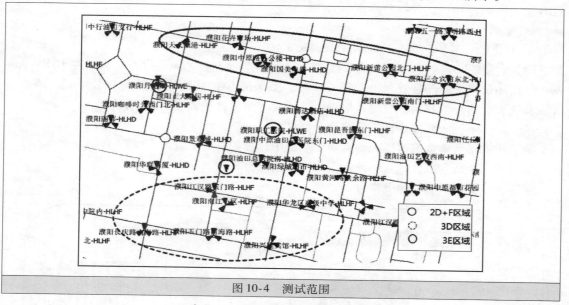

图 10-4 测试范围

表 10-1 测试站点规模及参数配置

复合方式	站点数量	三载波使用频点	下行带宽	传输模式	MFBI增强	下行3CC CA	上行2CC CA
2D＋F	5	37900/38098/38400	20M＋20M＋20M	TM3	启用	启用	启用
3D	6	37900/38098/40936	20M＋20M＋20M	TM3	启用	启用	启用
3E	4	38950/39148/39292	20M＋20M＋10M	自适应	启用	启用	启用

载波聚合配置如图 10-5 所示，测试小区配置 60MHz 下行三载波聚合和 40MHz 上行双载波聚合系统带宽，验证网络容量和客户感知的提升情况。

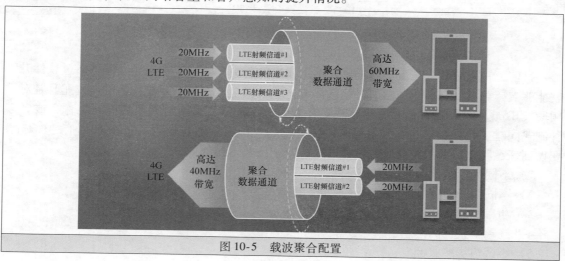

图 10-5 载波聚合配置

测试结果如表 10-2 所示。

表 10-2　三载波聚合测试数据

组网方式	定点测试				拉网测试			
	下行好点	下行差点	上行好点	上行差点	平均下行速率	切换成功率	CSFB成功率	返回 LTE成功率
3D（60MHz）	314.4Mbit/s	99.4Mbit/s	16.2Mbit/s	8.6Mbit/s	136Mbit/s	100%	100%	100%
2D+F（60MHz）	311.3Mbit/s	86Mbit/s	15Mbit/s	7.1Mbit/s	131Mbit/s	100%	100%	100%
3E（50MHz）	261Mbit/s	\	18.2Mbit/s	\	\	\	\	\

以 Band41 3D 载波聚合现场测试组网场景为例，如图 10-6 所示，定点吞吐量测试单用户下行传输速率可达 314.4Mbit/s、上行传输速率达到 16.2Mbit/s，接近理论值，较单载波提升 300%。拉网测试峰值下载速率达到 136Mbit/s，较单载波提升 300%。

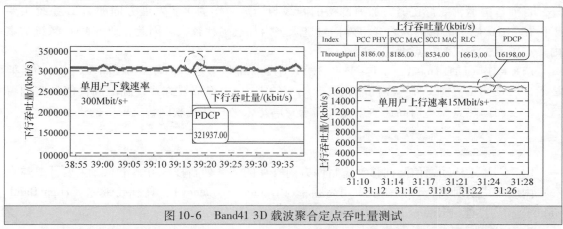

图 10-6　Band41 3D 载波聚合定点吞吐量测试

3D 载波聚合拉网测试如图 10-7 所示，开启三载波特性，3D 拉网测试中除了切换带和部分站点三载波小区无法覆盖的点外，测试速率均高于 100Mbit/s，测试平均速率达到了 131Mbit/s，相比单载波拉网平均速率 42Mbit/s 提升近 2 倍。关闭特性，拉网平均速率为 45Mbit/s，平均增益 300% 左右，测试结果符合预期。在 3D 拉网测试中，一共切换 5 次，切换成功率 100%。

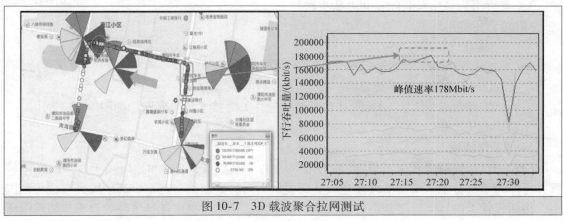

图 10-7　3D 载波聚合拉网测试

测试结果表明，三载波聚合最高提升3倍用户下载速率和2倍上传速率，有效聚合使用离散频谱资源，提升网络容量，支撑公司市场竞争策略。载波聚合技术的应用，能够让运营商为移动用户提供更高速、更丰富的业务体验，更好地应对数据业务流量的爆发式增长，提高LTE网络的竞争力。

10.2 LTE - Hi 室内热点组网技术

10.2.1 背景 ★★★

随着移动通信的迅猛发展，各类网络业务、应用以及智能终端层出不穷，促使数据业务的流量逐年呈现几何级增长。根据NTT DoCoMo公司的调查报告，70%的3G数据业务发生在室内。因此作为3GPP长期演进的LTE系统的数据业务将绝大部分发生在室内区域。另外，目前各国运营商都在努力加速网络的升级与演进，作为主要发展方向的LTE系统主要工作在2GHz以上的较高频段，室外信号进入室内穿透损耗较大。因此，研究LTE系统的室内热点覆盖方案成为热点课题。

LTE - Hi（LTE Hotspot/indoor）是3GPP R12标准重点内容。作为4G向5G过渡的重要技术，LTE - Hi实现一种更高性能、更低成本的室内/热点部署方式，瞄准高性能的室内覆盖，主要面向热点、室内高速数据业务需求，满足未来移动互联网数据业务的迅猛发展。

10.2.2 关键技术 ★★★

LTE - Hi是移动通信网向移动宽带网方向发展的一系列新技术方案汇总，主要针对热点和室内应用场景研究，目标在于应用高频率（Higher Frequency）、具有高带宽（High Bandwidth）和高性能（Higher Performance）的特点。

1. 技术需求

LTE - Hi在高频段上的网络部署被视为更适合小覆盖区域内的大流量业务。在技术需求层面重点内容如下：

1）支持密集部署和大系统容量。

2）数据业务路由简化。

3）支持用户自主安装配置和灵活组网。

4）可管可控可运营。

5）降低体积和功耗。

6）增加规模效益，持续降低接入点成本。

2. LTE - Hi 关键技术系统架构

室内、室外热点是LTE - Hi的重点研究场景，关键技术和研究课题如图10-8所示。主要核心技术如下。

（1）工作频段

LTE - Hi系统拟部署在3.5GHz左右的频段上，在大部分国家和地区属于授权的空闲频段，可以为系统分配大量的连续带宽，从而提供更高的数据传输速率，高频段具有覆盖范围小、传播损耗大的特点，更加适合覆盖面积要求低、移动性要求低且多径效益明显的室内环

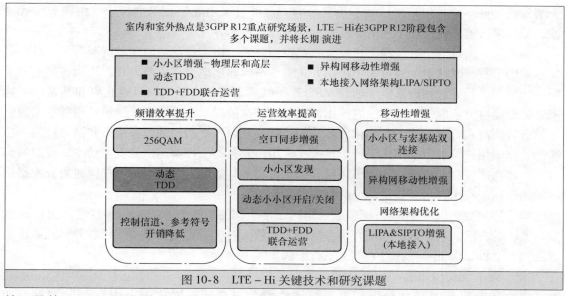

图 10-8　LTE-Hi 关键技术和研究课题

境。另外，LTE-Hi 系统作为微小区与工作在较低频段的 LTE 宏蜂窝网络配合工作，解决了宏小区与微小区之间的相互干扰问题。

（2）动态 TDD 模式

与 FDD 系统相比，采用 TDD 模式的系统无需工作在成对频率上，可以方便灵活地配置在零散频谱上，能有效地提高频谱效率。LTE-Hi 系统工作时，根据实际业务量情况，灵活配置上、下行子帧配比方案。

由于室内业务主要以数据通信类业务为主，例如浏览网页、在线观看视频等，具有明显的下行数量大于上行数据的特点。为了满足下行吞吐量的需求，系统大部分时候为下行链路分配更多的子帧数，而在进行传统的语音业务时，上下行数据量相当，需要调整上下行子帧配比，以满足语音业务的需求，当进行某项需要大量上传操作的业务，例如用户利用终端发送超大附件时，系统调整上下行配比，使上行链路获得更多的资源。

动态 TDD 模式根据业务状态自适应调整上下行子帧配比，更好地满足用户需求，提高系统效率。在 3GPP LTE R12 正在标准化过程中，针对 TDD 的重要性能增强，能够充分发掘 TDD 在数据业务承载方面的优势，并提高吞吐量和频谱效率。20MHz 带宽内，基站根据上下行业务流量的实时变化，动态快速地在不同 TDD 配置（如上/下行配置 6：4 和上/下行配置 8：2）之间切换，改变上下行子帧数的配置比例，从而使空口资源更好地适配数据业务的突发性和上下行业务的不对称性。

（3）同步干扰监听

动态 TDD 技术的引入，增加了小区间干扰的问题。具体表现为处于上下行配比不同的微小区的终端，在同一时隙可能分别进行上行操作和下行操作，从而产生同频干扰或邻频干扰。为了解决该问题，需要在帧结构中引入干扰监听时隙，考虑到监听方法的效率问题，LTE-Hi 采用同步干扰监听方法，具体包括 eNB 监听 eNB、eNB 监听 UE、UE 监听 eNB，根据监听到的时隙配比变化，快速进行干扰消除。

（4）多小区干扰协调

干扰协调和干扰消除包括从频域和时域上的协调，通过避免相邻基站间复用频域或时域上的资源，最小化对相邻基站的干扰和影响。也可以采用底层技术进行干扰协调和干扰消除，如功率协调、物理层干扰消除技术、空口同步技术等。

频域上，通过集中式控制方式或分布式控制方式，协调各基站的频域资源分配，减小对邻基站的干扰。时域上，通过集中控制方式或基站间的信息交互协调方式，协调各基站的子帧使用情况，具体包括设置空子帧和 MBSFN 子帧等，使每个基站都可以获取邻基站的子帧配置，必要时可获取邻基站子帧的使用情况，对干扰情况严重的用户，尽量使用邻基站的空子帧进行调度和资源配置，最小化邻基站的干扰，从而保证用户的服务质量和网络性能。功率上，基于用户位置、多小区上行干扰情况、用户业务类型控制用户的发射功率、调制编码方式，将功率控制和自适应调制编码结合起来，实现有效的上行干扰抑制；同时研究控制信令的编码压缩技术，研究控制信令的有效可靠传输。

同步协调也是保证 TDD 系统多小区组网正常工作的重要技术之一，小区之间可以通过空口监听的方式实现小区间同步，当小区间干扰较大时，适当通过集中式或者分布式的协调方法调整时钟，保证不存在过大的上下行干扰。

（5）调制方式和开销

因为室内业务的移动速度较低，信道质量相对稳定，因此可以引入高阶调制，如256QAM 来提高频谱效率。相对传统调制方式而言，高阶调制方式还能增加可用 SINR 的范围，提升系统的抗噪声性能。另外，由于室内信道的时变性不大，因此可以在考虑后向兼容的基础上，引入多个子帧进行统一调度，或者是将导频的密度降低，以便节约开销数据估算，减少开销可以达到 10% ~ 15% 的比例。

（6）智能天线和热点 MIMO 增强技术

LTE - Hi 系统采用新的智能天线，可以降低多址干扰，增加系统吞吐量，提高小区边缘用户性能，由于 TDD 系统的上下行链路使用相同的频率，可以利用信道互易性来降低终端的处理复杂度。

MIMO 技术对于提高无线链路的峰值速率与系统频谱利用率具有十分重要的意义，但是TD - LTE 系统中现有的 MIMO 技术主要是针对宏小区场景设计的。热点覆盖场景中，尤其是室内应用场景中，一般具有较丰富的散射/反射路径，相对于宏小区而言信噪比较高，而且终端移动性较低。这些因素对于 MIMO 技术的应用都是十分有利的。

基于热点覆盖场景中 MIMO 信道的特性，结合现有的 LTE MIMO 技术框架，对热点覆盖场景中 MIMO 技术增强需要重点对以下几方面的问题进行优化设计：

1）高阶 MIMO：主要针对非相关场景，研究新型的预编码与码本设计机制或对现有码本进行扩充以更好地支持高阶 MIMO 传输。

2）上行 MIMO 增强：热点覆盖场景中，接入点与终端之间的间距较小，因此发送上行信号时，对功放效率的限制可适当放松。

3）CSI 反馈增强：热点覆盖场景中，终端的移动性普遍较低，因此 CSI 反馈机制还可以进一步优化。

4）RS 设计：如果引入更高阶的 MIMO 技术，则需要定义新的参考符号。针对热点场景移动速度低、时延扩展小的特点，高阶 MIMO 的 RS 设计应当同时考虑支持 MIMO 传输的测量需求以及系统对参考符号开销的约束条件，利用信道的时域和频域相关性，在保证测量精度的前提下尽可能控制其对系统效率的影响。

5）控制信令与反馈信道：引入上述技术之后，需要定义新的增强的控制信令及相应的控制流程与反馈信道和控制信道，支持增强的 MIMO 技术。

3. 技术优势

LTE – Hi 与其他室内覆盖方案的比较如表 10-3 所示，LTE – Hi 系统具有明显的技术优势。

表 10-3　LTE – Hi 与其他室内覆盖方案的比较

序号	项目	LTE – Hi 系统	Femtocell 系统	传统室分系统
1	工作频段	高频段/与宏蜂窝不同	与宏蜂窝相同	与宏蜂窝相同
2	系统带宽	>100MHz	10~20MHz	10~20MHz
3	速率	更高	高	低
4	移动性	较好	较好	好
5	覆盖方式	针对覆盖	针对覆盖	广覆盖
6	干扰	不同小区簇之间	不同小区之间	不同小区之间

4. 系统设计

LTE – Hi 不仅能够充分利用高频段提升整网容量和频谱效率，而且适合在小范围内提供高速率接入服务。相比 WiFi 有更好的移动性管理，可以实现宏网络无缝覆盖。同时在成本上，LTE – Hi 也极具竞争力。设计之初即考虑到室内和家庭应用，接入设备的体积和功耗接近 WiFi 设备，具有较低的制造成本、较小的体积。这样更方便运营商部署，大大提高了建网速度。

移动网络具有其特殊性，对于设备的可管可控以及对于终端和业务的可管可控对于移动运营商而言极其重要。LTE – Hi 不仅支持在任何回传条件下对网络设备的可管可控，而且支持针对终端行为和终端业务的可管可控。这样大大增强了运营商对于网络的控制能力和对于用户业务的管理能力。

LTE – Hi 充分考虑到网络演进和后向兼容问题，在设计上尽量维持现有 LTE/SAE 设计，使现有版本 LTE 终端能够接入到新系统当中。同时支持运营商部署及用户部署两种场景。在两种部署场景下，LTE – Hi 均需要接入核心网，并能够实现独立组网、数据连接、移动性管理以及干扰协调等功能。

10.2.3　应用前景　★★★

随着 LTE – Hi 的技术演进，将成为 LTE 宏蜂窝的重要补充，共同成为下一代移动通信的标准。LTE – Hi 不仅能够充分利用高频段提升整网容量和频谱效率，而且适合在小范围内提供高速率接入服务。有关 LTE – Hi 的技术将得到进一步的研究，包括室内 MIMO 增强技术、上行 OFDMA 的多址技术等。LTE – Hi 的融合发展将成为未来研究的方向，作为传统蜂窝通信网络的补充，LTE – Hi 和宏蜂窝之间如何更好地融合，如何保护运营商已有投资，如何提升网络效率，实现满足业务发展需求的异频组网是业界探索的方向。

10.3　3D MIMO 技术

3D MIMO 是 4G + 和 5G 的关键技术之一，在水平方向和垂直方向上均部署大规模支持波束赋性的多通道天线，可在水平和垂直两个维度动态调整信号方向，使信号能量更集中、方向更精确，降低小区间干扰。3D MIMO 支持更多用户在相同资源上并行传输，从而达到提升小区吞吐量及边缘用户速率、改善深度覆盖的效果。面向室内外局部热点区域，为用户提供极高的数据传输速率，满足网络极高的流量密度需求。

10.3.1 原理介绍 ★★★

1. 技术背景

随着移动互联网的快速发展，业务数据流量急剧增长，给现有无线网络带来了极大的容量压力。对于 LTE 而言，增加系统容量、降低干扰依然是最重要的发展目标。MIMO 技术可以充分利用空间特性，在不增加发射功率和带宽的情况下提高系统容量。

MIMO 技术已经在 4G 系统中广泛应用。面对未来传输速率和系统容量等方面的性能挑战，天线数目的进一步增加仍将是 MIMO 技术继续演进的重要方向。巨大的阵列增益将能够有效地提升每个用户的信噪比，从而能够在相同的视频资源上支持更多用户传输。

在实际应用中，通过大规模天线，基站可以在三维空间形成具有高空间分辨能力的高增益窄细波束，能够提供更灵活的空间复用能力，改善接收信号强度并更好地抑制用户间干扰，从而实现更高的系统容量和频谱效率。

3D MIMO 在高话务量的不同场景下表现如何，在不同无线环境能够达到怎样效果？深度评估 3D MIMO 实际应用，对今后的大规模推广具有重要的指导意义。

2. 技术原理

3D MIMO 中的关键技术——空分复用，又称空分多址（SDMA）。根据多天线技术原理，空分复用是多个用户共享时间频率二维资源，通过空域信道特征来区分多个用户的信号，同时通过精确的信道相关性估计、用户配对、干扰抑制赋形等降低多用户之间的干扰。

现网 8 通道天线 LTE 宏基站可以支持 4 流空分复用，而 3D MIMO 引入大规模阵列天线技术，使得空域 16 流、32 流或更多流复用成为可能，3D MIMO 原理如图 10-9 所示，3D MIMO 基站天线数及端口数将有大幅度增长，可支持配置上百根天线和数十个天线端口的大规模天线，通过多用户 MIMO 技术，支持更多用户的空间复用传输，数倍提升系统频谱效率。

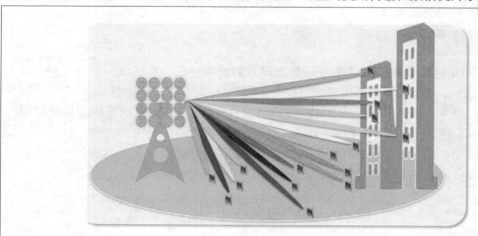

图 10-9　3D MIMO 原理示意图

在热点区域，用户数多且用户在 3 维空间分布范围大，结合精确的信道估计、用户配对算法，即可实现空域 16 层及以上的视频资源空分复用，让无线网络的频谱效率再上一个台阶。由于大规模阵列技术的引入，3D MIMO 系统能够在 3 维空间产生灵活指向用户的非常窄的波束，这种极窄波束意味着在有效抑制对复用用户干扰、不损失服务用户主瓣方向能量的前提下，在整个 3 维空间，3D MIMO 的大规模天线系统可提供最大复用层数可达到天线数量的空分复用能力。

3. 3D MIMO 与传统 MIMO技术对比

3D MIMO 与传统 MIMO 区别如图 10-10 所示，与传统 MIMO 技术相比，3D MIMO 基站使用类似雷达的有源阵列天线，可在水平和垂直两个维度动态调整信号方向，使信号能量更集中、方向更精确，降低了小区间干扰，支持更多用户在相同资源上并行传输，从而达到提升小区吞吐量及边缘用户传输速率的效果。

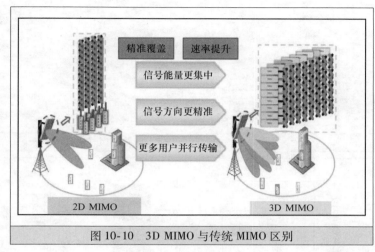

图 10-10　3D MIMO 与传统 MIMO 区别

多流空分复用是 3D MIMO 提升频谱效率的关键，3D MIMO 实现 16 流空分复用，频谱效率再上一个台阶。3D MIMO 利用空分复用技术，可支持 16 个终端共享相同的时间、频率资源，将频谱效率提升 4 ~ 6 倍，有效缓解流量激增和频谱受限之间的矛盾。

10.3.2　技术优势 ★★★

3D MIMO 技术在不改变现有天线尺寸的条件下，可以将每个垂直的天线阵子分割成多个阵子，从而开发出 MIMO 的另一个垂直方向的空间维度。3D MIMO 将 MIMO 技术推向一个更高的发展阶段，为 LTE 传输技术性能提升开拓出了更广阔的空间，进一步降低了小区之间的干扰，提高了系统吞吐量和频谱效率。

（1）系统吞吐量提升

最大支持 16 流，充分发挥 3D MIMO 技术潜力，提升网络能力。

（2）覆盖维度增加

由于 3D MIMO 增加垂直纬度的覆盖，可以有效抑制小区间同频用户的干扰，提升边缘用户乃至整个小区的平均吞吐量。

（3）降低邻区间干扰

3D MIMO 技术提供了垂直面波束赋形，可将 UE2 与 UE3 从垂直维度上再进行一次区分，分别形成对准它们的波束为其进行服务，从而在整体上降低对邻区的干扰，提升了频谱效率。图 10-11 中 UE1、UE2、UE4 在水平面维度上与基站的夹角不同，所以基站可以在水平面维度形成 3 个分别对准它们的波束进行服务，UE2 和 UE3 在水平维度上与基站的夹角相同，则 UE2 和 UE3 的波束会形成相互干扰。

（4）频谱效率提升

3D MIMO 频谱效率如图 10-12 所示，可以看出，随着天线数量的增加，多个用户级波束在空间上三维赋形，可避免相互之间的干扰，边缘用户频谱效率和平均频谱效率得到大幅度提升。

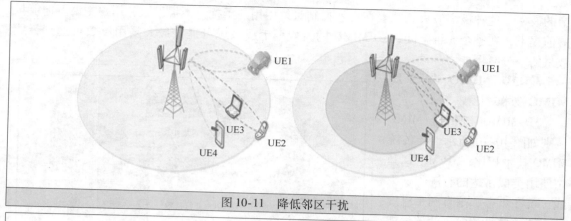

图 10-11　降低邻区干扰

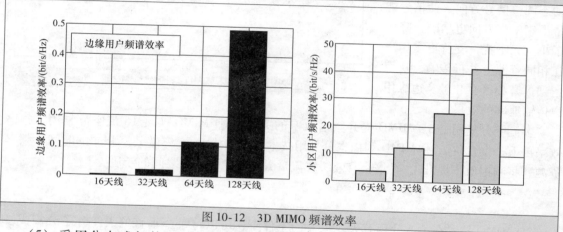

图 10-12　3D MIMO 频谱效率

（5）采用分布式架构，适配未来 5G 演进发展。

BBU + AAU 分布式架构如图 10-13所示，3D MIMO 基站采用 BBU + AAU 分布式架构，在协同能力、工程维护、协议演进、性能空间方面具有更大的优势，可以更好地适配未来网络发展需要。

图 10-13　BBU + AAU 分布式架构

10.3.3　外场测试分析　★★★

以 TD – LTE 小区容量、用户传输速率作为评估核心，在不同场景下，通过应用 3D MIMO 技术，模拟实际用户开展数据下载业务，测试 3D MIMO 提供小区容量及用户实际传输速率的能力。

1. 测试内容

1）下行峰值测试：基站侧同时向 16 个终端灌包测试，分别观测每个终端应用层的下载速率，后台统计小区级下行吞吐量指标。

2）上行峰值测试：4 个终端利用 iperf 软件同时向基站灌包，分别观测每个终端 RLC 层的上行传输速率，后台统计小区级上行吞吐量指标。

　　3）场景测试：按照不同场景对 3D MIMO 进行性能验证测试，包括办公楼深度覆盖测试、弱场性能验证以及与普通 4G 基站的覆盖对比测试。

2. 测试目标

　　如图 10-14 和图 10-15 所示，3D MIMO 新基站安装在某市丹尼斯商场六层顶天面，覆盖高层住宅小区和写字楼场景。通过现网具体测试评估，验证 3D MIMO 是否提升用户的上行传输速率、小区频谱效率和吞吐量的能力。

图 10-14　3D MIMO 基站安装实景

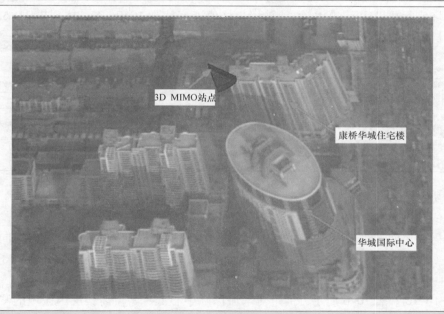

图 10-15　3D MIMO 天面覆盖环境

3. 测试分析

（1）下行峰值测试

　　在 3D MIMO 小区覆盖下，16 个 UE 同时做下行业务，小区级吞吐量稳定在 682Mbit/s。

单用户下载速率稳定在 41Mbit/s 以上，充分体现出 3D MIMO 基站强大的容量支持能力，是普通 8T8R 基站小区容量 6 倍以上。16 个用户下行性能测试结果如表 10-4 所示。

表 10-4　16 个用户下行性能测试结果

测试点	RSRP/dBm	SINR/dB	下载速率/(Mbit/s)
1	−55	38	41
2	−74	33	44
3	−65	36	42
4	−74	28	43
5	−71	38	44
6	−70	27	43
7	−76	32	42
8	−78	35	43
9	−74	33	44
10	−84	36	41
11	−72	24	43
12	−65	34	43
13	−73	33	43
14	−72	34	42
15	−73	27	42
16	−70	28	42
总吞吐量			682

（2）上行峰值测试

4 个用户上行峰值测试结果如表 10-5 所示，在上行 4UE 容量测试中，3D MIMO 小区下，小区峰值吞吐量达到 40Mbit/s，单用户峰值速率达到 10Mbit/s，体现出 3D MIMO 较好的上行容量提供能力。

表 10-5　4 个用户上行峰值测试结果

测试点	RSRP/dBm	SINR/dB	吞吐量/(Mbit/s)
1 号	−72	33	9.8
2 号	−70	28	10.3
3 号	−71	33	9.9
4 号	−73	32	10
总吞吐量			40

（3）办公楼深度覆盖测试

传统的基站为提高增益，垂直波瓣较窄，在覆盖高层建筑时，往往只能覆盖到部分楼层，从而需要多面天线来做覆盖的场景。使用 3D MIMO 技术，则可以分裂出指向不同楼层位置的波瓣，在减少了天面建设需求的同时，也通过多个并行数据流传输，提高了频谱利用效率。

如图 10-16 和表 10-6 所示，通过对华城国际中心低、中、高楼层内区域的测试分析得知，低层整体覆盖 RSRP 在 −86dBm，下载速率均值为 40Mbit/s，中层整体覆盖 RSRP 在 −92dBm，下载速率为 35Mbit/s，高层覆盖 RSRP 为 −94dBm，下载速率为 39Mbit/s。由此可见，3D MIMO 基站能满足高层办公楼的覆盖要求。小区吞吐量能达到 682Mbit/s，相对普通 4G 小区容量提升了 6 倍，适合覆盖终端密集的 VIP 高端办公场所。

图 10-16　办公楼深度覆盖测试场景

表 10-6　办公楼深度覆盖结果

测试楼层	楼层位置	RSRP/dBm	SINR/dB	下载速率/（Mbit/s）
华城国际中心 5 楼	5 楼窗口	−65	29	45
华城国际中心 5 楼	5 楼中点	−87	28	40
华城国际中心 5 楼	5 楼远点	−107	14	36
5 楼均值		−86	24	40
华城国际中心 15 楼	15 楼窗口	−75	30	45
华城国际中心 15 楼	15 楼中点	−86	10	43
华城国际中心 15 楼	15 楼远点	−116	7	16
15 楼均值		−92	16	35
华城国际中心 24 楼	24 楼窗口	−79	30	43
华城国际中心 24 楼	24 楼中点	−93	18	40
华城国际中心 24 楼	24 楼远点	−110	9	34
24 楼均值		−94	19	39

（4）弱场性能测试

在 3D MIMO 覆盖范围内选取 4 种好、中、远、差覆盖场景，通过表 10-7 中测试结果看出，在好点环境平均 RSRP 为 −73dBm，SINR 为 35dB，下载平均速率为 44Mbit/s；中点环境平均 RSRP 为 −88dBm，SINR 为 32dB 左右，下载速率为 40Mbit/s；远点环境 RSRP 为 −110dBm，SINR 为 13dB，下载速率为 24Mbit/s；差点环境 RSRP 为 −120dBm，SINR 为 3dB，下载速率为 0。由此可见，3D MIMO 基站在覆盖良好的区域，其性能可以充分体现，在边缘弱场区域，性能衰减较快。3D MIMO 对覆盖和信噪比环境变化比较敏感。

表 10-7　弱场性能测试

场景	RSRP/dBm	SINR/dB	下载速率/（Mbit/s）
好点	−73	35	44
中点	−88	32	40
远点	−110	13	24
差点	−120	3	0

（5）普通 4G 基站与 3D MIMO 基站覆盖对比测试

如图 10-17 和表 10-8 所示，将普通 4G 基站与 3D MIMO 基站天线安装在同一天面，方位角相同，高度基本一致，共同覆盖同一座居民楼的情况下，通过对测试结果分析发现，普通 4G 基站覆盖居民楼的平均 RSRP 为 −81dBm，3D MIMO 基站平均覆盖 RSRP 为 −82dBm，3D MIMO 覆盖效果不弱于普通基站。

图 10-17　3D MIMO 基站和普通 4G 基站覆盖对比测试

表 10-8　4G 普通站与 3D MIMO 基站对比测试

测试楼层	普通 4G 基站		3D MIMO 基站	
	RSRP	SINR	RSRP	SINR
3 号楼 6 层	−80	11	−73	38
3 号楼 16 层	−82	11	−87	33
3 号楼 22 层	−82	0	−86	35

10.3.4　小结 ★★★

3D MIMO 技术特性适合于低速移动高吞吐量要求的宏覆盖和高层垂直覆盖场景的精确覆盖。

1）高吞吐量场景（结合现网话务统计数据，在全天下行流量 >20Gbit/s）的小区中选择如交通枢纽、高校、商业区。

2）垂直覆盖场景（楼层高，室分建设难度大的高楼）产业现状。

3D MIMO 是 5G 技术演进中的重要技术之一，单模块内置 128 个射频通道和 128 根天线，最大支持 16 流，是目前业界规格最大、集成度最高的超大规模多天线系统，采用 BBU + AAU 分布式架构，支持 TD‐LTE 所有主流频段，并兼容现有 4G 终端。3D MIMO 具有提升容量、增强覆盖、组网灵活、有效降低选址难度、降低干扰等特点。外场测试结论表明，3D MIMO 可以为破解 4G + 无线组网中深度覆盖和容量难题寻求解决方案和途径，测试成果为 4G + 组网规划、网络优化提供可靠保障。

10.4　GSM Refarming 宽带化演进

10.4.1　背景 ★★★

随着移动宽带时代的到来，无线网络流量呈爆炸式增长的趋势。频谱资源并不是取之不尽、用之不竭，运营商对频谱资源的合理规划和有效使用就变得至关重要。传统的 GSM 语音用户不再满足于低速的数据接入，应对日益增长的移动数据业务需求，如何充分利用现网的频谱资源、如何保护网络设备投资，如何向 LTE 平滑演进，成为全球 GSM 网络移动运营商亟待解决的难题之一。GSM1800 Refarming（重耕）技术无疑给出了最佳解决方案之一。

与 LTE 采用主流 2.6GHz 频段相比，1800MHz 频段的传播损耗和穿透损耗更小，覆盖能力更强，可以大幅减少基站规划数量，降低移动运营商的建设成本，从而为终端用户带来更优质的移动宽带业务体验。在 LTE 的工程建设中，GSM 运营商可以根据现网设备和资源状况，考虑复用站点或网络设备，实现从 GSM 向 LTE 的平滑演进。借助于 GSM1800 Refarming 解决方案，充分利用 1800MHz 频率资源，加快 LTE 网络的部署进程。

10.4.2　GSM1800 Refarming 关键技术 ★★★

在现网 GSM1800 频谱资源满足要求的情况下，通过频率重耕，预留部分频段资源，用于部署建设 LTE 网络。GSM1800 Refarming 关键技术如下。

1. 频率 Refarming 方案

针对频率重耕，业界目前有两种主流方法：完全重耕和部分重耕。所谓完全重耕主要适用于频谱资源比较丰富的移动运营商。随着 3G 业务的发展和用户向 3G 网络迁移，2G 用户逐步减少，GSM1800 网络负荷随之减轻。可以考虑将 1800MHz 频谱完全重耕出来，用于 LTE 网络建设，比重逐步降低的语音业务完全由 GSM900 承载。另一种方案是部分重耕，适用于频谱受限的运营商，GSM 用户数量巨大，用户暂时难以迁移，短期之内希望保持稳定。在此种情况下，运营商既需要考虑保留原有用户，又需要提供有竞争力的高速移动数据接入。因此，可以分阶段地按照 5MHz、10MHz 等频谱带宽，逐步让出部分频段，重整用来承载 LTE。部分重耕有两种方法：一种是在运营商 1800MHz 频段中间，重耕出 5MHz、10MHz 等频谱宽度，用来建设 LTE，两端的边缘频谱依然保留给 GSM 使用；另一种边缘分配方案是将运营商拥有的频段的一端分配给 LTE 使用，另外一端保留给 GSM 使用。

2、系统间干扰规避

基于以上两种频率重耕方案，组网方案中可以考虑采用空分隔离方式，有效降低 GSM 和 LTE 之间的频率互干扰。从网络负荷、用户需求角度出发，按照地域划分，从城区到郊区逐步推进，反之亦可。例如，可以考虑在城区，首先重耕部分频率给 LTE 使用，满足移动数据需求。在城区以外地区，对高速的移动数据需求若不强烈，则不执行重耕方案，继续使用自有的全带宽 GSM 频段。为避免这同一段频谱在两种制式上的互干扰，即此段频谱在城区用于 LTE，在城区以外继续用于 GSM，可以在地理上设置一段过渡带，位于城区和郊区之间，将这一段频谱空出，以便在空间上隔离两种制式，规避干扰。为了减少系统间干扰，在 GSM/LTE 共站情况下，可以设置一定的保护带宽，保护带宽设置原则如表 10-9 所示。

3. GSM1800 网络容量迁移

Refarming 将导致 GSM1800 资源配置下降，容量无法承载，可能无法满足原有业务量的需求，需要进行容量迁移。GSM1800 容量迁移状态如图 10-18 所示。

表 10-9　不同 LTE 系统带宽中保护带宽要求

LTE 带宽	GSM/LTE 共站保护带宽	
	理论值	工程值
1.4MHz	0.2MHz	0.2MHz
3MHz	0.2MHz	0.2MHz
5MHz	0.2MHz	0
10MHz	0.2MHz	0
15MHz	0.2MHz	0
20MHz	0.2MHz	0

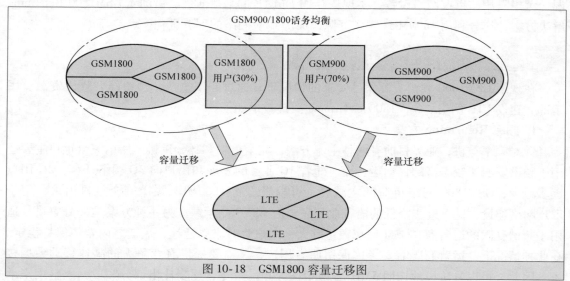

图 10-18　GSM1800 容量迁移图

对 GSM 运营商而言，通过压缩 GSM 的带宽建设 LTE，语音用户迁移是两难选择：既要提高现有网络的数据接入能力，又要保持容纳现有用户的能力。运营商现阶段可以采纳两项关键技术：语音半速率技术和频率的紧密复用技术。语音半速率技术可以在占用一半带宽条件下，承载同样数量的语音用户。频率紧密复用就是在同邻频干扰可以接受情况下，减少复用距离。根据规划，从 S2/2/2 到 S7/7/7 的不同站型配置，可以节省 25%～50% 不等带宽。

4. GSM/3G/LTE 三网协同技术

频率重耕的另一个关键点是 GSM/UMTS 和 LTE 网络之间的协同，可以保证不同制式网络之间的负载平衡，以及语音业务的继承性，提供基于业务、负载、用户特性的网络优先选择权。同时，还要保证网络之间的移动性，包括 CS 域、PS 域之间的切换与互操作。

5. 网络部署

随着软件无线电技术的发展，各设备厂家相继开发出 BBU 和 RRU 分离的高集成度基站。在同一机柜中，同时支持 GSM、TD、UMTS、LTE 等多种制式，支持 800MHz、900MHz、1800MHz、2.1GHz、2.6GHz 多种频段。此种设备形态不仅可以支持共站址、共传输、共维护，还可以支持共射频，帮助运营商从 GSM1800 平滑演进到 LTE，或者 GSM 和 LTE 在 1800MHz 频段内共存。

10.4.3　组网改造方案　★★★

GSM 网络升级到 GSM/4G 双模网络涉及基站、核心网、网管系统的相关改造。在核心网方面，支持 LTE 的 EPC 核心网即可支持 Refarming 基站，而原 GSM 网的核心网侧无需做任何变化。GSM 现网无线网网管系统可以满足 Refarming 试验网的操作维护需求。在无线基站方面，根据 Refarming 的组网方案，GSM 的网络结构保持不变。站点升级简单，共享基站硬件、天馈系统及站址资源。

诺基亚 MCPA 多载波功放基站支持平滑升级至 FDD 网络的能力。1 个 2/2/2 站型基站使用 MCPA BTS 设备配置时，只需要一个 FXxx + ESMC/B 模块。若要在每个扇区内开通 LTE 业务，LTE 分配 10MHz 频宽，并实现 2 × 2 MIMO 功能，则需要新增一个 FXxx 模块，并增加 1 块 LTE BBU – FSMF。GSM Refarming 硬件改造如图 10-19 所示，保持现有天馈不变，基于原有的 BBU + RRU 组网方式，GSM MCPA 基站可以通过增加 Refarming 系统模块（BBU）、射频模块（RRU）和线缆，即可升级到 GSM/Refarming 双模基站，并实现 2 × 2 MIMO 工作模式。

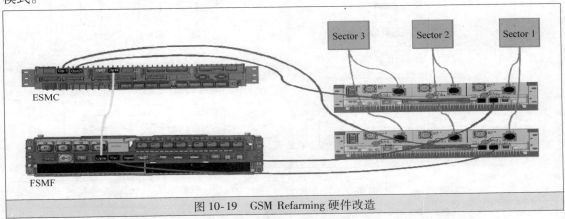

图 10-19　GSM Refarming 硬件改造

10.4.4　外场技术试验　★★★

通过在某现网实施 GSM1800 Refarming 边缘重耕方案，对原有 GSM1800 区域频率进行频率割接，将频段号 586 ~ 636 共 50 个 GSM1800 频点、共 10MHz 频段进行重耕（Refarming），用以建设 LTE FDD 网络。方案实施测试效果如下。

1. 2G 网络指标

为避免退频对 2G 网络指标造成冲击，GSM1800 Refarming 方案实施后，通过开启空时干扰抑制合并（Space Time Interfernce Rejection Combining，STIRC）功能，有效降低 GSM 网络的上行干扰，方案实施后试验区域 GSM 网络关键指标变化如图 10-20 所示。

由此可见，GSM1800 退频方案实施后，网络指标有所恶化。当开启上行干扰抑制功能后，网络指标基本恢复至重耕之前的水平，干扰水平基本保持，整体指标相对平稳。

2. LTE 网络指标

通过测试，试验区域无线覆盖指标 RSRP 等于 – 55dBm，SINR 等于 31dB。先后从内网 FTP 站点 112.53.126.211 下载 800MB 文件，持续 1min。上传 800MB 文件，持续 1min。测试结果如图 10-21 所示，下行平均速率 32.81Mbit/s，峰值速率 36.41Mbit/s；上行平均速率 7.48Mbit/s，峰值速率 8.43Mbit/s。从外网使用迅雷软件多线程下载，最大速率达 25.7Mbit/s，平均速率 21Mbit/s，远高于现网 2G/3G 速率。

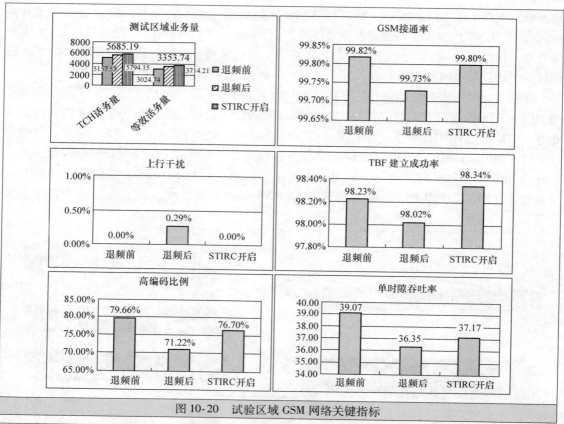

图 10-20 试验区域 GSM 网络关键指标

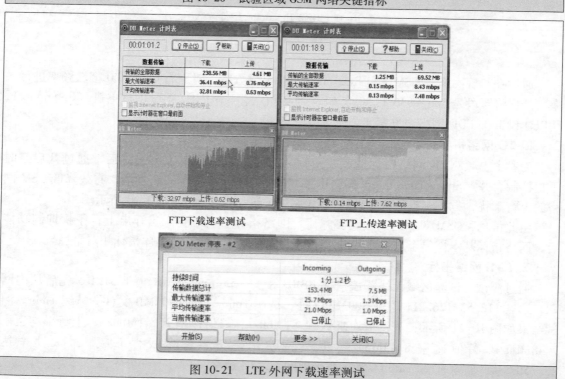

图 10-21 LTE 外网下载速率测试

10.4.5　小结　★★★

从 GSM 网频率重耕（Refarming）升级改造为 GSM/4G 双模网络入手，利用原有的频率资源，延长 GSM 网络的生命周期。在 1800MHz 频段可以选择其中一部分频谱带宽，重耕用以建设 LTE 网络系统。通过实施 GSM1800 Refarming 技术，合理利用现网 GSM1800 频谱资源，提升频谱利用率。通过现场测试，LTE 同 GSM1800 网络可以共用频谱资源，指标总体平稳，为 LTE FDD/TDD 融合组网奠定频段资源的基础，达到有效提升覆盖能力，减少建网投资的目标。

10.5　5G 网络演进

移动通信技术的发展是以用户应用为驱动，并不断满足生产生活需求。未来移动通信发展趋势随着无线移动通信系统带宽和能力的增加，面向个人和行业的移动应用快速发展，移动通信相关产业生态将逐渐发生变化，需要更高速率、更大带宽、更强能力的移动空中接口技术，面向业务应用和用户体验的智能网络。集成电路、器件工艺、软件等将持续快速发展，支撑 2020 年移动宽带产业。移动通信发展趋势如图 10-22 所示，移动通信技术从语音、短信、多媒体到移动互联网，至集成多种无线接入技术，构建未来网络社会的"融合网络"，既不是单一的技术演进，也不是单一的新技术，而是通过现有无线技术演进和开发补充性的新技术，构建长期网络社会。当前，全球范围内 4G 已进入规模商用阶段，面向 2020 年及未来的第五代移动通信（5G）已成为全球研发的热点。确定统一的 5G 概念，制定全球统一的 5G 标准，已经成为业界共同的呼声。

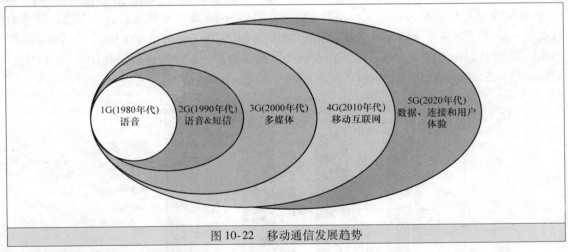

图 10-22　移动通信发展趋势

10.5.1　5G 愿景　★★★

5G 将以可持续发展的方式，满足未来超千倍的移动数据增长需求，将为用户提供光纤般的接入速率，"零"时延的使用体验，千亿设备的连接能力，超高流量密度、超高连接数密度和超高移动性等多场景的一致服务，业务及用户感知的智能优化，同时将为网络带来超百倍的能效提升和超低的成本，并最终实现"信息随心至，万物触手及"的 5G 愿景。

10.5.2 5G 发展的驱动力 ★★★

面向 2020 年及未来，移动互联网和物联网业务将成为 5G 移动通信发展的主要驱动力。5G 将满足人们在居住、工作、休闲和交通等领域的多样化业务需求，即便在密集住宅区、办公室、体育场、露天集会、地铁、快速路、高铁和广域覆盖等具有超高流量密度、超高连接数密度、超高移动性特征的场景，也可以为用户提供超高清视频、虚拟现实、增强现实、云桌面、在线游戏等极致业务体验。与此同时，5G 还将渗透到物联网及各种行业领域，与工业设施、医疗仪器、交通工具等深度融合，有效满足工业、医疗、交通等垂直行业的多样化业务需求，实现真正的"万物互联"。

1. 移动互联网和物联网为 5G 提供广阔发展空间

移动互联网颠覆了传统移动通信业务模式，为用户提供前所未有的使用体验，深刻影响着人们工作生活的方方面面。面向 2020 年及未来，移动互联网将推动人类社会信息交互方式的进一步升级，为用户提供增强现实、虚拟现实、超高清（3D）视频、移动云等更加身临其境的极致业务体验。移动互联网的进一步发展将带来未来移动流量超千倍增长，推动移动通信技术和产业的新一轮变革。

物联网扩展了移动通信的服务范围，从人与人通信延伸到物与物、人与物智能互联，使移动通信技术渗透到更加广阔的行业和领域。面向 2020 年及未来，移动医疗、车联网、智能家居、工业控制、环境监测等将会推动物联网应用爆发式增长，数以千亿的设备将接入网络，实现真正的"万物互联"，并缔造出规模空前的新兴产业，为移动通信带来无限生机。同时，海量的设备连接和多样化的物联网业务也会给移动通信带来新的技术挑战。

面向 2020 年及未来，移动数据流量将出现爆炸式增长。如图 10-23 所示，预计 2010 年到 2020 年全球移动数据流量增长将超过 200 倍，2010 年到 2030 年将增长近 2 万倍；我国的移动数据流量增速高于全球平均水平，预计 2010 年到 2020 年将增长 300 倍以上，2010 年到 2030 年将增长超 4 万倍。发达城市及热点地区的移动数据流量增速更快，2010 年到 2020 年上海的增长率可达 600 倍，北京热点区域的增长率可达 1000 倍。

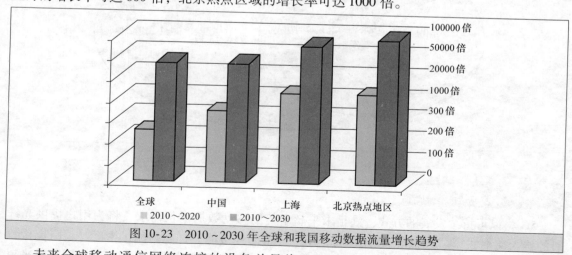

图 10-23 2010 ~ 2030 年全球和我国移动数据流量增长趋势

未来全球移动通信网络连接的设备总量将达到千亿规模。如图 10-24 所示，预计到 2020 年，全球移动终端（不含物联网设备）数量将超过 100 亿，其中我国将超过 20 亿。全球物联网设备连接数也将快速增长，2020 年将接近全球人口规模，达到 70 亿，其中我国将接近 15 亿。到 2030 年，全球物联网设备连接数将接近 1 千亿，其中我国将超过 200 亿。在各类终端中，智能手机对流量贡献最大。

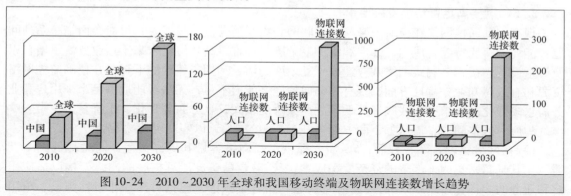

图 10-24　2010～2030 年全球和我国移动终端及物联网连接数增长趋势

5G 是面向 2020 年的新一代移动通信系统。面向 2020 年及未来的移动互联网和物联网业务需求，5G 将重点支持连续广域覆盖、热点高容量、低功耗大连接和低时延高可靠四个主要技术场景，将采用大规模天线阵列、超密集组网、新型多址、全频谱接入和新型网络架构等核心技术，通过新空口和 4G 演进两条技术路线，实现 Gbit/s 级用户体验速率，并保证在多种场景下的一致性服务。

2. 5G 面临未来多样化的极致性能需求

移动互联网主要面向以人为主体的通信，注重提供更好的用户体验。面向 2020 年及未来，超高清、3D 和浸入式视频的流行将会驱动数据传输速率大幅提升，例如 8K（3D）视频经过百倍压缩之后传输速率仍需要大约 1Gbit/s。增强现实、云桌面、在线游戏等业务，不仅对上下行数据传输速率提出挑战，同时也对时延提出了"无感知"的苛刻要求。未来大量的个人和办公数据将会存储在云端，海量实时的数据交互需要可媲美光纤的传输速率，并且会在热点区域对移动通信网络造成流量压力。社交网络等 OTT 业务将会成为未来主导的应用之一，小数据包频发将造成信令资源的大量消耗。

物联网主要面向物与物、人与物的通信，不仅涉及普通个人用户，也涵盖了大量不同类型的行业用户。物联网业务类型非常丰富多样，业务特征也差异巨大。对于智能家居、智能电网、环境监测、智能农业和智能抄表等业务，需要网络支持海量设备连接和大量小数据包频发；视频监控和移动医疗等业务对传输速率提出了很高的要求；车联网和工业控制等业务则要求毫秒级的时延和接近 100% 的可靠性。另外，大量物联网设备将部署在山区、森林、水域等偏远地区以及室内角落、地下室、隧道等信号难以到达的区域，因此要求移动通信网络的覆盖能力进一步增强。为了渗透到更多的物联网业务中，5G 应具备更强的灵活性和可扩展性，以适应海量的设备连接和多样化的用户需求。

无论是对于移动互联网还是物联网，用户在不断追求高质量业务体验的同时也在期望成本的下降。同时，5G 需要提供更高和更多层次的安全机制，不仅能够满足互联网金融、安防监控、安全驾驶、移动医疗等的极高安全要求，也能够为大量低成本物联网业务提供安全解决方案。此外，5G 应能够支持更低功耗，以实现更加绿色环保的移动通信网络，并大幅提升终端电池续航时间。

5G 将应用于未来人们居住、工作、休闲和交通等的各种区域，用户希望能在密集住宅区、办公室、体育场、露天集会、地铁、快速路、高铁和广域覆盖等场景获得一致的业务体验。这些场景具有超高流量密度、超高连接数密度、超高移动性等特征,可能对5G系统构成更加严峻的挑战。

3. 5G需要满足可持续发展要求

现有移动通信网络在应对未来移动互联网和物联网爆发式发展时,可能会面临一系列问题:能耗、每比特综合成本、部署和维护复杂度等都难以高效应对未来千倍业务流量增长以及海量设备连接;多制式网络共存造成了复杂度的增长和用户体验的下降;在精确监控网络资源和有效感知业务特性方面,现有移动通信网络能力不足,无法智能地满足未来用户和业务需求多样化的要求;无线频谱从低频到高频跨度很大,且分布碎片化,干扰复杂。

为应对这些问题,需从如下两方面提升5G系统能力,以实现可持续发展:

1)在网络建设和部署方面,5G需要提供更高网络容量和更好覆盖,同时降低网络部署、尤其是超密集网络部署的复杂度和成本;5G需要具备灵活可扩展的网络架构以适应用户和业务的多样化需求;5G需要灵活高效地利用各类频谱,包括对称和非对称频段、重用频谱和新频谱、低频段和高频段、授权和非授权频段等;另外,5G需要具备更强的设备连接能力来应对海量物联网设备的接入。

2)在运营维护方面,5G需要改善网络能效和比特运维成本,以应对未来数据迅猛增长和各类业务应用的多样化需求。5G需要降低多制式共存、网络升级以及新功能引入等带来的复杂度,以提升用户体验。5G需要支持网络对用户行为和业务内容的智能感知并做出智能优化。5G需要能提供多样化的网络安全解决方案,以满足各类移动互联网和物联网设备及业务的需求。

10.5.3 5G关键能力 ★★★

5G是面向2020年信息社会需求的无线移动通信系统,以可持续发展方式解决超千倍移动数据增长,提供超高速率、超低时延、海量连接、多场景一致的业务体验。但目前全球业界针对5G概念尚未达成一致,中国IMT-2020(5G)推进组所持观点认为,5G概念可由"标志性能力指标"和"一组关键技术"来共同定义。其中,标志性能力指标为"Gbit/s用户体验速率",一组关键技术包括大规模天线阵列、超密集组网、新型多址、全频谱接入和新型网络架构,5G概念图如图10-25所示。

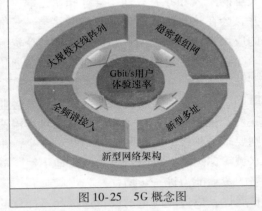

图10-25 5G概念图

在5G典型场景中,考虑增强现实、虚拟现实、超高清视频、云存储、车联网、智能家居、在线游戏等5G典型业务,并结合各场景未来可能的用户分布、各类业务占比及对速率、时延等的要求,如图10-26所示,5G关键性能指标定义如下:

1)用户体验速率:0.1~1Gbit/s。

2)连接数密度:1百万连接/km²。

3)端到端时延:ms级。

4)流量密度:数十Tbit/s/km²。

5）移动性：500km/h 以上。

6）峰值速率：数十 Gbit/s。

其中，用户体验速率、连接数密度和时延为 5G 最基本的 3 个性能指标。

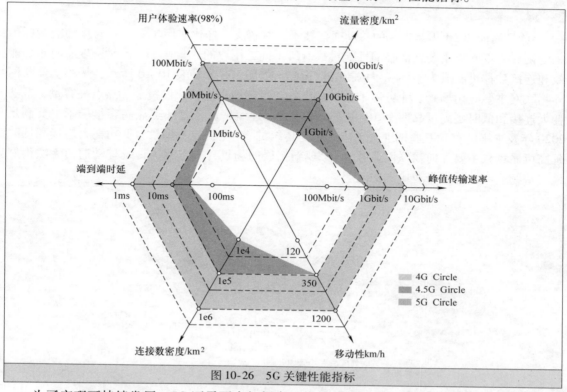

图 10-26　5G 关键性能指标

为了实现可持续发展，5G 还需要大幅提高网络部署和运营的效率，特别是在频谱效率、能源效率和成本效率方面需要比 4G 有显著提升。从未来最具挑战场景的流量需求出发，结合5G 可用的频谱资源和可能的部署方式，经测算，5G 系统频谱效率需要提高 5～15 倍。从我国移动数据流量的增长趋势出发，综合考虑国家节能减排的规划以及运营商预期投资额增长情况，预计 5G 系统的能源效率和成本效率也需有百倍以上的提升。

总而言之，性能需求和效率需求共同定义了 5G 的关键能力，如图 10-27 所示，"5G之花"的设计理念犹如一株绽放的鲜花，红花绿叶，相辅相成。"花瓣"代表了 5G 的六

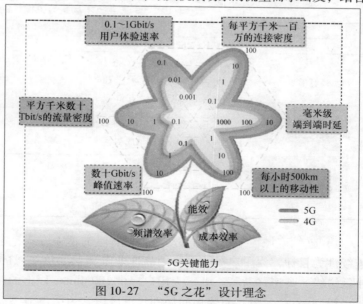

图 10-27　"5G 之花"设计理念

大性能指标，体现了 5G 满足未来多样化业务与场景需求的能力，其中花瓣顶点代表了相应指标的最大值。"绿叶"代表了三个效率指标，是实现 5G 可持续发展的基本保障。

10.5.4　技术场景 ★★★

5G 是面向 2020 年及未来的移动通信技术，将解决多样化应用场景下差异化性能指标带来的挑战。不同应用场景面临的性能挑战有所不同，用户的体验速率、流量密度、时延、能效和连接数都可能成为不同场景的挑战性指标。如图 10-28 和表 10-10 所示，从移动互联网和物联网主要应用场景、业务需求及挑战出发，可归纳出连续广域覆盖、热点高容量、低功耗大连接和低时延高可靠四个 5G 主要技术场景。连续广域覆盖和热点高容量场景主要满足 2020 年及未来的移动互联网业务需求，也是传统的 4G 主要技术场景。低功耗大连接和低时延高可靠场景主要面向物联网业务，是 5G 新拓展的场景，重点解决传统移动通信无法很好地支持物联网及垂直行业应用的问题。

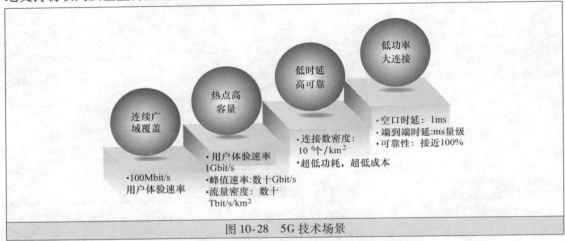

图 10-28　5G 技术场景

表 10-10　5G 主要技术场景与关键性能挑战

场景	关键挑战
连续广域覆盖	• 100Mbit/s 用户体验速率
热点高容量	• 用户体验速率：1Gbit/s • 峰值传输速率：数十 Gbit/s • 流量密度：数十 Tbit/s/平方千米
低功耗大连接	• 连接数密度：100 万/平方千米 • 超低功耗、超低成本
低时延高可靠	• 空口时延：1ms • 端到端时延：ms 量级 • 可靠性：接近 100%

1）连续广域覆盖：作为移动通信最基本的覆盖方式，主要以保证用户的移动性和业务连续性为目标，为用户提供无缝的高速业务体验。该场景的主要挑战在于随时随地（包括小区边缘、高速移动等环境）为用户提供 100Mbit/s 以上的用户体验速率。

2）热点高容量：主要面向局部热点区域，为用户提供极高的数据传输速率，满足网络极高的流量密度需求。1Gbit/s 用户体验速率、数十 Gbit/s 峰值传输速率和数十 Tbit/s/km^2 的流量密度需求是该场景面临的主要挑战。

3）低功耗大连接：主要面向智慧城市、环境监测、智能农业、森林防火等以传感和数据采集为目标的应用场景，具有小数据包、低功耗、海量连接等特点。这类终端分布范围广、数量众多，不仅要求网络具备超千亿连接的支持能力，满足 100 万/km^2 连接数密度指标要求，而且还要保证终端的超低功耗和超低成本。

4）低时延高可靠：主要面向车联网、工业控制等垂直行业的特殊应用需求，这类应用对时延和可靠性具有极高的指标要求，需要为用户提供毫秒级的端到端时延和接近 100% 的业务可靠性保证。

10.5.5　网络演进方向 ★★★

从技术特征、标准演进和产业发展角度分析，5G 存在新空口和 4G 演进空口两条技术路线。

（1）新空口路线

主要面向新场景和新频段进行全新的空口设计，不考虑与 4G 框架的兼容，通过新的技术方案设计和引入创新技术来满足 4G 演进路线无法满足的业务需求及挑战，特别是各种物联网场景及高频段需求。

（2）4G 演进路线

通过在现有 4G 框架的基础上引入增强型新技术，在保证兼容性的同时实现现有系统性能的进一步提升，在一定程度上满足 5G 场景与业务需求。

此外，无线局域网（WLAN）已成为移动通信的重要补充，主要在热点地区提供数据分流。下一代 WLAN 标准（IEEE 802.11ax）制定工作已于 2014 年年初启动，预计将于 2019 年完成。面向 2020 年及未来，下一代 WLAN 将与 5G 深度融合，共同为用户提供服务。

10.5.6　技术创新 ★★★

5G 的技术创新主要来源于无线技术和网络技术两方面。在无线技术领域，大规模天线阵列、超密集组网、新型多址和全频谱接入等技术已成为业界关注的焦点。在网络技术领域，基于软件定义网络（Software Defined Network，SDN）和网络功能虚拟化（Network Function Virtualization，NFV）的新型网络架构已取得广泛共识。

1. 5G 无线关键技术

1）大规模天线阵列：在现有多天线的基础上通过增加天线数可支持数十个独立的空间数据流，将数倍提升多用户系统的频谱效率，对满足 5G 系统容量与速率需求起到重要的支撑作用。大规模天线阵列应用于 5G 需解决信道测量与反馈、参考信号设计、天线阵列设计、低成本实现等关键问题。

2）超密集组网：通过增加基站部署密度，可实现频率复用效率的巨大提升，但考虑到频率干扰、站址资源和部署成本，超密集组网可在局部热点区域实现百倍量级的容量提升。干扰管理与抑制、小区虚拟化技术、接入与回传联合设计等是超密集组网的重要研究方向。

3）新型多址技术：通过发送信号在空/时/频/码域的叠加传输来实现多种场景下系统频谱效率和接入能力的显著提升。此外，新型多址技术可实现免调度传输，将显著降低信令开销，缩短接入时延，节省终端功耗。目前业界提出的技术方案主要包括基于多维调制和稀疏码扩频的稀疏码分多址（SCMA）技术、基于复数多元码及增强叠加编码的多用户共享接入（MUSA）技术、基于非正交特征图样的图样分割多址（PDMA）技术以及基于功率叠加的非正交多址（NOMA）技术。

4）全频谱接入：通过有效利用各类移动通信频谱（包含高低频段、授权与非授权频谱、对称与非对称频谱、连续与非连续频谱等）资源来提升数据传输速率和系统容量。6GHz以下频段因其较好的信道传播特性可作为5G的优选频段，6～100GHz高频段具有更加丰富的空闲频谱资源，可作为5G的辅助频段。信道测量与建模、低频和高频统一设计、高频接入回传一体化以及高频器件是全频谱接入技术面临的主要挑战。

2. 5G网络关键技术

未来的5G网络将是基于SDN、NFV和云计算技术的更加灵活、智能、高效和开放的网络系统。如图10-29所示，5G网络架构包括接入云、控制云和转发云三个域。

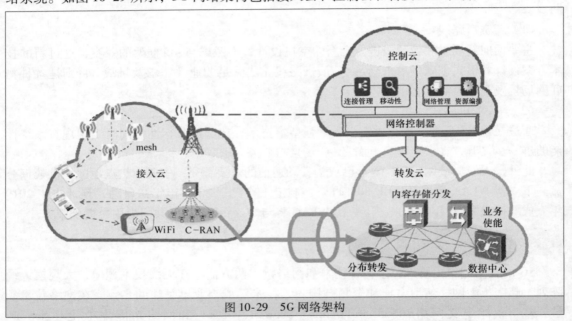

图10-29 5G网络架构

1）接入云：支持多种无线制式的接入，融合集中式和分布式两种无线接入网架构，适应各种类型的回传链路，实现更灵活的组网部署和更高效的无线资源管理。5G的网络控制功能和数据转发功能将解耦，形成集中统一的控制云和灵活高效的转发云。

2）控制云：实现局部和全局的会话控制、移动性管理与服务质量保证，并构建面向业务的网络能力开放接口，从而满足业务的差异化需求并提升业务的部署效率。

3）转发云：基于通用的硬件平台，在控制云高效的网络控制和资源调度下，实现海量业务数据流的高可靠、低时延、均负载的高效传输。

基于"三朵云"的新型5G网络架构是移动网络未来的发展方向，但实际网络发展在满足未来新业务和新场景需求的同时，也要充分考虑现有移动网络的演进途径。5G网络架构的发展会存在局部变化到全网变革的中间阶段，通信技术与IT技术的融合会从核心网向无线接入网逐步延伸，最终形成网络架构的整体演变。

3. 5G 场景和关键技术的关系

连续广域覆盖、热点高容量、低时延高可靠和低功耗大连接四个 5G 典型技术场景具有不同的挑战性指标需求。在考虑不同技术共存的前提下，需要合理选择关键技术的组合来满足这些需求。

在连续广域覆盖场景中，由于受限于站址和频谱资源，所以为了满足 100Mbit/s 用户体验速率需求，除了需要尽可能多的低频段资源外，还要大幅提升系统频谱效率。大规模天线阵列是其中最主要的关键技术之一，新型多址技术可与大规模天线阵列相结合，进一步提升系统频谱效率和多用户接入能力。在网络架构方面，综合多种无线接入能力以及集中的网络资源协同与 QoS 控制技术，为用户提供稳定的体验速率保证。

在热点高容量场景中，面临的主要挑战将是极高的用户体验速率和极高的流量密度。超密集组网能够更有效地复用频率资源，极大地提升单位面积内的频率复用效率；全频谱接入能够充分利用低频和高频的频率资源，实现更高的传输速率；大规模天线阵列、新型多址等技术与前两种技术相结合，可实现频谱效率的进一步提升。

在低功耗大连接场景中，海量的设备连接、超低的终端功耗与成本是该场景面临的主要挑战。新型多址技术通过多用户信息的叠加传输可成倍提升系统的设备连接能力，还可通过免调度传输有效降低信令开销和终端功耗；F-OFDM 和 FBMC 等新型多载波技术在灵活使用碎片频谱、支持窄带和小数据包、降低功耗与成本方面具有显著优势。此外，终端直接通信（D2D）可避免基站与终端间的长距离传输，可实现功耗的有效降低。

在低时延高可靠场景中，应尽可能降低空口传输时延、网络转发时延及重传概率，以满足极高的时延和可靠性要求。为此，需要设计更短的帧结构和更优化的信令流程，引入支持免调度的新型多址和 D2D（Device to Device）等技术以减少信令交互和数据中转，运用更先进的调制编码和重传机制来提升传输可靠性。此外，在网络架构方面，控制云通过优化数据传输路径，控制业务数据靠近转发云和接入云边缘，可有效降低网络传输时延。

10.5.7 5G 标准化里程 ★★★

当前，制定全球统一的 5G 标准已成为业界共同的呼声。如图 10-30 所示，国际电信联盟（ITU）已启动了面向 5G 标准的研究工作，进一步明确了 IMT-2020（5G）工作计划：2015 年完成 IMT-2020 国际标准前期研究，2016 年开展 5G 技术性能需求和评估方法研究，2017 年年底启动 5G 候选方案征集，2020 年年底完成标准制定。ITU 已经完成 5G 愿景研究并发布白皮书，2017 年底启动 5G 技术方案征集，2020 年完成 5G 标准制定。引导业界达成研究共识，力促制定全球统一的 5G 标准。

3GPP 作为国际移动通信行业的主要标准组织，将承担 5G 国际标准技术内容的制定工作。3GPP R14 阶段被认为是启动 5G 标准研究的最佳时机，R15 阶段可启动 5G 标准工作项目，R16 及以后将对 5G 标准进行完善增强。2016 年开始的 R14 版本周期将开启 5G 第一阶段工作的标准化，这一阶段的工作包括 5G 新空口的研究以及信道建模等工作，2018 年开始的 R16 版本周期将是 5G 第二阶段的标准化，2019 年底完成满足 ITU 要求的 5G 标准完整版本。随后在 2020 年左右，5G 将正式进入产业化阶段。IEEE 在 2014 年初启动下一代 WLAN（802.11ax）标准制定，预计 2019 年初完成标准制定。

5G 技术研发试验进度安排如图 10-31 所示，根据我国 IMT-2020（5G）推进组制定的

图 10-30　5G 标准化里程

5G 技术研发试验规划，5G 技术试验分为两步实施：1）技术研发试验（2015～2018）：由中国信息通信研究院牵头组织，运营企业、设备企业及科研机构共同参与；

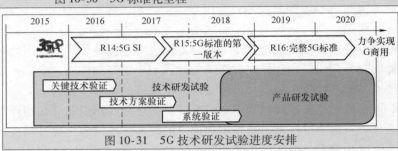

图 10-31　5G 技术研发试验进度安排

2）产品研发试验（2018～2020）：由国内运营企业牵头组织，设备企业及科研机构共同参与。

　　当前主要面向技术研发试验，可以划分三个阶段：

　　1）关键技术验证（2015.9～2016.9）：单点关键技术样机性能测试；

　　2）技术方案验证：（2016.6～2017.9）：融合多种关键技术，开展单基站性能测试；

　　3）系统验证（2017.6～2018.10）：5G 系统的组网技术性能测试；5G 典型业务演示。

10.5.8　小结　★★★

　　5G 将面向 2020 年及未来的移动互联网和物联网业务需求，重点支持连续广域覆盖、热点高容量、低功耗大连接和低时延高可靠四个主要技术场景，采用大规模天线阵列、超密集组网、新型多址、全频谱接入和新型网络架构等核心关键技术，通过新空口和4G演进两条技术路线，实现 Gbit/s 用户体验速率，并保证在多种场景下的一致性服务。全球 5G 发展进程正在从前期概念、需求阶段、基础技术研究突破步入测试验证的关键阶段。我国 IMT-2020（5G）推进组先后完成 5G 系统需求与愿景、典型应用场景与 KPI 及频谱需求分析研究，启动 5G 技术研发试验，为中国参与 5G 全球统一标准的制定打下了技术基础。

10.6　本章小结

　　为了满足未来无线通信市场的更高需求和更多应用，一系列能够有效提升现有 LTE 网络性能的覆盖新技术开始涌现，如多载波聚合、LTE-Hi、3D MIMO、GSM Refarming 宽带化、5G 网络，从增加系统带宽、提升系统容量、增强覆盖、频谱效率、降低成本、组网效率、后向兼容性等方面推动 LTE 网络覆盖能力不断提升和演进。

参 考 文 献

[1] 李军. 重耕 GSM1800MHz 频段资源, 平滑迁移 4G 宽带数据流量 [J]. 电信技术, 2014 (9).

图 5-8　手机卖场性能提升示意图

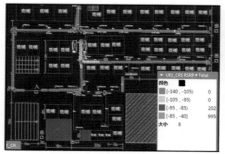

安装前覆盖电平

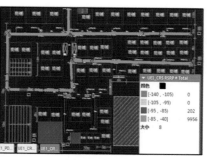

安装后覆盖电平

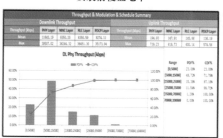

安装前下载速率

安装后下载速率

图 5-13　洛阳三建办公楼场景覆盖性能指标

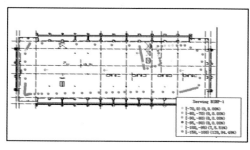

设备安装前LTE覆盖电平

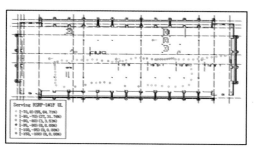

设备安装后LTE覆盖电平

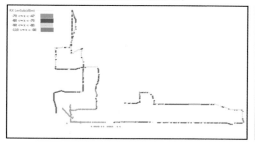

设备安装前GSM覆盖电平

设备安装后GSM覆盖电平

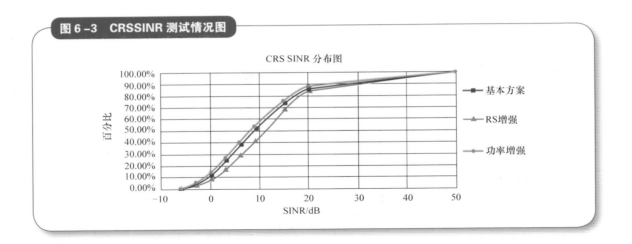

图 6-3 CRSSINR 测试情况图

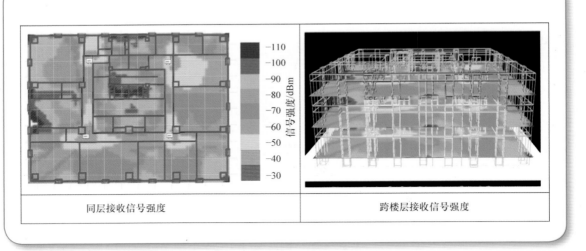

图 7-15 LTE室内小蜂窝基站部署场景

| 同层接收信号强度 | 跨楼层接收信号强度 |

图 7-18　分组 FFR 方法

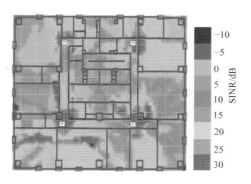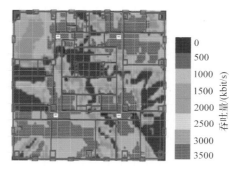

图 9-9　MR 深度覆盖评估效果

室内弱覆盖情况

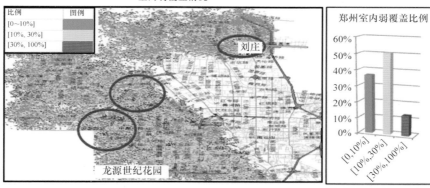

室外弱覆盖情况

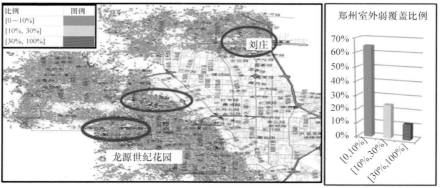

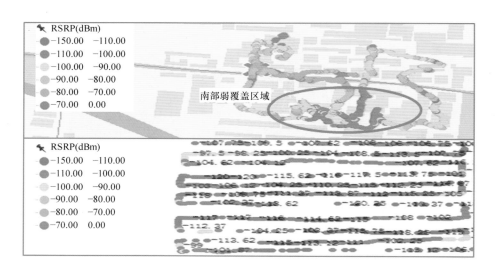

图 9-10　刘庄区域测试验证

图 9-15　珠江新城立体覆盖

图 9-25　覆盖对比

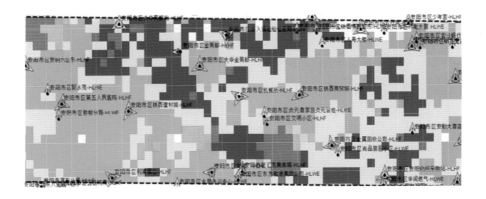

图 9-33　实时 VoLTE 业务体验评估

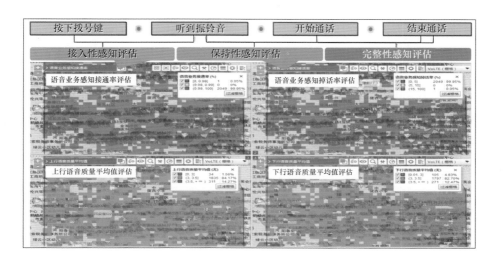

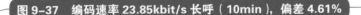

图 9-37 编码速率 23.85kbit/s 长呼（10min），偏差 4.61%

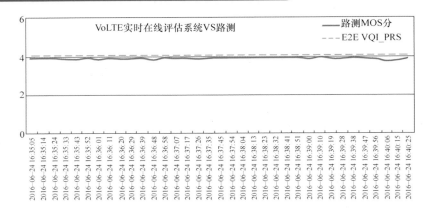

图 9-38 编码速率 12.65kbit/s 长呼（10min），偏差 4.36%

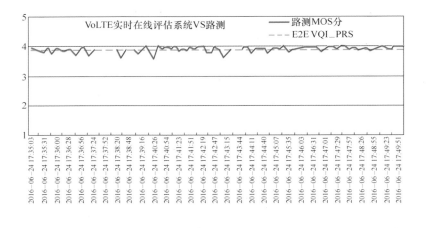

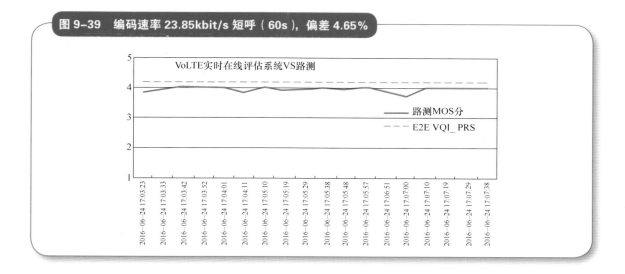

图 9-39　编码速率 23.85kbit/s 短呼（60s），偏差 4.65%

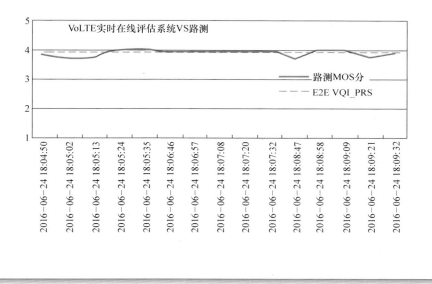

图 9-40　编码速率 12.65kbit/s 短呼（60s），偏差 2.61%

图 10-7　3D 载波聚合拉网测试

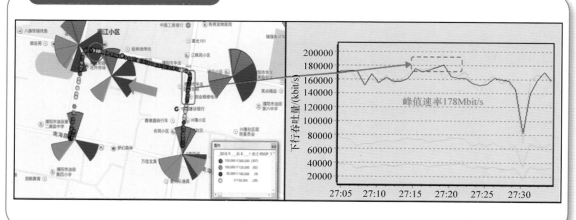